本著作由高原科学与可持续发展研究院资金支持出版

# 高海拔地区学生认知心理机制研究

GAOHAIBA DIQU XUESHENG
RENZHI XINLI JIZHI YANJIU

祁乐瑛 ◎ 著

中国广播影视出版社

**图书在版编目（CIP）数据**

高海拔地区学生认知心理机制研究 / 祁乐瑛著 . --

北京：中国广播影视出版社，2022.6

ISBN 978-7-5043-8866-7

Ⅰ . ①高… Ⅱ . ①祁… Ⅲ . ①学生－认知心理学－研

究 Ⅳ . ① B842.1

中国版本图书馆 CIP 数据核字（2022）第 102396 号

# 高海拔地区学生认知心理机制研究

祁乐瑛　著

| | |
|---|---|
| **责任编辑** | 杨　凡 |
| **封面设计** | 文人雅士 |
| **责任校对** | 龚　晨 |

| | |
|---|---|
| **出版发行** | 中国广播影视出版社 |
| **电　　话** | 010-86093580　010-86093583 |
| **社　　址** | 北京市西城区真武庙二条 9 号 |
| **邮　　编** | 100045 |
| **网　　址** | www.crtp.com.cn |
| **电子邮箱** | crtp8@sina.com |

| | |
|---|---|
| **经　　销** | 全国各地新华书店 |
| **印　　刷** | 廊坊市海涛印刷有限公司 |

| | |
|---|---|
| **开　　本** | 710 毫米 ×1000 毫米　1/16 |
| **字　　数** | 280（千）字 |
| **印　　张** | 17 |
| **版　　次** | 2022 年 6 月第 1 版　2023 年 6 月第 1 次印刷 |

| | |
|---|---|
| **书　　号** | ISBN 978-7-5043-8866-7 |
| **定　　价** | 88.00 元 |

# 目 录
CONTENTS ■ ■ ■

# 第一章　高海拔地区学生认知心理研究的基础

## 第一节　高海拔地区学生认知心理研究技术

### 一、眼动研究

眼动反映了人类视觉信息加工过程，而视觉信息加工过程则反映了大脑的信息处理过程。眼动记录方法有很多，现在主要使用的是集成了光学技术、摄影技术、计算机硬件技术和计算机软件技术的眼动记录系统。人类的眼球运动，主要有三种基本运动方式：注视（fixation）、眼跳（saccades）和追随运动（pursuit movement）。

### 二、fMRI 的研究技术

fMRI是美国麻省总医院（Massachusetts General Hospital，MGH）的磁共振研究中心在1991年利用磁共振成像生成反映脑血流变化的图像，是一种非介入技术，能对特定的大脑活动的皮层区域进行准确、可靠的定位，空间分辨率达到2mm，能以各种方式对物体反复进行扫描。

目前，乔丹（K. Jordan）等人采用fMRI对完成心理旋转任务的被试进行脑功能成像研究表明：人在完成心理旋转任务时，右侧顶叶皮层得到激活，而且发现了不同性别的人在心理旋转中的差异，女性的激活区域主要在双侧顶内沟、顶上叶、顶下叶、颞下回和运动前区。而男性的激活部位是：右脑顶枕沟、左脑顶内沟、左脑顶上叶。胡格达尔（K. Hugdahl）与汤姆森（T. Thomsen）的研究发现：顶叶和双侧额叶下回是心理旋转的激活区域，男性在顶叶激活度大，女性在额叶下回的激活强度大。

## 三、PET 的研究技术

PET是将人体代谢所必需的物质，葡萄糖、蛋白质、核酸、氧等标记上短寿命的核素18 F 、15 O 、13 N 、11 C 制成显像剂注入人体后进行断层扫描，通过测量局部脑血流（rCBF）的方法来检测大脑的活动。PET在认知神经科学中作用重大，PET技术对皮质机能的空间布局有更高的分辨率，与事件相关电位不同，事件相关电位能对反应的时间顺序提供更灵敏精确的说明。

## 四、事件相关电位技术

### （一）事件相关电位（Event-Related Potentials，ERP）的基本理论

1929年，汉斯伯格（Hans Berger）首先发表了脑的自发电位的论文，描述了脑电记录法（electroencephalogram，EEG），报告心算可以引起EEG的α节律减少。

事件相关电位的导联方法主要有：

（1）国际10—20系统，如图1-1-1所示，国际脑电图学会在1958年制定了各国统一的10—20国际脑电记录系统（Jesper，1958），沿用至今。

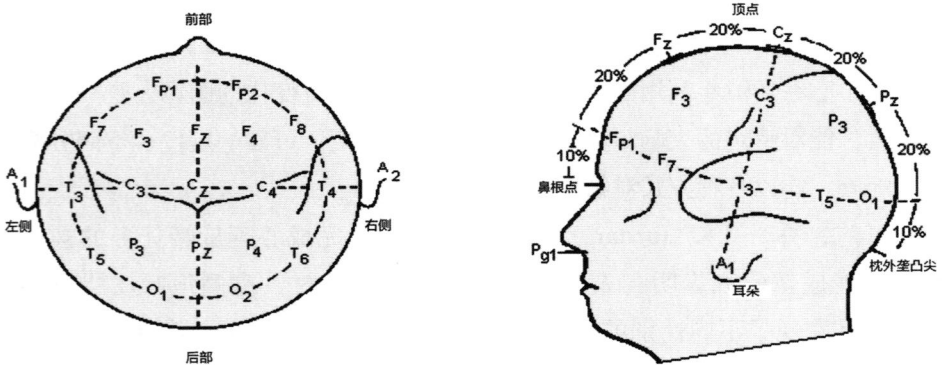

图1-1-1　国际10—20系统

（2）单极导联与双极导联：将头皮上的一个电极的电位设置为零，这个电极称为参考电极。另外，一个或多个电极与参考电极的电位差就是该电极的电位值，这些电极叫作记录电极。采用一个公共参考电极与多个记录电极的方

法叫单极导联法。记录两个点之间的相对电位差，称为双极导联法。

## （二）事件相关电位的成分

1. 伴随性负变化（Contingent Negative Variation，CNV，也叫关联负变）

由英国神经生理学家沃尔特（Walt）和库伯（Cooper）等于1964年发现。

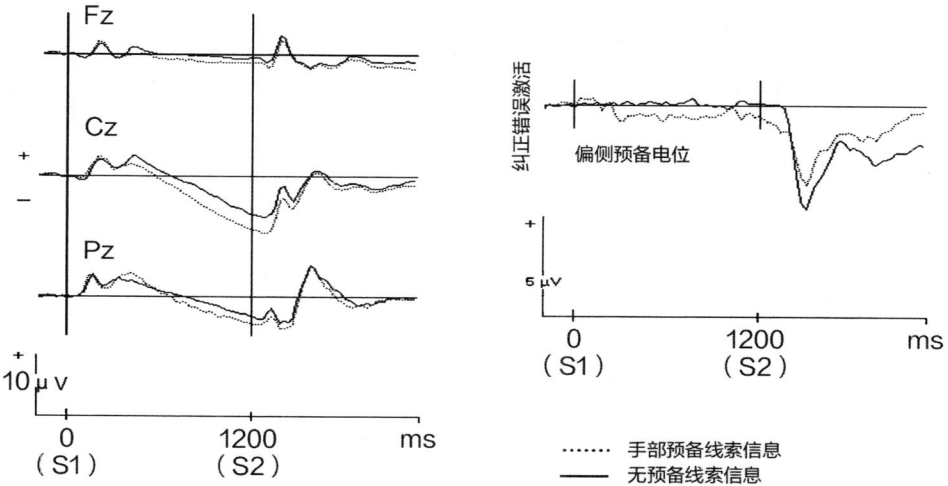

图1-1-2　伴随性负波（contingent negative variation CNV）波形图

2. N200

是刺激出现以后200ms左右出现的负向波，反映大脑对刺激的初步加工，N200是一个复合波，由N2a和N2b两部分组成。

3. P300

是萨顿（Sutton）等1965年所发现。P300即为晚期成分的第三个正波P3，由于当初发现的P3是在300ms左右出现的正波。后来随着与P300类似的成分的不断被发现，P300形成了一个含有多个子成分的家族。这个家族称为后正复合体（late positive complex）。不过，有时也将P300或P3作为这个家族的总称使用，而最初发现的经典的P300后来叫P3b。然而，在一般情况下，如果不加说明，所谓P300或P3仍然是指最初发现的经典的P300单个波。

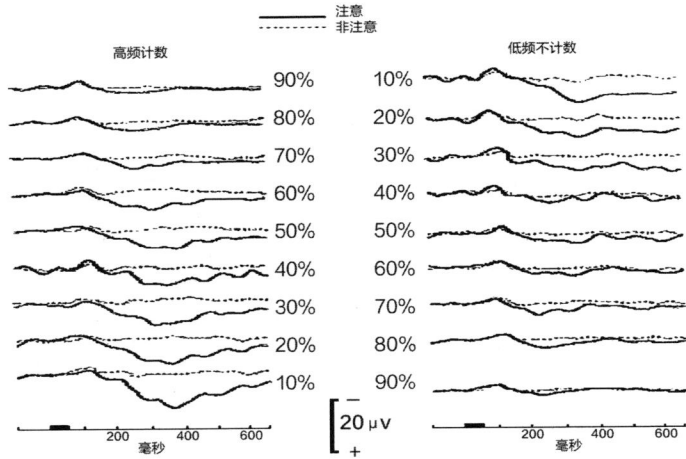

图1-1-3　P300（ERP在300ms左右出现的正波）波形图

P300的脑内源不止一个，它不是一个单纯的成分，与多种认知加工有关。P300是一个主要与心理因素相关的内源性成分，大量研究表明，P300受主观概率、刺激性质、决策信心、注意、记忆、情感等多因素的影响。

4．失匹配负波（mismatch negativity，MMN）

是1978年内泰宁（Näätänen）等首先报道的。典型的实验仍然运用产生P300的Oddball实验模式，标准刺激为1000Hz的短纯音，偏差刺激为800Hz的短纯音，分别在被试双耳中呈现。

大脑对标准刺激和偏差刺激的反应（事件相关电位）

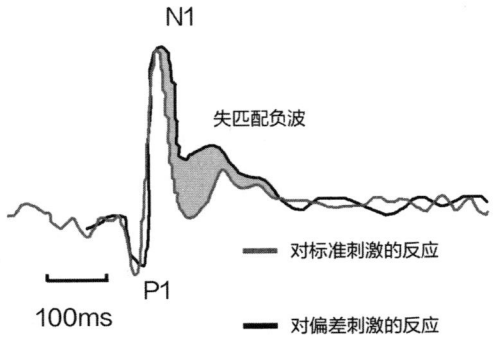

图1-1-4　失匹配负波（Mismatch Negativity，MMN）波形图

5. N400

是研究脑的语言加工原理常用的事件相关电位成分，最早由库塔斯（Kutas）和希尔加德（Hilgard）于1980年报道。

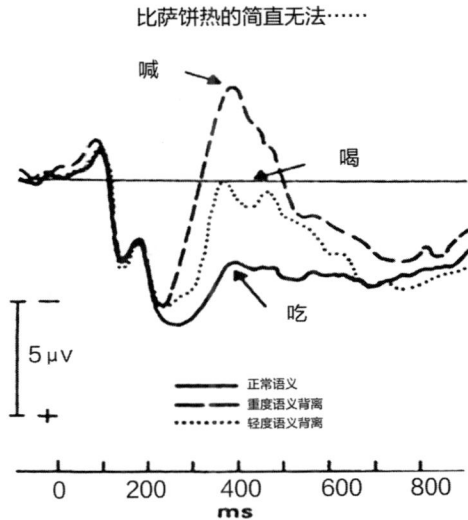

图1-1-5　N40C（ERP在400ms左右出现的一个负成分）波形图

6. 加工负波（Processing Negativity，PN）

是内恩（N. t. nen）等（1978），在希利亚德（Hillyard）（1973）关于注意事件相关电位研究实验模式的基础上产生的。

（三）事件相关电位的刺激类型

1. 事件相关电位的刺激类型

（1）视觉刺激可以分为非图形刺激和图形刺激。非图形刺激如闪光等，图形刺激如简单的两维、三维几何图形、文字及复杂的自然景观或面孔等。无论是静止状态，还是运动状态都是视觉刺激物。在理论上，事件相关电位研究已经突破了"可视"的概念，呈现时程极短，小于40ms时，人眼"视而不见"的图像也能导致事件相关电位的变化。

（2）听觉刺激主要采用波形呈正弦曲线的纯音（pure tone），还有短声（click）是主观感觉为"咔"声的音，波形为方波。另外，还有白噪声

（broadband noise/white noise）是在较宽频带范围内，含有各种频率的噪音，各频率的能量分布均匀，类似于光学中的白光形成原理。

（3）体感刺激，主要使用人体所能承受的微弱脉冲电流，刺激时程0.1ms—0.5ms，频率1Hz—5Hz，电压50μV。

事件相关电位的刺激呈现时间中，刺激呈现时间越短，则相应任务难度越大；当呈现时间短到一定程度，例如，视觉刺激在40ms以下，人就不能认知这个刺激，可利用这个特性进行非意识的启动研究。

2. 事件相关电位的实验模式

（1）怪球模式（oddball paradigm）：指采用两种或多种不同刺激持续交替呈现，它们出现的概率显著不同，经常出现的刺激称为大概率或标准刺激（standard stimuli），偶然出现的称为小概率或偏差刺激（deviant stimuli）。让被试对偏差刺激进行反应，因此，将偏差刺激叫为靶刺激（Target）或目标刺激。这是诱发P300、MMN等与刺激概率有关的事件相关电位成分时常用的经典实验模式。

（2）反应—不反应模式（Go-Nogo paradigm）：两种刺激的概率相等。让被试反应的刺激叫作Go刺激，即靶刺激，不需要被试反应的刺激叫作Nogo刺激。该模式也叫作Go与Nogo作业，特点是排除了刺激概率对事件相关电位的影响，由于没有大小概率之分，节省了实验时间，这是优点，但也丢失了因大、小概率差异而产生的事件相关电位成分。

（3）跨通路研究模式（Cross-Modal paradigm），是指在同一实验模式中采用不同感觉通路的刺激物，通常为视觉与听觉刺激，常用于选择性注意的研究。

（4）各种特定认知实验模式，如运动知觉、记忆、意识研究。

（四）影响事件相关电位的因素

1. 物理因素包含刺激的概率，靶刺激概率越小，P3的波幅越高，反之，波幅减小。一般靶刺激与非靶刺激的比例为20∶80；刺激的时间间隔越长，P3波幅越高；刺激的听、视、体感等感觉通道都可以引出事件相关电位，但其潜伏期及波幅不同。

2. 主要的生理因素有年龄，不同年龄P3的波幅及潜伏期不同。潜伏期与年龄呈正相关，随年龄增加而延长，而波幅与年龄呈负相关。在儿童及青少年，波幅较高；事件相关电位各成分有不同的头皮分布。

（五）分区的方法

萨顿（Sutton，1965）开创了事件相关电位技术，用于测量认知加工的时间进程。当刺激（事件）作用于大脑感知系统，会在相应脑区引发不同程度的电位变化。该电位变化能以毫秒级的时间尺度，精确反映人类的身体或心理活动，这就是ERP的原理。

10-20系统对ERP电极点进行了命名。每个电极点由大写英文字母和数字组成。字母表示不同的大脑分区，"F"为额叶，"C"为中央区，"P"为顶叶，"O"为枕叶，"T"为颞叶。数字表示脑区位于大脑的左、右半球，奇数（1、3、5、7）为左半球，偶数（2、4、6、8）为右半球。当脑区位于中线时用"z"表示。因此，F1、F3、F5，C1、C3、C5，P1、P3、P5，O1、O3、O5，T1、T3、T5，表示大脑左半球的电极点。F2、F4、F6，C2、C4、C6，P2、P4、P6，O2、O4、O6，T2、T4、T6，表示大脑右半球的电极点。Fz、Cz、Pz、Oz、Tz，表示大脑中线的电极点。

# 第二节　事件相关电位研究的过程

## 一、实验数据的收集方法

研究的仪器是德国脑产品（Brain Products）公司生产的256导的事件相关电位设备进行分析记录，同时记录行为数据。记录电极可以固定于32导、64导、128导、256导的电极帽，电极位置采用10—20扩展电极系统。两个导联用于垂直和水平眼电（EOG）记录，参考电极置于左右耳耳垂，接地电极为Cz点，滤波带通为0.1Hz—30Hz，共滤波两次（二次滤波0.1Hz—15Hz），A/D采样频率为500Hz。电极与头皮接触电阻均小于5KΩ。记录下的连续文件在离线条件下去眼电、分段，然后进行基线校正、去伪迹、叠加等处理。事件相关电位的分析时程为-200ms—5000ms，用-200ms—0ms的平均波幅对基线进行矫正。伴有眨眼、眼动、肌电等伪迹的数据均被校正。事件相关电位分析选取电极点Fz、Cz、Pz、F3、F4、C3、C4、P3和P4九点。

## 二、实验数据的处理方法

### （一）行为数据的处理方法

在进行数据处理之前，需要删除错误反应的原始数据。如果是两个组，采用独立样本 $t$ 检验进行分析。不同刺激类型的平均正确率、平均反应时的比较见表1-2-1。

表1-2-1　不同刺激类型的平均正确率、平均反应时的比较

| | 组 1（n = 26） | 组 2（n = 26） | |
|---|---|---|---|
| | $M \pm SD$ | $M \pm SD$ | $t$ |
| 平均正确率 | 83.880 ± 6.430 | 84.770 ± 7.060 | 1.074 |
| 平均反应时 | 7129.367 ± 2587.164 | 6738.990 ± 2702.342 | 0.914 |

两种刺激平均反应时的检验结果 $t(25) = 0.914$，$p > 0.05$，没有显著差异，三维立体图形反应时长。平均正确率的检验结果 $t(25) = 1.074$，$p > 0.05$，没有显著差异，三维立体图形反应时正确率低，两种刺激在平均反应时与平均正确率上没有显著差异。

### （二）事件相关电位数据的处理方法

将两个组块中的刺激呈现过程中的EEG结果进行分类叠加，得到两条事件相关电位曲线。一般选取Fz、Cz、Pz、F3、F4、C3、C4、P3和P4九点，采用峰波幅与峰潜伏期测量法进行分析测量，实验任务诱发出N200（100ms—250ms）、P300（250ms—500ms）、P600（500ms—800ms）、后期慢波LSW（Late Slow Wave）（800ms—1100ms）、晚期成分L（Late）（1100ms—1400ms），实验采用2刺激类型（水平1、水平2）×9电极位置（Fz、Cz、Pz、F3、F4、C3、C4、P3和P4）的设计，数据处理采用重复测量方差分析，因素分别为：刺激类型、性别（或利手）以及电极位置，采用Greenhouse-Geisser法矫正 $p$ 值。

1. 事件相关电位整体加工脑地形图、事件相关电位总平均图的比较

（1）两种刺激的脑地形图、事件相关电位总平均图的比较

（2）两种刺激的脑地形图的比较

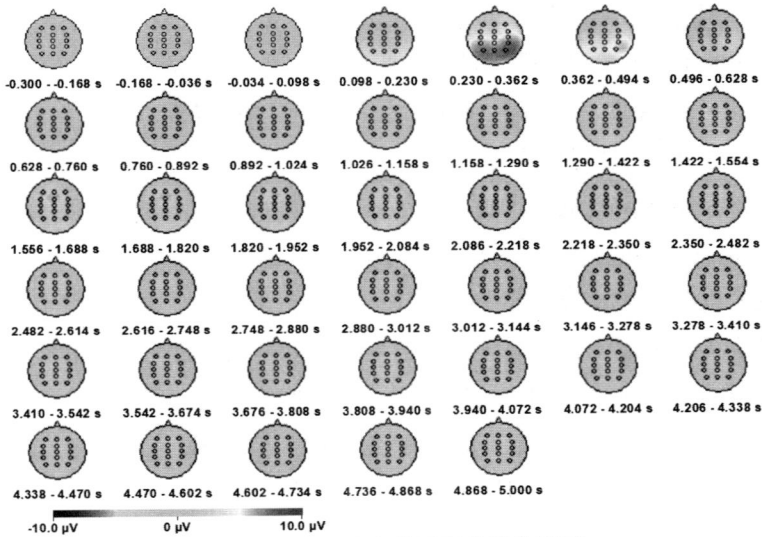

图1-2-1　三维立体图形的脑地形图

（3）两种刺激的事件相关电位总平均图的比较

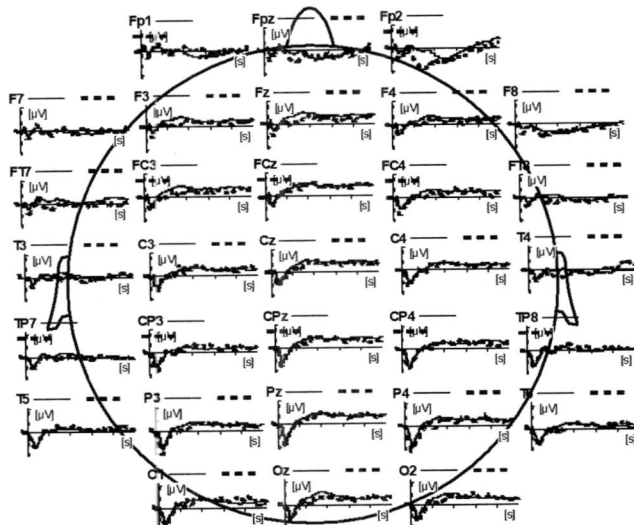

图1-2-2　不同刺激时的事件相关电位总平均图

2. 事件相关电位数据分析

采用二因素重复测量方差分析对刺激类型（水平1、水平2）、电极位置（Fz、Cz、Pz、F3、F4、C3、C4、P3和P4）进行重复测量方差分析，结果表明：在晚期成分L上刺激类型的主效应显著，$F(1, 22) = 8.038$，$p < 0.05$，在N200、P300、P600和后期慢波LSW上的主效应均不显著。说明不同刺激类型的差异主要在晚期。刺激主效应的影响只出现在晚期成分L上，不出现在N200、P300、P600这样的早期和中期成分上，因为所给刺激在类型等方面具有一致性，因而涉及视觉加工这一较低认知功能水平的早期阶段时间进程及加工程度基本一致，但是到了高级认知水平，大脑神经系统活动有了不同的加工，出现了表象表征与命题表征的区别。

电极位置的主效应在N200显著，$F(8, 15) = 18.458$，$p < 0.001$，在P300显著，$F(8, 15) = 21.271$，$p < 0.001$，在P600显著，$F(8, 15) = 7.657$，$p < 0.01$。说明刺激不同，在不同时期脑活动的部位不同。另外，刺激类型和电极位置在各个波形的交互作用均不显著。

3. 具体脑电波的分析方法

**N200**

性别：潜伏期 $[F(1, 45) = 6.365$，$p < 0.05]$ 有显著差异，此外，在电极位置上有显著差异的是：F3 $[F(1, 45) = 5.590$，$p < 0.05]$，F4 $[F(1, 45) = 3.351$，边际显著$]$，C3 $[F(1, 45) = 5.056$，$p < 0.05]$，C4 $[F(1, 45) = 8.350$，$p < 0.01]$，P3 $[F(1, 45) = 10.811$，$p < 0.01]$，P4 $[F(1, 45) = 13.162$，$p < 0.01]$，Cz $[F(1, 45) = 4.443$，$p < 0.05]$，Fz $[F(1, 45) = 3.086$，边际显著$]$，Pz $[F(1, 45) = 15.691$，$p < 0.001]$，而且潜伏期与所有电极位置上的波幅的表现是：男生的数值小，女生的数值大。说明九电极个点均有差异，中央区、顶区、额区均有差异，性别的差异从一开始（在100—250ms）就大范围地显现出来了。波幅大说明心理加工的深度大，心理负荷量大，投入的脑资源多，刺激在心理加工中表现出的难度大。潜伏期长说明心理加工的时间长。刺激出现的早期，男生比女生的加工深度浅，投入的心理能量少，心理加工的时间短，同样的刺激对于女生而言，心理加工的难度更

大。F3、C3、P3表明左半球的差异明显。

**P300**

性别：电极位置上有显著差异的是：P3 $[F(1, 45) = 4.845, p < 0.05]$，P4 $[F(1, 45) = 5.410, p < 0.05]$，Pz $[F(1, 45) = 8.570, p < 0.01]$，在这三个电极位置上的波幅的表现是：男生的数值小，女生的数值大。

顶区有差异，性别的差异开始集中到了顶区，而在已有的研究中，P300是心理旋转的特征波，反映心理旋转的特性。在本研究中，不同的性别的人P300产生了差异，电极点P3表明左半球的差异明显。

4. 在差异电极上的总平均及脑地形图比较方法

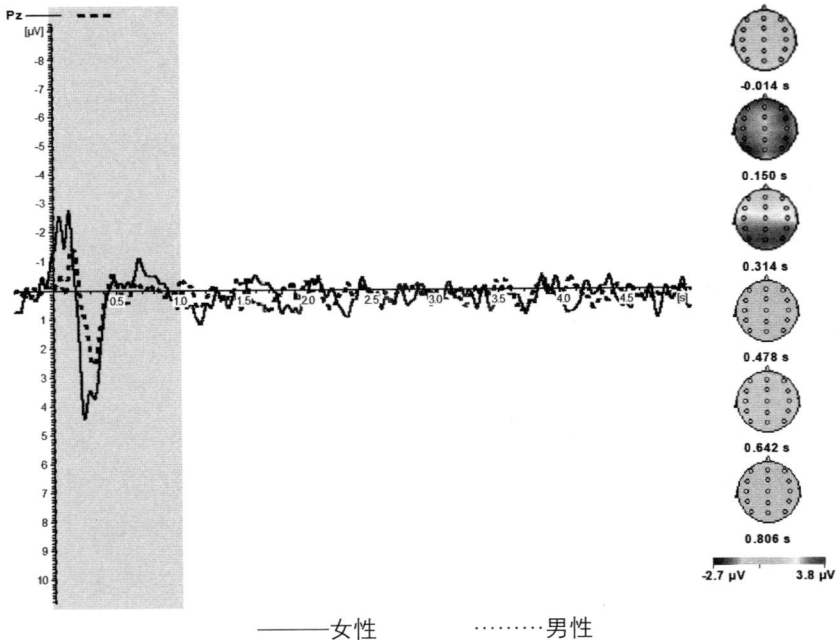

———女性　　………男性

图1-2-3　不同性别在不同水平上Pz电极上的总平均及脑地形图

# 第二章　高海拔地区的特点

## 一、高海拔的范围

高海拔地区有着独特的地理环境特征。随着海拔升高，主要表现为空气中的氧含量逐渐降低[①]。高原医学将1500米—3500米范围内的地区界定为高海拔[②]，1000米以下地区为低海拔。不同海拔高度会影响个体的适应性发展，在认知水平、情绪调节以及健康状况上有所体现。大脑具有氧气高敏感性的特点。机体长期缺氧会损伤神经细胞，使得神经系统的代谢异常，进而改变大脑结构，影响感知觉、注意、记忆、思维等基本认知功能[③]。大脑是认知的"发源地"，氧气是促进大脑高效运转的"燃料"，一旦用于维持大脑动能的氧含量不足时，个体的认知能力发展就会受到阻碍。

以往研究大多关注移居高海拔人群的认知功能，着重探究急性低氧暴露导致的视觉空间注意、认知抑制能力、工作记忆等认知功能的降低。但是，很少有研究探讨高海拔世居者的认知控制表现，以及奖励对其认知控制的提升作用。

高原教育是由海拔因素介导的独特教育模式。长期以来，高原教育的内涵和功能一直未受到研究者的高度关注。随着经济发展和政策要求，高原的人口基数逐渐增多，教育规模也相应扩大。然而，高原教育具有特殊性，垂直分布

---

[①]　Kerstin Fröber, Roland Pfister, Gesine Dreisbach. *Increasing reward prospect promotes cognitive flexibility Direct evidence from voluntary task switching with double registration*[J]. Quarterly Journal of Experimental Psychology，2019，72（8）.

[②]　吉维忠，吴世政. 高原低氧环境诱导认知功能损害研究现况[J]. 中国高原医学与生物学杂志，2019，40（3）：189-193.

[③]　韩国玲. 高原低氧对人体认知功能影响的研究[J]. 高原医学杂志，2009，19（04）：62-64.

的海拔造成了低压低氧的环境，是阻碍高原教育发展的主要影响因素。高原教育是一个不可忽视的重要问题，关乎每一位高原学生的身心健康和自身适应性发展，因此，促进高原教育的合理可持续性发展具有重要意义[①]。

缺氧容易引起大脑功能的改变，损伤神经系统，降低认知能力。机体内环境稳态失衡，严重者可进一步诱发高原疾病，危及心身健康。高原认知障碍是大脑受到低压低氧刺激导致代谢功能异常，损伤神经系统，影响脑认知功能[②]。无论是高海拔世居者还是平原移居高原者，暴露在低压低氧环境中应该注重对认知的防护。以往研究已经证实了有氧运动对认知的促进作用。适度运动锻炼能够提高大脑的动力运转，运动能够促进前额叶皮层的血流量，增加血液中氧气的含量，进而改善脑功能[③]。运动还可以增强心肺功能，提高适应能力[④]。因此，应重视高海拔地区的体育教育，倡导学生进行规律性的有氧运动。

随着认知神经科学的发展和进步，事件相关电位技术（Event-Related Potentials，ERP）在心理学领域被广泛应用。ERP具有精准到毫秒的时间分辨率，能够在时间进程上动态地表示认知加工过程[⑤]，对"认知过程是如何发生的"这一问题进行较好的回答。

## 二、高海拔与认知能力的行为和神经机制研究

医学研究认为，个体进入高原后，随着海拔升高，肌体血红蛋白结合氧的水平低下。血液内的氧浓度显著降低，表示处于缺氧状态。机体缺氧会影响

---

① 叶丽，张春海. 高原教育：内涵、维度、功能定位[J]. 民族高等教育研究，2021，9（1）：68-73.

② 马薛欣雨，杨晓娟，杨志福等. 高原暴露下认知功能障碍的研究进展[J]. 中国实用神经疾病杂志，2021，24（21）：1924-1932.

③ 马海林，苏瑞，张得龙. 高海拔与运动[M]. 成都：西南交通大学出版社，2021，11：99.

④ 党鹏，马海林. 高海拔运动影响个体注意网络[J]. 体育风尚，2020（12）：295-296.

⑤ 刘勋，吴艳红，李兴珊等. 认知心理学：理解脑、心智和行为的基石[J]. 中国科学院院刊，2011，26（6）：620-629.

大脑中枢系统的功能。研究表明，急性高海拔低氧暴露影响个体的记忆力和注意力，延长认知加工的反应时间。吴兴裕和李学义等人（2002）模拟了海拔300米、2800米、3600米和4400米的低氧环境，探究了短时急性低氧暴露对人的认知能力的影响。结果发现，与低海拔相比，在2800米高度暴露一小时就已经能导致认知综合绩效（反应时、正确率）的表现显著降低，并且随着海拔高度增加，综合绩效进一步降低。表明认知能力受急性高海拔低氧影响，符合"高度依赖原则"[①]。另有研究表明，急性缺氧会选择性的影响某些认知功能。李军杰和贾建平（2011）探讨了急进高原男性的认知水平变化，结果发现，几天内从不同低海拔地区来到高原的男性，认知总体水平无明显下降，但注意力下降比较明显。

脑成像研究发现，缺氧可能导致与工作记忆相关的脑区（前额叶）发生功能性变化。工作记忆的功能是将注意力集中在当前任务重要的刺激上，同时忽视与任务无关的刺激。马海林和莫婷等人（2020）以移居高海拔地区的青年为主要对象，采用ERP技术，探讨了长期低氧对工作记忆的影响。发现高海拔组在n-back任务的P2波幅更正、LPP波幅更负。表明空间工作记忆能力明显受到长期缺氧的影响，表现为注意资源分配不足，刺激线索维持与反应抑制能力降低等方面[②]。

目前，高海拔低压低氧导致认知功能损伤的机制尚未明确，高原医学研究指出，长期处于缺氧的环境中，容易引起神经元氧化损伤、神经递质发生变化等，由此引发高原居住人群的认知功能障碍[③]。医学上认为，氧化应激学说可以很好地解释高原脑认知损伤。缺氧使得脑细胞内活性氧自由基增多，造成神经元变性或神经细胞凋亡。氧化应激水平与海拔高度、高海拔驻留时间、进入高海拔的速率有关。认知受损的程度也取决于以上因素。高海拔久居人群，由

① 张宽，朱玲玲，范明. 高原环境对人认知功能的影响[J]. 军事医学，2011，35（9）：706-709.

② 马海林，莫婷，曾桐奥等. 长期高海拔暴露影响移居者空间工作记忆——来自时域和频域分析的证据[J]. 生理学报，2020，72（02）：181-189.

③ 董小铷，张向楠，李丹等. 红景天苷对低压低氧诱发大鼠脑损伤的保护作用[J]. 细胞与分子免疫学杂志，2015，31（10）：1327-1331.

于暴露于慢性低氧环境，导致体内氧自由基形成和抗氧化防御的失衡，加速对认知的损伤。

朱晓涵和周晨等人（2020）采用功能性近红外光谱技术，以不同海拔地区的高中生为对象，探究认知是否与氧合血红蛋白有显著相关性。结果发现，高海拔组的言语理解、知觉推理、工作记忆等认知能力的水平较低，氧合血红蛋白含量较低海拔组不足。说明生长于高海拔地区的高中生，认知水平较低。在完成任务时依赖脑氧输送代偿，使得大脑得到更强的激发[①]。罗广丽（2018）探究了长期缺氧对高海拔大学生认知能力的影响。通过脑电信号的溯源分析，结果发现：高海拔地区大学生的 δ 频段（额叶、顶叶及颞叶）、α 频段（额叶、顶叶及枕叶）以及 θ、β 频段（顶叶、枕叶）皮层活动显著低于低海拔地区大学生。表明大脑缺氧是影响认知的主要因素。高海拔缺氧暴露使得大脑多个脑区（额叶、顶叶、颞叶及枕叶）的皮层活动受到抑制。

高海拔低氧暴露会降低个体的基本认知能力。然而，高海拔如何影响个体的高级认知功能呢？有研究者探究了高海拔对认知控制基本成分的影响。徐伦和吴燕（2014）等人采用任务转换范式，探讨了模拟高海拔对认知灵活性的影响。结果发现，短时间内（1h）的低氧暴露显著增加了反应时的转换损失率，表明缺氧可能会迅速损伤认知灵活性，是阻碍认知灵活性发展的主要因素。韦新（2015）以平原地区（500米）军人和移居高原地区（3680米）军人为研究对象，结合ERP技术探究了高原环境对心理认知能力的影响。结果发现，高原环境下移居军人的抑制控制功能受损。但经过2年的高原习服，抑制控制水平逐渐恢复正常。认知功能与P300波幅有关，P300波幅越大，表明认知功能越好[②]。对于移居高海拔群体来说，认知习服能够有效适应高原环境，并且预习服时间不同，认知表现也会有差异。郭文均（2016）的研究表明，短期预习服（4天）较长期预习服（30天）对情绪水平、感知觉、注意力等认知能力的提

---

① 朱晓涵，周晨，齐海英等. 中国高海拔地区高中生认知水平与氧合血红蛋白含量变化的关系[J]. 中国高原医学与生物学杂志，2020，41（3）：165-171.

② 韦新. 高原青年官兵认知功能的特征与事件相关电位研究[D]. 西安：第四军医大学，2015.

升效果更好[①]。

总之，个体的认知能力会受到海拔高低的影响，缺氧是最关键的因素，并且海拔越高对人的认知影响越大，符合"高度依赖原则"。高海拔缺氧暴露会抑制与认知控制有关的前额叶皮层功能，因此推测，认知控制作为一种高级认知能力，也会随海拔高度增加、缺氧程度高而降低。

---

① 郭文昀. 急性中等海拔高原暴露对认知能力影响的研究[D]. 重庆：第三军医大学，2016.

# 第三章　高海拔地区学生认知的整体性对记忆的影响

## 第一节　认知的整体性

在前人研究中，认知的整体性一开始是视知觉领域之中一个重要的概念，对特征捆绑进行了相关领域的很多研究，而后越来越多的研究人员发现在工作记忆中特征捆绑也发挥着重要的作用。

由于至今为止的研究还不够成熟，所以，存在着很多的争论。其中遇到的一个比较重要的问题就是视觉工作记忆的储存机制是以客体为单位，还是特征为单位来储存，还是两者都会影响客体的储存。针对该问题，研究人员提出了几种具有代表性的假说，并设计实验来验证自己的假说。在视觉工作记忆中特征捆绑的储存机制这个问题在由同一维度特征和不同维度构成的客体的结果不同，需要更多的实验来验证。研究储存单位问题是研究视觉工作记忆容量模型研究的基础，储存单位基于特征是容量模型中灵活资源模型的基础，基于客体是插槽模型的基础，客体和特征都会影响存储对应插槽—资源模型或插槽—平均模型。

视觉工作记忆的容量问题集中在前人研究出几种不同的容量模型，插槽模型认为视觉工作记忆容量是有限的，插槽有3—4个，一个插槽对应一个完整客体；灵活资源模型认为，视觉工作记忆（简称为VWM）中没有明显的客体容量上限，记忆资源根据客体数量、特征数量、重要性等因素灵活分配；还有新提出的两者融合的新模型，插槽—资源模型认为，视觉工作记忆有明显的客体容量上限，但是分配资源是灵活的；而插槽—平均模型除了认为有客体的容量上限，客体数量少于容量上限时，每个客体的特征会平均分配到每个插槽里。除了要探索多特征图形的容量模型是哪一种模型，还由于同一维度特征捆绑的客体和不同维度特征捆绑的客体的实验结果不尽相同，需要设计实验针对两者的容量模型是否有差异进行进一步的研究。

储存问题和容量模型研究得出多特征客体可以捆绑成一个客体，产生了捆绑效应，成为注意如何影响多特征客体在VWM中表征这一方面研究的基础。有人认为，视觉工作记忆中的特征捆绑的储存是自动发生的，而不需要额外的注意资源；还有人认为，视觉工作记忆中特征捆绑的储存是需要额外注意资源的，注意水平高低会影响特征捆绑的结果。特征结合理论认为，是空间注意使特征捆绑起来成为一个整体；干扰客体的距离在特征整合理论中不起作用，而位置不确定理论中干扰客体的距离起到了重要作用。这些争议目前还没有定论，每个争议研究清楚都可以为其他问题提供支持。

## 一、研究的目的及意义

### （一）研究目的

研究要解决的问题就是客体在视觉工作记忆中储存单位的问题。研究分为实验1客体数量不同，总特征数量相同的存储单位实验和实验2客体数量相同，特征数量不同的存储单位实验。研究认为，同一维度的特征组成的客体只能以特征为单位储存，而不同维度的特征组成的客体能以客体为储存单位，因此，实验1和实验2都要分为同一维度特征和不同维度特征构成的客体。实验1的客体数量不同是因为一组是全是单特征客体（客体数多）和一组全是多特征客体（客体数少），若单特征客体正确率显著低于多特征客体，则说明出现了特征捆绑。但是，有的研究认为，由三种不同维度组成的客体不能自动地以一个完整的客体为单位，实验2进行同一客体，但客体特征数量不同（1/2/3）的视觉工作记忆表征的研究。

之前研究发现，视觉工作记忆的容量一般是3—4个，当超过上限时，视觉工作记忆的正确率就会大大下降。研究要分为同一维度特征和不同维度特征构成的客体。也要研究三特征客体的容量模型如何，因此，同一维度特征组成的客体和不同维度的特征组成的客体都进行客体特征数量最多为三的实验设计。

研究注意水平和干扰距离如何影响多特征客体在VWM中表征。视觉工作记忆中特征捆绑的储存是否需要空间注意的，即注意水平高低是否会影响多特征客体的表征。若是空间注意影响了多特征客体思维表征，即支持了特征整合理论。干扰客体的距离若是对多特征客体在VWM中表征产生了影响，则支持位置不确定理论。为此，主要研究下列问题：

第一，探究多特征客体在视觉工作记忆中的储存单位。

第二，探究客体数量和特征捆绑数量如何影响视觉工作记忆表征。

第三，探究注意水平和干扰距离如何影响多特征客体在VWM中的表征。

## （二）研究意义

### 1. 理论意义

首先，本次设计的内容有助于工作记忆的深入研究。目前，研究人员研究工作记忆主要是言语工作记忆方面，研究的成果较多，也很有深度。相比之下，视觉工作记忆方面的研究尚有不足，而人类非常多的信息是通过视觉通道来获取的，作用相比听觉通道来说有过之而无不及，这也是人类心理活动不可缺少的一个方面。所以，深化视觉信息表征的工作记忆的相关研究不仅能够完善人类对自身心理活动和工作机制的了解，还能拓展人们对于工作记忆的认识，对探讨工作记忆的本质也有十分重要的用处。

另一方面，本次设计的内容还有助于了解特征捆绑。特征捆绑机制是人类适应复杂多变的环境、从而提高应对效率的一种重要生理与认知机制。因而，也成为认知研究中一个十分热门的问题，同时也是知觉和注意研究的热点之一，但目前研究的重点大多放在了探索客体识别及错觉结合中的特征捆绑等问题上。而记忆活动中的特征捆绑在之前的研究当中涉及的并不是很多，而这本身也是人类高级认知的一部分，有助于人类对于这方面的了解。本次设计就把捆绑作为一个研究对象，将其延伸至高级认知过程中，从记忆活动这一过程中审视特征捆绑，可以深化对特征捆绑的研究。

### 2. 实践意义

首先，由于工作记忆反映的是人的认知活动的资源有限性，这个特性决定了工作记忆可作为认知能力一个重要的预测指标。另外，工作记忆是与学习活动等一些认知活动相伴随进行的，比如很多学习困难的学生的几何成绩差是由于工作记忆容量不足，视觉工作记忆激活的脑区和几何学习激活的脑区为同一区域。因此，对工作记忆的深入研究，也可以加深人们对老师的教学和学生的学习问题的理解，对分别提高教师的教学水平以及学生的学业成就，以及增强学生的认知活动能力会起到巨大的促进作用。

作为工作记忆中十分重要的视觉工作记忆，可以帮助教师通过视觉方面的教学方式的改善来提升学习效果，这样可以让学生的接受能力和学习效率提高。而特征捆绑的引入又可以从高级认知的角度来分析学生一些学习时的表现，可以让教师对症下药，改变一些教学方式。

## 二、研究假设

根据研究目的和研究内容，研究提出以下假设。

**假设一**：同一维度和不同维度的多特征客体对视觉工作记忆表征的影响不同，不同维度特征捆绑的客体的储存单位基于客体，同一维度特征捆绑的客体的储存单位不严格基于客体，特征会影响视觉工作记忆资源。

**假设二**：不同维度特征捆绑的客体可以完整存储，其视觉工作记忆容量模型基于插槽模型；同一维度特征捆绑的客体的特征会和客体一起竞争工作记忆资源。

**假设三**：注意水平不同对视觉工作记忆中的特征捆绑产生了影响，注意集中水平的正确率高于注意分散水平。干扰距离可能会影响特征捆绑在视觉工作记忆中的表征。

# 第二节　视觉工作记忆

## 一、核心概念界定

### （一）认知的整体性

人们会自动将看到的客体知觉为一个统一的整体，没有察觉到对客体的特征等细节进行过分析，即大脑会把不同皮层区域中分散的信息联结在一起，并且非常的正确和快速，这种现象就称为特征捆绑（feature binding）。

通常情况下，人们在感知现实情景中有意义的客体时是非常容易的。但实际上，该过程还是需要复杂的视觉加工的。视觉工作记忆系统会先从不同维度特征对当前看到的情景进行剖析，比如，香蕉会被分解成几种不同特征，如位置、形状、颜色、大小等。视觉搜索以及选择性注意的一些研究表明，人们能够准确地根据特定客体的某一个特征，从众多的客体中把它分离出来，比如一群白色的兔子中有一只灰兔子。神经生理学的研究也显示人的大脑皮层中有多个视觉区域，位于不同区域的脑细胞会对外界相同的刺激物的不同特征做出选择性反应。

## （二）视觉工作记忆

工作记忆（working memory，1974）是一种对信息进行暂时加工和储存的容量有限的记忆系统，在许多复杂的认知活动中起重要作用，比如理解、学习和推理等。工作记忆是知觉、长时记忆和动作之间的接口，因此是思维过程的一个基础支撑结构。

巴德利（Baddeley）的工作记忆三部分模型（1974）。中枢执行系统是注意的控制系统，主要用于分配注意资源，控制加工过程，这是工作记忆的关键成分。还有两个分别处理语音和视觉信息的子系统。语音环路是主要用于记住词的顺序，保持信息，负责口语材料的暂时存贮和处理。视空间模板是视空图像处理器，负责视觉和空间信息的暂时存贮和处理等初步加工。

之后巴德利（Baddeley，1986）提出了情景缓冲器概念，变成工作记忆四部分模型。这是一种用于保存不同信息加工结果的次级记忆系统，在中枢执行系统的控制之下保持加工后的信息，支持后续的加工操作[①]。

视觉工作记忆（visual working memory，VWM）就是工作记忆模型中的视空间模板，是对视觉信息进行暂时储存和操作的容量有限的系统，也就是同时具有了储存功能和认知控制功能，对视知觉和认知过程都产生了重要的作用。

---

① Baddeley A D. *Working Memory*[M]. England：Oxford University Press. 1986：49.

## （三）表征

表征（representation）是信息在头脑中的呈现方式。根据信息加工的观点，当有机体对外界信息进行加工（输入、编码、转换、储存和提取等）时，这些信息是以表征的形式在头脑中出现的。表征即是客观事物的反映，又是被加工的客体。心理表征类型：认知地图、表象、图式和心理语言。

## 二、研究范式

### （一）变化觉察范式

变化觉察范式（change detection paradigm）由勒克和沃格尔（Luck & Vogel，1997）在菲利普斯（Phillips，1974）觉察范式的基础上提出的[①]。此范式可分成三个阶段，记忆阶段、保持阶段以及检测阶段。例如，记忆阶段就是先让被试观察并记忆刺激图片，上面呈现需要记忆的若干客体；之后保持阶段呈现一段时间空屏或掩蔽刺激；最后检测阶段给出被试探测图片，被试对探测图片进行观察，对记忆图片和检测图片上的客体是否是一致进行判断。通常情况下，可以用被试反应的正确率或反应时作为被试的行为指标。变化察觉范式分为整体检测范式、单刺激检测范式。单刺激检测范式就是检测阶段只出现一个客体，回忆该客体是否在记忆阶段出现过。整体检测范式指的就是在记忆阶段提供的客体数量与实验检测阶段提供的客体数量一致，记忆客体随机变化其中的一个客体就是检测客体，被试判断记忆项和检测项是否一致。

### （二）预提示范式

空间提示范式也称之为预提示范式，于1980年被波斯纳（Posner）率先提出，用于研究空间选择性注意。首先呈现一个注意线索，短暂间隔后呈现靶刺激，靶刺激既可能出现在线索位置，也可能不出现在线索位置。如果线索提示和目标出现了同样的位置，则表示该视觉线索是有效的，反之该视觉线索就是无效的，最后要求被试进行一个探测任务。

---

① 张德香. 注意引导对视觉工作记忆表征的影响[D]. 济南：山东师范大学，2019.

## 三、基本理论

### （一）特征捆绑的理论模型

特征捆绑模型分为两大类：其一是认知心理学的模型，如特征整合理论、位置不确定理论和双阶段理论；其二是神经生理学的模型，如多阶段整合理论、时间同步性理论和神经网络模型。下面只介绍本研究用到的前两种理论，因为在之后的实验不采取脑电技术进行研究，所以，建立在神经生理学基础上的三种理论将不做介绍。

### 1. 特征整合理论

特雷斯曼和格拉德（Treisman & Gelade，1980）提出了特征整合理论，该理论认为对客体的知觉过程应分为两个阶段：前注意阶段，对客体上的特征进行平行加工，这种加工是自动的，无须注意，但是特征是自由分离的，不能够结合起来成为一个整体；特征整合阶段，信息加工方式是系列的，需要注意的参与，通过注意将前注意阶段平行加工的特征整合为一个统一的客体[①]。

特征整合理论在解释知觉的特征捆绑时，认为大脑对客体的识别需要位置主地图，其标记客体的位置，但不标记该位置的客体上的特征；还需要对应某一特征的特征地图有多少特征，就对应有多少地图。特征地图主要包含两种信息：一是"标志旗"，用于标记客体上的某一特征的位置；二是某一特征的空间排列的内隐信息。为了把特征和客体捆绑起来，每个特征地图内的觉察器与主地图中的客体联系起来，注意扫描位置主地图时，与注意当前位置的客体相联系的特征会被从特征地图中选择出来，暂时把所有其他客体的特征排除在知觉水平之外。这样客体和该特征之间的结构关系也得以分析，从而避免了错误捆绑。可见，视觉特征捆绑需要对空间位置的注意来实现。

特征整合理论强调要有空间注意的参与才能实现正确的特征捆绑，本研究基于特征整合理论探究空间注意是否对特征捆绑产生了影响，选择能控制空间选择注意预提示范式进行研究。汉弗莱斯（Humphreys，2000）等人，依据特

---

① 刘志华. 视觉特征捆绑：基于时间邻近还是基于相同空间位置？[J]. 心理科学，2014（4）.

征整合理论进行改进的双阶段理论。他们对双侧顶叶损伤病人的研究发现，捆绑不是仅发生在特征整合阶段，前注意阶段也有特征捆绑的存在。

2. 位置不确定理论

此理论又称特征捆绑的形式模型，是由普林兹梅特尔（Prinzmetal）、伊夫里（Ivry）和阿什贝（Ashby）等人提出的。该理论认为，错觉性结合（IC）是由于对视觉特征的知觉产生了位置错误，即在注意范围内，客体间的距离因素对特征捆绑产生了影响。采用预提示范式的实验中，当靶子和非靶子距离比较接近时，特征捆绑的错误较多；同时，特征正确捆绑的可能性随着靶子与非靶子间距离的增加而增大。这一结果用特征整合论无法解释，却支持了位置不确定理论关于注意范围内距离对错觉性结合有影响的观点。艾希比（Ashby）等的模型在参数尤其是猜测参数的设置上还存在问题，该测量模型仍需不断完善①。

（二）视觉工作记忆的特征捆绑的储存机制假说

介绍完特征捆绑的理论模型之后，我们来关注另一个重要的问题，就是视觉信息在视觉工作记忆中储存方式的问题，目前的研究主要分为两种：一种认为是基于特征来储存的。另一种则认为是基于客体来储存的，下面就将按照这两种方式进行介绍。

1. 基于特征的储存机制假说

基于特征的储存机制假说认为视觉工作记忆中信息是基于特征来储存的。每种维度的特征都拥有自己的储存子系统，这就使得视觉工作记忆有了非常多的特征储存子系统，客体在各个不同维度的特征会存入到这些彼此独立的子系统之中。由此可以看出，记忆容量受到了特征数量的影响，但没有受到客体数量的影响，客体构成特征的数量，就是占容量单位的数量。

2. 强捆绑储存说

强捆绑储存说就是绝对基于客体的储存，也可以称为强客体储存说。视觉

---

① 陈彩琦，刘志华，金志成. 特征捆绑机制的理论模型[J]. 心理科学进展，2003，11（6）：616-622.

工作记忆的基本储存单位是一个完整的客体，特征不是基本储存单位。由此可知，视觉工作记忆容量是由客体数目而非特征数目所决定的，记忆容量也不受客体所携带的特征数量的影响，同时其他认知加工资源又不会被占用。

3. 特征—客体双储存说

客体—双储存假说指的是有一个客体储存系统，还有若干特征子系统，彼此系统独立，不互相竞争记忆资源。当同一个客体中的特征来自同一维度特征时，特征被储存在了同一维度的特征子系统之中，而记忆资源是有限的，这些同一维度的特征就形成了资源竞争的关系，导致它们不能捆绑成为一个完整的客体，这样的话记忆容量就会被该维度内特征数量所限制。不同维度特征构成的客体因为来自不同特征维度，不同维度特征子系统不会相互竞争记忆资源，不同维度特征能捆绑成为一个完整的客体。

4. 特征—捆绑同一储存说

也称为弱客体储存说。这一种假说与上一个客体—双储存假说不同，该假说是让客体和特征使用一个统一的储存系统，这就是假说名字中同一的由来，客体与特征形成了竞争记忆资源的关系，那么记忆容量就与两者都存在关系，受到特征与客体的双重影响。

5. 特征—客体分离说

也可称之为客体储存优势说。从名字中我们不难想到，在对特征和客体进行分开储存的过程中，客体的储存会获得优势，即对客体的储存要优于对构成客体的一些特征的储存。也可以理解为，视知觉中会出现的整体优势效应，也能够出现在视觉工作记忆当中。

（三）视觉工作记忆容量模型

1. 插槽模型

插槽模型也称作离散资源模型，WM资源以离散的方式分配，该模型认为，工作记忆的容量资源是有限的，为3—4个插槽，每个插槽容纳一个客体，即视觉工作记忆中以客体为单位进行储存，不受构成客体的特征数量的影响，不受特征的相似性的影响，超过上限的客体无法正确储存。不超过容量上限时，每个客体在视觉工作记忆资源中的分配是平均的，即未超过上限时，客体特征数量不会影响VWM的探测正确率；反之超过上限时，客体特征数量越多，VWM的探测正确率会越低。

2. 灵活资源模型

灵活资源模型也称作灵活资源模型，其认为WM资源是以连续且灵活的方式来分配的。该模型认为，在VWM中储存单位不是整个的客体，且没有一个明确的以客体为单位的上限，客体数量越多，正确率会越低。同时，客体的特征数量、特征难度、重要性等都会影响工作记忆资源的分配，这种分配方式是灵活的。

3. 插槽—资源模型和插槽—平均模型

因为插槽模型和灵活资源模型都有一些研究结果支持了部分假设，有的假设没有得到支持，于是，有研究者提出了融合了上述两个模型各自的部分假设，即工作记忆容量的插槽—资源模型和插槽—平均模型。

插槽—资源模型认为，工作记忆中同时存在着相互独立的插槽工作记忆资源和精度资源，工作记忆的插槽数量是有限的，为3—4个插槽，每个插槽容纳一个客体，而客体表征的精度资源也是有限的，精度资源可以在各插槽间灵活分配，精度资源的分配会受到客体特征数量、特征的相似性、客体的重要性等精度因素的影响。这一模型既包含了插槽模型中被大量证据支持的容量有限性假设，也包含了灵活资源模型中被多次证实的资源灵活分配假设，同时还能够解释客体数量限制与精度限制相分离的实验证据。

插槽—平均模型认为，工作记忆的插槽数量是有限的，但是，当有多个插槽资源可用时，只有一个客体需要记忆，每个插槽都可以被用来储存这个客体的表征，即被试报告的就是多个表征的平均值，此时客体表征的精度就会提高。也就是未超出容量限度时，表征精度会随客体数量的增多而降低。

## 四、研究现状

菲利普斯（Phillips）自从1974年对VWM进行研究以来，视觉客体的表征问题就成为VWM研究的重中之重，表征问题可以分为两方面：一方面，VWM

的表征细节是怎样的，即视觉工作记忆的储存单位是基于特征还是基于是客体，以及客体和客体上的特征是如何储存的、如何捆绑起来的。另一方面，就是视觉工作记忆的容量问题，即人们在视觉工作记忆中能够保持多少视觉信息。众多研究者对这两方面问题的深入研究，使对视觉工作记忆的研究硕果累累。

## （一）知觉整体性中特征捆绑的储存单位的研究现状

### 1. 基于特征的储存机制假说的研究现状

特雷斯曼、赛克斯和格拉德（Treisman、Sykes & Gelade，1977）研究了多特征客体在视觉工作记忆中是否能够捆绑成一个完整的客体。实验材料为两个客体，每个客体都是带眼睛、鼻子和嘴巴的图示脸，图示脸特征可以看作是由各种特殊形状构成。结果发现两个图示脸上特征互换的探测图片会导致更低的正确率。他们认为，高错误率表明，被试在记忆中无法正确保持两个多特征客体，客体被分离成孤立的特征。当客体特征来自同一维度时，特征无法捆绑起来成为一个整体。

斯特夫拉克和博因顿（Stefurak & Boynton，1986）也研究了多特征客体在视觉工作记忆中是否能够捆绑成一个完整的客体。实验材料为带颜色的动物轮廓图形，首先呈现5秒钟记忆图片，之后保持阶段是3秒的空白，之后呈现探测图片。他们得出类似的结论，在排除言语工作记忆干扰时，单颜色客体和单形状客体的记忆正确率很高，但颜色和形状捆绑特征客体的记忆正确率却很低。在后续实验中，他们要求被试只注意一个维度的特征，发现不需要记忆维度的特征对需要记忆维度的特征既没有干扰作用，也没有促进作用。当客体特征来自不同维度时，特征无法捆绑起来成为一个整体。

国内有吴文春、金志成（2006）的视觉工作记忆中的储存单位研究，在记忆由同一维度的特征组成的客体时，视觉工作记忆储存的基本单位是特征，不是客体。

### 2. 强捆绑储存说的研究现状

当肯（Duncan，1984）让被试从四个不同维度的特征中报告其中两个特征，发现报告来自同一客体的两个特征更容易，而报告来自不同客体的两个特征更难。不同特征维度捆绑的客体时，来自同一客体的特征要比来自不同客体的特征能够得到较好的表征。后来，当肯（1993）对实验条件稍做调整，给被试呈现两个三特征客体，这三种特征是方向、长度和频率，要求被试报告来自不同客体的两种特征，结果发现，客体特征来自同一维度特征与来自不同维度特征的报告正确率没有显著差异。只要是特征是来自不同客体时，特征来自同一维度特征与来自不同维度特征在编码上没有差异。结果支持视觉工作记忆的储存单位是基于客体的。

卢克（Luck，1997）等人的实验结果表明，虽然同时记忆线条的颜色和方位的特征数目是只记忆垂直线条的颜色和只记忆黑色线条的方位的两倍，但三个任务的成绩并没有区别。结果表明，不同维度特征构成的客体的视觉工作记忆的储存单位是基于客体的。在后续研究中，比较了单色块与双色嵌套块的记忆成绩。尽管双色嵌套方块的条件下，被试需要记住的颜色特征数量是单色块的2倍，单色块与双色嵌套块的记忆成绩相同，即特征数量不影响客体的表征。结果表明，同一维度特征构成的客体的视觉工作记忆的储存单位也支持强捆绑储存说。

沈模卫（2007）发现，不同类型视觉信息在工作记忆中的储存机制上，对颜色和形状两维度特征构成的客体，其储存是以客体为单位[①]。结果表明，不同维度特征构成的客体，其视觉工作记忆的储存单位是基于客体的。

黎翠红（2015）的研究中，同一维度下的多特征客体在视觉工作记忆中的储存模式上，精度并不起作用，多特征客体在视觉工作记忆中的储存单位并不是单个的独立特征，而是整合的客体。

3. 特征—客体双储存说的研究现状

维勒和特雷斯曼（Wheeler & Treisman，2002）对双特征客体的工作记忆容量进行整体探测检测和单探测检测的对比研究，发现特征的捆绑在由不同维度特征构成时和由同一维度特征构成时正确率不同。当客体是由不同维度特征所构成时，视觉工作记忆是以客体为基本储存单位的，客体数量决定了视觉工

---

① 沈模卫，李杰，郎学明等. 客体在视觉工作记忆中的储存机制[J]. 心理学报，2007，39（5）；761-767.

作记忆的容量；而当客体上的特征是由来自同一特征维度的两个特征时，这两个特征不能进行捆绑，记忆容量要受到这一维度特征的容量所限制。

徐耀达（2002）在一项实验中，采用旋转的彩色的蘑菇图形对颜色—颜色、颜色—方向等特征的捆绑进行了研究，实验结果进一步支持了特征—客体双储存说。

4. 特征—捆绑同一储存说的研究现状

奥尔森（Olson）和于鸿江（2002）对大小与方向、颜色与方向等特征捆绑的研究中，发现客体的特征数量也与工作记忆的容量有密切的相关，当客体是由不同维度两个特征所构成时，其工作记忆容量就要小于仅由一个特征所构成客体的容量。特征与客体的储存是使用一个共同的储存系统，在这个储存系统中特征与客体相互竞争记忆资源，它们的数量共同决定视觉工作记忆的容量。

李广平（2004）的研究结果，由同一维度特征构成的双特征客体中，两种颜色无法捆绑起来进行储存；虽然由不同维度特征构成的双特征客体的储存方式是基于客体的，但由不同维度特征构成的三特征客体中，这种捆绑的储存却要占用额外记忆资源，支持特征—捆绑同一储存说。

5. 特征—客体分离说的研究现状

巴巴拉（Barbara，1996）等人发现，如果根据基于特征可以被单独表征，且客体与颜色捆绑记忆的正确率应受到特征记忆下限水平的限制，即年轻人对客体整体记忆的正确率是91%，对客体颜色特征记忆的正确率23%，客体与颜色捆绑记忆的正确率应不应超过颜色记忆正确率23%的水平，实验结果确是72%，被试对包含颜色特征的客体的记忆的正确率应受到颜色特征记忆限度水平的限制，即不应超过23%。结果支持客体上的特征能被捆绑起来形成一个完整的客体，特征的储存和客体的储存之间没有直接相关。

（二）视觉工作记忆容量的研究现状

巴德利和赫克（Baddeley & Hitch，1974）就采用分心作业的方法发现，客体数量小于两个时，被试在简单推理作业几乎没有受到干扰；但当被试客体数量达到六个时，简单推理作业的时间从上增加了200秒左右；在快速推理判断时，则被试能够回忆的客体仅为3—7个。

特克（Trick）等采用追踪任务，对视觉工作记忆容量进行研究。结果发现，客体数量不超过四个时，反应时增长量差异不大，客体数量超过五个时，反应时增长量差异显著。由此推断，视觉工作记忆容量可能为四个左右。

欧文（Irwin，1991）采取变整体的化觉察范式来直接测量视觉工作记忆的容量，发现，圆点数目越多，探测正确率越低，说明工作记忆的容量是有限的。

卢克和沃格尔（Luck & Vogel，1997）采用多色嵌套块以及由颜色与方向两个不同维度构成的线条等材料进行研究，发现视觉工作记忆容量只有3—4个，这种容量限制只与客体的数量有关，而与客体中所包含的特征数量无关。

对于工作记忆容量是否存在明确的上限这一问题，更多的证据支持了插槽模型的观点；而对于工作记忆容量资源的分配是固定的还是灵活的这一问题，现有证据更倾向于灵活资源模型的观点。一些研究发现随着工作记忆中保持的客体数量的增加表征精度会逐渐下降。另有一些研究则发现，复杂客体的储存容量低于简单客体。所以，探索工作记忆容量资源有限性仍旧是当前工作记忆研究中关键的理论难点之一。

### （三）注意如何影响VWM中特征捆绑客体表征的研究现状

沃尔夫（Wolfe，1999）以及霍罗威茨和沃尔夫（Horowitz & Wolfe，1998）等进行了注意对视觉工作记忆的影响的研究，发现如果缺少注意，客体的特征是不能被捆绑成一个完整的客体的。

惠勒（Wheeler）和特雷斯曼（Treisman）发现，客体特征捆绑需要集中性注意，而且容易受无关信息的干扰，从而指出注意的有限性是视觉工作记忆容量有限的内在基础。

陈彩琦、付桂芳、金志成（2003）研究发现，由同一维度特征组成的客体在视觉工作记忆中的储存基于特征，特征的储存不受注意水平的影响，可能是一种自动化的过程；客体上的特征来自不同维度时，客体的特征能被捆绑成一个完整的客体，在说明视觉工作记忆中的储存是基于客体的，特征捆绑需要集中性注意的参与。该结果支持特征整合理论。

刘志华、樊建华、金志成（2006）通过两个特征捆绑实验，探讨注意的作用及机制。实验1采用双任务范式，考察不同注意分散水平下的错觉性结合（IC）差异。实验2采用空间提示范式，考察集中注意和分散注意条件下的IC差异。两个实验结果都表明，注意在特征捆绑中起重要作用，集中注意能有效地减少IC的出现。距离越远，错觉性结合越少，结果支持位置不确定理论。

肖英霞（2008）进行了一项研究，通过在工作记忆的储存阶段采用线索化范式来控制空间注意，考察注意水平对不同特征储存的影响，同时通过ERP技术记录单一特征和特征捆绑的脑电变化。行为和脑电结果都表明，空间注意对特征捆绑起到重要的作用。注意集中时，三种记忆类型的正确率无显著差异；而在注意分散时，特征捆绑记忆的成绩显著低于单一特征的记忆。这说明，空间注意使特征以捆绑的方式储存。该结果支持特征整合理论。

陈盼盼（2016）通过在VWM的储存阶段加入耗费客体注意的客体特征辨别任务，耗费空间注意的视觉搜索任务和耗费中央执行系统控制注意资源的反向计数任务，研究发现视觉工作记忆中不同维度特征之间捆绑需要注意资源。客体注意才是影响视觉工作记忆中捆绑特征储存的最重要的，而中央执行系统控制的注意和空间注意对单特征客体和多特征客体都产生了影响，并不只对特征捆绑客体产生影响。

吕晓蕾（2018）研究发现，空间注意和客体注意都会对外部特征捆绑产生了影响。

## 第三节　多特征客体在视觉工作记忆中的储存单位

### 一、客体数不同，总特征数相同的 VWM 储存单位

#### （一）实验目的和假设

##### 1. 实验目的

实验1是研究客体数量不同，特征数量相同的视觉工作记忆的储存单位实验。因为总特征数量一样，客体分为多特征客体和单特征客体两类，多特征客体的客体数量少，单特征客体的客体数量多，因此，可以探究多特征客体是否

比单特征客体具有记忆优势，即是否出现特征捆绑效应。若VWM的储存单位是基于特征，特征数相同，客体数量少的多特征客体和客体数量多的单特征客体的正确率应该无显著差异；反之，若客体数量少的多特征客体正确率显著高于客体数量少的多特征客体的正确率，则说明出现了特征捆绑效应，以及视觉工作记忆的储存单位不是基于特征的。实验分成同一维度特征和不同维度特征构成的客体进行实验。

2. 实验假设

多特征客体能捆绑成一个完整的客体，即视觉工作记忆的存储单位不是基于特征。

（二）实验方法

1. 被试

实验选择高海拔地区的学生作为被试，年龄在18—25岁。男30名，女31名。均为右利手，且视力或矫正视力正常，色觉正常，无色盲、色弱等症状。实验结束后，所有的被试均有小礼物赠送。

2. 实验仪器

使用E-prime 2.0软件编制实验程序，在14英寸联想笔记本利用E-prime 2.0软件呈现实验程序，显示器的分辨率为1920×1080。实验中被试头部与显示器之间的距离大约60厘米。

3. 实验材料

特征维度有三种：颜色特征7种：红、绿、蓝、黄、紫、橘、粉色。形状特征7种：桃心、蘑菇、扑克梅花、苹果、梨、叶子、杯子。旋转角度特征8种：0度、45度、90度、135度、180度、225度、270度、315度。用上述维度的特征随机构成以下的客体：

单特征客体有三种：第一种是只有一种颜色的客体即单色块，因为颜色必须要有形状依存，所以选取正方形为中性形状，此时旋转角度为0。第二种是只有一种形状的客体，因为客体必须要有颜色这个特征，选取黑色为中性颜色，此时旋转角度为0。第三种是只有一种旋转角度的客体，因为客体必须要有颜色和形状的特征，于是选择黑色箭头为中性颜色及形状。

双特征捆绑的客体有三种：第一种是同一维度特征捆绑的客体，由两种颜色组成的一个客体，即双色嵌套块，选取正方形为中性形状，此时旋转角度为0。第二种是一个客体由形状和旋转角度两种特征捆绑，此时中性颜色为黑色。第三种是一个客体由形状和颜色两种特征捆绑，此时旋转角度为0。

三特征捆绑的客体有三种：第一种是同一维度特征捆绑的客体，由三种颜色组成的一个客体，即三色嵌套块，选取正方形为中性形状，此时旋转角度为0。第二种是一个客体具有三个不同维度特征捆绑，是由形状、颜色和旋转角度三种特征捆绑的客体。

**实验1　记忆刺激和检测刺激的实验材料**

同一维度特征的记忆刺激和检测刺激的实验材料：第一种是总特征数为二时有2种条件，1个双色嵌套块实验组、2个单色块实验组。第二种是总特征数为四时有2种条件，2个双色嵌套块实验组、4个单色块实验组。第三种是总特征数为六时有2种条件，即2个三色嵌套块实验组、6个单色块实验组。

不同维度特征的记忆刺激和检测刺激的实验材料：第一种是总特征数为二时有2种条件，即1个双特征客体实验组、2个单特征客体实验组；第二种是总特征数为四时有2种条件，即2个双特征客体实验组、4个单特征客体实验组；第三种是总特征数为六时有2种条件，即2个三特征客体实验组、6个单特征客体实验组。

4．实验程序

使用变化检测范式进行记忆测试，每个trail首先在屏幕中心呈现注视点"+"800ms；然后呈现记忆刺激100ms；接着记忆刺激消失，呈现空白图片1000ms；最后呈现检测刺激，持续时间为2000ms。要求被试判断前后呈现的记忆刺激和检测刺激是否完全相同，50%的被试相同按"√"，不同的按"×"。为平衡按键顺序：50%"√"贴在Q键，"×"贴在P键，另50%P键、Q键交换位置。

记忆刺激和检测刺激的实验材料的同一维度特征构成的客体有6个条件，不同维度特征构成的客体也有6个条件，共12个条件，每个条件20试次，一共

240试次。同一维度特征构成的客体的一次试验流程见图3-3-1。

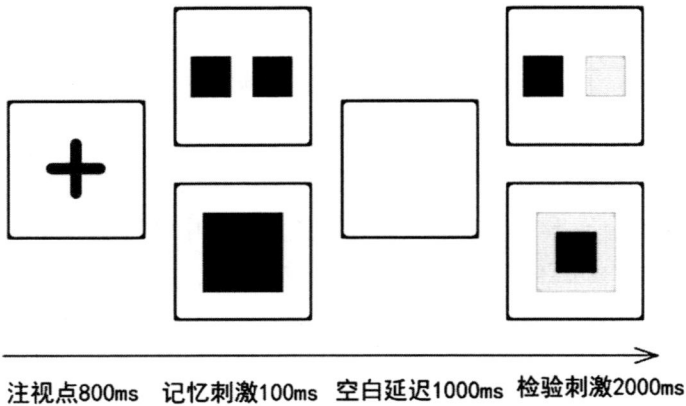

**注视点800ms　记忆刺激100ms　空白延迟1000ms　检验刺激2000ms**

图3-3-1　实验1同一维度特征构成的客体的一次试验的流程图

让被试观看指导语且理解要求后，先进行练习实验，再进行正式实验。实验过程中为了排除语言工作记忆的影响，禁止用语言表述客体特征。

实验1的指导语如下。

### 实验1　同一维度特征构成客体的指导语

欢迎您参加本次实验，请仔细阅读下列指导语。请确保完全了解实验要求后，再通知工作人员按"空格"键进入实验。

（1）实验共40次循环。

一次循环过程为："+"—记忆图片—探测图片—进行按键反应。

（2）实验1开始呈现注视点"+"，此时您不用按键反应。

（3）记忆图片：单色块或多色嵌套块。您只需要记住图片中客体的颜色特征，不需要记形状、位置和角度等特征，仍不需任何按键反应。

（4）探测图片：可能与之前的记忆图片一样，可能与记忆图片不一样，会变化在某一客体的颜色上。

（5）请仔细观察两张图片中客体的异同，相同的按"√"，不同的按"×"。

第二张探测图片只呈现2秒，不按键就会进入下一轮循环，请在保证正确的前提下，尽快按键反应。

不同维度特征构成客体的指导语和同一维度特征构成客体的指导语类似，单色块变成单特征客体，单特征客体只需要记住要求记住的一种特征；多色嵌套块变成由不同维度特征构成的多特征客体，多特征客体需要记住要求记住的多种特征。

5. 实验设计

本实验为被试内设计，研究一的实验1的自变量：是否为特征捆绑客体（总特征一样，客体数量不同）。因变量：被试再认的正确率。

实验范式采用了变化觉察范式中的整体变化范式，即要判断后出现的探测刺激与之前出现的记忆刺激是否一样。探测刺激图片中50%与记忆刺激图片一样，50%与记忆刺激图片不一样，但只是变化探测刺激图片里的一个客体。

（三）结果与分析

1. 实验1同一维度特征构成的客体的实验结果与分析

用SPSS25.0对实验1同一维度特征构成的客体正确率的数据进行整理和统计分析，正确率的平均值见表3-3-1。

表3-3-1　实验1同一维度特征构成的客体的正确率（$M \pm SD$）

| 总特征数量 | 单特征客体（单色块） | 特征捆绑客体（多色嵌套块） |
|:---:|:---:|:---:|
| 2 | 0.91 ± 0.082 | 0.97 ± 0.082 |
| 4 | 0.77 ± 0.139 | 0.87 ± 0.117 |
| 6 | 0.74 ± 0.137 | 0.79 ± 0.131 |

分别对总特征数量为二、四、六的实验数据进行单因素重复测量方差分析，自变量为是否是多特征客体，因变量为视觉工作记忆的正确率。三种总特征数量条件下，单色块和多色嵌套块的正确率对比见图3-3-2。

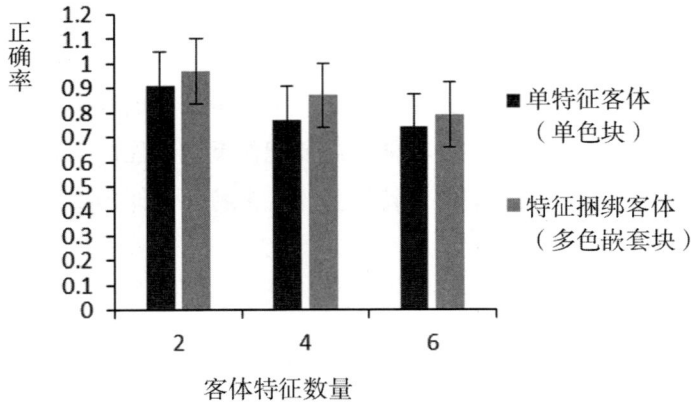

图3-3-2　实验1单色块和多色嵌套块的正确率对比图

总特征数为二时，1个双色嵌套块的正确率（0.97±0.082）显著高于2个单色块（0.91±0.082），$F(1, 60) = 18.331$，$p < 0.001$。

总特征数为四时，2个双色嵌套块的正确率（0.87±0.117）显著高于4个单色块（0.77±0.139），$F(1, 60) = 23.527$，$p < 0.001$。

总特征数为六时，2个三色嵌套块的正确率（0.79±0.131）显著高于6个单色块（0.74±0.137），$F(1, 60) = 4.395$，$p = 0.04 < 0.05$。

说明实验1客体特征来自同一维度时，总特征数量为2、4、6三种水平，客体数量少得多特征客体组显著高于客体数量多的单特征客体组的正确率，说明出现了特征捆绑效应，同一维度特征客体VWM的存储单位不基于特征。

2. 实验1不同维度特征构成的客体的实验结果与分析

用SPSS25.0对实验1不同维度特征捆绑正确率的数据进行整理和统计分析，描述性统计结果见表3-3-2。

表3-3-2　实验1不同维度特征构成的客体的正确率（$M \pm SD$）

| 总特征数量 | 单特征客体 | 特征捆绑客体 |
| --- | --- | --- |
| 2 | 0.90 ± 0.074 | 0.96 ± 0.038 |
| 4 | 0.78 ± 0.089 | 0.92 ± 0.080 |
| 6 | 0.70 ± 0.090 | 0.88 ± 0.121 |

分别对总特征数量为二、四、六的实验数据进行单因素重复测量方差分析，自变量：是否捆绑（单特征客体/特征捆绑客体）。因变量：视觉工作记忆的正确率。三种总特征数量条件下，单特征客体和多特征客体的正确率对比见图3-3-3。

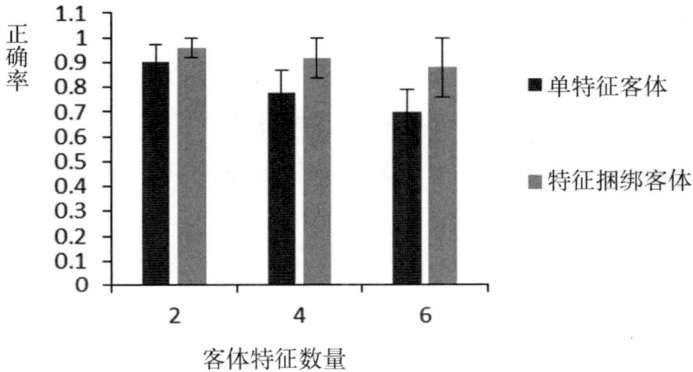

图3-3-3　实验1单特征客体和多特征客体的正确率对比图

总特征数量为二时，1个双特征的客体的正确率（0.96±0.038）显著高于2个单特征客体（0.90±0.074），$F(1, 60) = 33.536$，$p < 0.001$。

总特征数量为四时，2个双特征的客体的正确率（0.92±0.080）显著高于4个单特征客体（0.78±0.089），$F(1, 60) = 88.193$，$p < 0.001$。

总特征数量为六时，2个三特征的客体的正确率（0.88±0.121）显著高于6个单特征客体（0.70±0.090），$F(1, 60) = 102.749$，$p < 0.001$。

说明实验1客体的特征来自不同特征维度时，总特征数量为2、4、6三种水平，客体数量少得多特征客体组显著高于客体数量多的单特征客体组的正确率，说明出现了特征捆绑效应，不同维度特征客体的VWM的存储单位不基于特征。

3.　实验1的讨论

综上所述，实验1同一维度和不同维度特征的实验结果都表明多特征客体的视觉工作记忆的正确率显著高于单特征客体，出现了特征捆绑效应。VWM的储存单位不是基于特征，客体数量越多，视觉工作记忆的正确率越低，说明客体数量可能是基于客体。

## 二、客体数相同，特征数不同的 VWM 储存单位

### （一）实验目的和假设

#### 1. 实验目的

实验2是客体数量相同，构成客体的特征数量不同的VWM的储存单位实验。客体数量相同，客体的特征数量不同，正确率应无显著差异，则VWM的储存单位是基于客体；反之，若构成客体的特征数量越多，正确率越低，则VWM的储存单位是基于特征的。实验分成同一维度特征和不同维度特征构成的客体进行。

#### 2. 实验假设

若存在特征捆绑，不同维度特征构成的客体在视觉工作记忆中的存储单位基于客体；同一维度构成的客体在视觉工作记忆中的存储单位不完全基于客体。

### （二）实验方法

#### 1. 被试

实验选择某大学的学生作为被试，年龄在18—25岁。男30名，女31名。均为右利手，且视力或矫正视力正常，色觉正常，无色盲、色弱等症状。实验结束后，所有的被试均有小礼物赠送。实验1和实验2为同一批被试，且研究一、研究二和研究三为同一批被试。

#### 2. 实验仪器

使用E-prime2.0软件编制实验程序，在14英寸联想笔记本利用E-prime2.0软件呈现实验程序，显示器的分辨率为1920×1080。实验中被试头部与显示器之间的距离大约60厘米。

#### 3. 实验材料

特征维度同实验1。单特征客体、双特征客体和三特征客体同实验1。

实验2记忆刺激和检测刺激的实验材料：因为实验分成同一维度特征和不同维度特征构成的客体进行实验，实验材料也分成两种维度。

同一维度特征的记忆刺激和检测刺激的实验材料：客体总数都为一，客体

上的特征数量不同，即单色块、双色嵌套块和三色嵌套块。

不同维度特征的记忆刺激和检测刺激的实验材料：客体总数都为一，客体上的特征数不同，单特征客体、双特征客体、三特征客体。

4. 实验程序

使用变化检测范式进行记忆测试，每个trail首先在屏幕中心呈现注视点"+"800ms；然后呈现记忆刺激100ms；接着记忆刺激消失，呈现空白图片1000ms；最后呈现检测刺激，持续时间为2000ms。要求被试判断前后呈现的记忆刺激和检测刺激是否完全相同，50%的被试相同按"√"，不同的按"×"。为平衡按键顺序：50%"√"贴在Q键，"×"贴在P键，另50%P键、Q键交换位置。

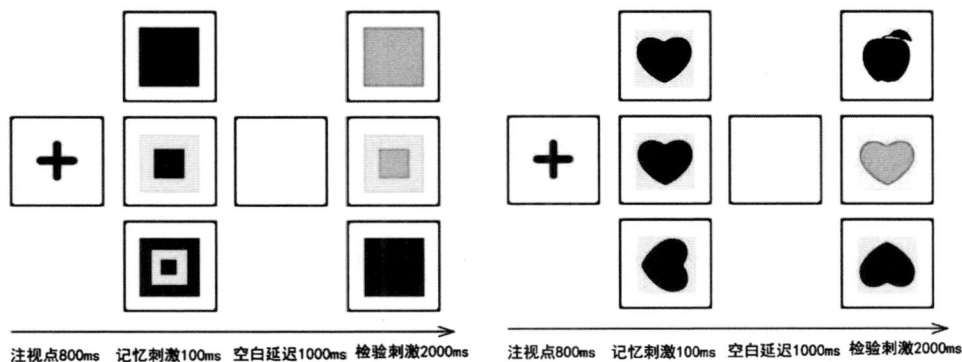

图3-3-4 实验2同一维度和不同维度特征构成的客体的一次试验流程图

让被试观看指导语且理解要求后，先进行练习实验，再进行正式实验。实验过程中为了排除语言工作记忆的影响，禁止用语言表述客体特征。

实验2同一维度特征构成客体的指导语如下。

### 实验2 单色块的储存单位实验指导语

欢迎您参加本次实验，本次实验是单色块实验，请仔细阅读下列指导语。请确保完全了解实验要求后，再通知工作人员按"空格"键进入实验。

（1）单色块实验一共20次循环。一次循环过程为："+"—记忆图片—探测图片—进行按键反应。

（2）实验1开始呈现注视点"+"，此时您不用按键反应。

（3）记忆图片：为单色块。您只需要记住图片中客体的颜色特征，不需要记形状、位置和角度等特征，仍不需任何按键反应。

（4）探测图片：可能与之前的记忆图片一样，可能与记忆图片不一样，颜色会变化。

（5）请仔细观察两张图片中客体的异同，相同的按"√"，不同的按"×"。

第二张探测图片只呈现2秒，不按键就会进入下一轮循环，请在保证正确的前提下，尽快按键反应。

双色嵌套块指导语、三色嵌套块指导语和单色块指导语类似，只是单色块变成双色嵌套块和三色嵌套块。

实验2的不同维度特征构成客体的指导语如下。

### 旋转角度的单特征客体储存单位实验指导语

欢迎您参加本次实验，本次实验是旋转角度的实验。请仔细阅读下列指导语，请确保完全了解实验要求后，再通知工作人员按"空格"键进入实验。

（1）本次实验一共20次循环。

一次循环为："+"—记忆图片—探测图片—进行按键反应。

（2）实验以注视点"+"开始呈现，此时您不用按任何键进行反应。

（3）记忆图片：您只需要记住图片中客体的一种特征——旋转角度，不用记住形状和颜色这些特征，因为形状都为箭头，并且颜色都为黑色。仍无需任何按键反应。

（4）探测图片：为探测图片，可能与之前的记忆图片一样，也可能与记忆图片不一样，但只会变旋转角度。

（5）请仔细观察两张图片中客体的异同，相同的按"√"，不同的按"×"。

第二张探测图片只呈现2秒，不按键就会进入下一轮循环，请在保证正确的前提下，尽快按键反应。

颜色的单特征客体的储存单位实验指导语在前面单色块指导语出现过，不再赘述。

形状的单特征客体的储存单位实验指导语和前面类似，只需要记住形状，不需要记颜色和旋转角度，都为0度的黑色客体。

颜色和形状的双特征客体的储存单位实验指导语和前面类似，不过记忆图片中要求记住图片中客体的颜色和形状两种特征，不需要记旋转角度，都为0度。

旋转角度和形状的双特征客体的储存单位实验指导语和前面类似，不过记忆图片中要求记住图片中客体的旋转角度和形状两种特征，不需要记颜色。

旋转角度、颜色和形状的三特征客体的储存单位实验指导语和前面类似，不过记忆图片中要求记住图片中客体的颜色旋转角度和形状三种特征。

5. 实验设计

本实验为被试内设计，实验2的自变量：构成客体的特征数量（1/2/3）。因变量：视觉工作记忆的正确率。

实验范式采用了变化觉察范式中的整体变化范式，即要判断后出现的探测刺激与之前出现的记忆刺激是否一样。探测刺激图片中50%与记忆刺激图片一样，50%与记忆刺激图片不一样，但只变化探测刺激图片里的一个客体。

（三）结果与分析

1. 实验2同一维度特征构成的客体的实验结果与分析

用SPSS25.0对实验2同一维度特征捆绑正确率的数据进行整理和统计分析，描述性统计结果见表3-3-3。

表3-3-3　实验2同一维度特征构成的客体的正确率（$M \pm SD$）

| 客体数量 | 特征捆绑数量 | | |
|---|---|---|---|
| | 1 | 2 | 3 |
| 1 个色块 | 0.94 ± 0.070 | 0.91 ± 0.082 | 0.88 ± 0.102 |

进行单因素重复测量方差分析，自变量为客体的特征数量（1/2/3），因变量为视觉工作记忆的正确率。在客体由同一维度特征构成时，球形检验

$p < 0.05$，不满足球形假设，因为epsilon（$\varepsilon$）$> 0.75$，所以看辛—费德特校正值（$F$）。结果可知，同一维度特征捆绑的情况下，特征捆绑数量对视觉工作记忆的正确率有显著影响，$F（1.663，99.789）= 14.353$，$p < 0.001$。事后检验表明，单色块的正确率显著高于双色块的正确率，$p = 0.013 < 0.05$；双色块的正确率显著又显著高于三色块的正确率，$p = 0.028 < 0.05$；单色块正确率显著高于三色块，$p < 0.001$。

实验结果说明，一个客体的特征来自同一维度即颜色时，特征捆绑数量越多，视觉工作记忆的正确率越低。说明特征来自同一维度时，特征数量对视觉工作记忆储存是有影响，储存单位不完全基于客体，客体上特征数量和客体数量都会竞争视觉工作记忆资源。

2. 实验2不同维度特征构成的客体的实验结果与分析

用SPSS25.0对实验2不同维度特征捆绑正确率的数据进行整理和统计分析，描述性统计结果见表3-3-4。

表3-3-4 实验2不同维度特征捆绑的正确率（$M \pm SD$）

| 客体数量 | 特征捆绑数量 | | |
|---|---|---|---|
| | 1 | 2 | 3 |
| 1个客体 | 0.95 ± 0.042 | 0.96 ± 0.016 | 0.95 ± 0.019 |

进行单因素重复测量方差分析，自变量为客体的特征数量（1/2/3），因变量为视觉工作记忆的正确率。在客体由不同维度特征构成时，球形检验$p < 0.05$，不满足球形假设，因为epsilon（ε）$> 0.75$，所以看辛.费德特校正值。结果可知，不同维度特征捆绑的情况下，特征捆绑数量对正确率的影响不显著，$F（1.643，98.577）= 1.346$，$p = 0.264 > 0.05$。

说明客体的特征来自不同维度时，特征捆绑数量对视觉工作记忆的正确率无影响。说明特征来自不同维度时，储存单位是基于客体。

3. 实验2同一维度和不同维度特征构成客体的合并分析与讨论

同一维度和不同维度特征构成的客体实验结果不同，为进一步看同一维度和不同维度特征构成的客体是否具有显著差异，于是把实验2的同一维度和不同维度特征构成的客体的正确率数据合并进行比较，即加入特征维度这一因素。同一维度和不同维度特征构成的客体的正确率平均值的对比如图3-3-5所示。

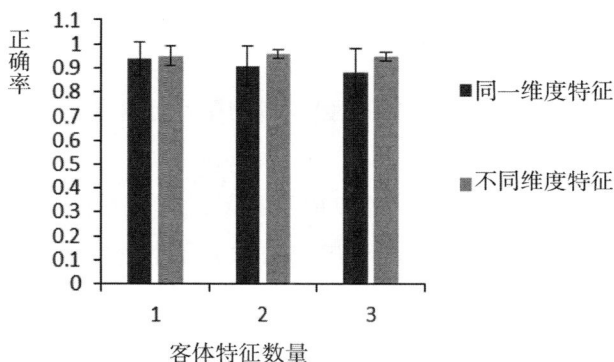

图3-3-5　实验2同一维度和不同维度的正确率对比图

用SPSS 25.0进行3（客体的特征数量：1/2/3）×2（特征维度：同一维度/不同维度）的二因素重复测量方差分析。特征捆绑数量×维度的交互作用不满足球形假设，$p < 0.05$。特征捆绑数量×维度的交互作用显著，$F(1.539, 92.313) = 10.981$，$p < 0.001$。交互作用显著后，看维度的简单效应，即在客体特征数量的每种水平下，同一特征维度和不同特征维度构成的客体有无差异。结果显示，双特征客体水平下，客体捆绑的特征来自不同维度的正确率显著高于来自同一维度特征的正确率，$F(1, 60) = 19.86$，$p < 0.001$；三特征客体水平下，客体捆绑的特征来自不同维度的正确率显著高于来自同一维度特征的正确率，$F(1, 60) = 25.60$，$p < 0.001$。

维度的简单效应的结果说明，不同维度特征捆绑的客体比同一维度特征的视觉工作记忆的正确率高。说明当客体的特征来自不同维度特征时，更容易捆绑起来储存在记忆中，而客体特征来自同一维度即颜色时，特征更难捆绑起来储存在记忆中。

4. 实验2的讨论

综上所述，实验2客体捆绑的特征来自不同维度时，正确率不受客体的捆绑特征数量的影响，视觉工作记忆的储存单位是基于客体。客体捆绑的特征来自同一维度即颜色，视觉工作记忆的正确率受客体的捆绑特征数量的影响，所以在特征来自同一维度时，储存单位不全是基于客体。

## 三、结论

第一，总特征数量相同时，无论客体上的特征来自同一维度还是不同维度，客体数量少的多特征客体比客体数量多的单特征客体的正确率要高，说明产生了特征捆绑效应。

第二，客体的特征来自不同维度时，视觉工作记忆的正确率不受客体的捆绑特征数量的影响，VWM的储存单位是基于客体；客体的特征来自同一维度即颜色，正确率受客体的特征数量的影响，所以在特征来自同一维度时，储存单位不严格基于客体，也受到了构成客体的特征数量影响。结果比较支持特征—客体双储存说。这和李广平的实验结果不同，其研究得出自不同维度特征组成的三特征客体不能捆绑成一个完整的客体，其结果支持"特征—捆绑同一储存"说。

第三，不同维度的特征构成的客体比同一维度特征构成的客体在视觉工作记忆中更好的储存。同一维度的客体其特征数量会和客体一起竞争记忆资源，不同维度的客体特征数量没有明显和客体数量竞争记忆资源，可能因为没有超过视觉工作记忆容量的上限。增加客体数量，看不同维度特征构成的客体会不会因为超过容量上限，特征数量会和客体一起竞争记忆资源。

总之，多特征客体上的特征能捆绑起来，特征捆绑有助于视觉工作记忆中的表征，使视觉工作记忆的一个记忆单位可以容纳更多信息。视觉工作记忆的存储单位支持特征—客体双储存说。

# 第四章　高海拔地区学生风险决策与情绪调节策略的研究

## 第一节　风险决策

风险决策是指在不确定条件下的个体对损失、获益、损失与获益之间关系衡量后的选择行为。日常生活中充满了选择，我们需要选择买哪件衣服，去哪家餐馆吃饭，选择什么方式出行，甚至选择就业还是继续深造，等等。而我们对于这些选项其实并不十分了解，甚至选择之后的结果也充满了不确定性，当我们面对不确定性的情景又需要做出选择时，我们就遇到了风险决策。风险决策的研究最早始于经济学，之后管理学、政治学，心理学都加入到对它的研究中，并都得到了相当丰富的成果。以往心理学中关于风险决策的研究主要集中于风险决策的理论研究和影响因素研究两个方面。

在理论研究方面，最早的理论是根据"理性人"假设，认为人在决策时是纯理性的，完全由认知因素决定；随着研究的发展逐渐提出了"有限理性""生态理性"等观点，并以此为基础，发展出了很多理论来解释风险决策行为，比较有代表性的有期望效用理论和预期情绪理论；之后在期望效用理论的基础上，耶茨（Yates）和史东（Stone）又发展出了多参照点理论，比较有代表性的是三参照点理论（Tri-Reference Point theory，简称TRP理论）：TRP理论假设人们的在决策时的期望有三个参照点，底线（最低要求，minimu Mrequirement，简称MR）、现状（status quo，简称SQ）和目标（goal，简称G），这三个参照点是人们衡量自己在进行决策时采取何种行为时的标准。这些理论为探究风险决策影响因素提供了坚实的理论基础。

在影响因素方面，国内外同样进行了大量的研究，比如情绪对风险决策的影响，卢默斯（Loomes）、萨格登（Sugden）和贝尔（Bell）提出的后悔理论，以及他们在1986年提出的失望理论还有格勒斯（Mellers）提出的主观预期愉悦理论等，这些理论都表明，情绪状态对风险决策有一定的影响。之后很多研究者得出不同的情绪对风险决策有不同的影响，比如袁（Yuen）和李（Lee）通过研究发现，悲伤情绪状态下的被试与中性和愉快情绪状态的被试相比更倾向于规避风险，而中性与愉快情绪被试间的差异却不显著。我国研究者庄锦英和徐辉的研究结论都表明，在正性情绪状态下，个体更多地采用自动加工策略，并低估知觉到的风险，因此，更倾向于风险寻求；在负性情绪状态下，个体更多采用控制加工策略，并高估知觉到的风险，因此更倾向于风险规避[①]。

大量的研究也表明，情绪调节策略对风险决策有显著的影响。格罗斯（Gross）认为，情绪调节是伴随情绪进行的，情绪产生时个体会使用情绪调节策略对情绪进行调节。一方面有研究者认为，情绪调节策略会通过调整情绪来对风险决策产生影响，比如他们认为，认知重评策略能缓解消极情绪，从而使个体获得更多的积极体验，促使个体在决策时更加冒险；另一方面，有研究者认为，风险决策是一种高级认知活动，会占用认知资源，而不同的情绪调节策略占用的认知资源不同，因此，他们认为，占用认知资源少的情绪调节策略会做出更理性的决策，相反的使用占用认知资源多的情绪调节策略会做出非理性的决策。比如方平、李英武认为，认知重评策略比表达抑制策略占用更少的认知资源，使用认知重评策略的个体在进行风险决策时倾向于做出概率性选择，使用表达抑制策略的个体更倾向于做出非概率性选择。

人格中神经质维度被认为是最稳定的成分之一，艾森克很早就指出，神经质中情绪不稳定的个体比情绪稳定的个体更容易感受到事物的消极方面，有更多消极情绪。在风险决策的过程中，情绪稳定性有着很重要的影响。有研究表明，神经质越高即情绪越不稳定的个体会越倾向于做出冒险的选择。

结合风险决策的两个影响因素中可以看出，情绪调节策略和人格都可能通过影响情绪进而对风险决策产生影响。

① 庄锦英. 情绪与决策的关系[J]. 心理科学进展，2003，11（4）：423–431.

## 一、研究目的

有关风险决策影响因素的研究表明，情绪调节策略和人格分别对风险决策行为有着直接或者间接的影响，比如情绪调节策略可以通过调节情绪影响风险决策，人格可以影响个体情绪的稳定性从而影响风险决策，那么情绪调节策略和人格二者是否会共同影响风险决策呢，研究以高海拔地区大学生为被试，重点探究风险决策是如何受情绪调节策略和人格的影响的。研究分两部分进行，首先，在探讨情绪状态对风险决策的影响，然后，探讨高海拔地区大学生在消极情绪状态下，情绪调节策略和人格对风险决策影响。具体的研究目的包括以下几个内容：

1. 通过实验探讨高海拔地区大学生的不同情绪状态对风险决策的影响。

2. 了解高海拔地区大学生情绪调节策略的使用偏好。

3. 了解高海拔地区大学生的人格特点。

4. 通过实验研究探讨高海拔地区大学生在消极情绪状态下不同情绪调节策略、人格对风险决策的影响。

## 二、研究意义

### （一）理论意义

风险决策的理论研究表明，人们在进行风险决策时是在结果期望的基础上进行的，而期望受到多种因素的影响，比如结果的价值，个体对风险的态度，个体的动机，个体对情绪状态的感知等，为情绪调节策略、人格和风险决策关系的实验研究提供充分的理论基础，因此，对风险决策影响因素的研究，结合了情绪状态对风险决策影响的实验研究，情绪调节策略、人格对风险决策影响的主效应以及二者交互效应的实验研究，探究情绪调节策略和人格对风险决策的影响，丰富了风险决策的影响因素的研究内容；采用气球冒险任务范式，更具生态性地模拟了个体风险决策行为，进一步验证了BART任务范式在风险决策研究中的适用性；研究的对象选择为高海拔地区大学生，在风险决策的被试范围上试是一次探索，虽然以往也有对高海拔地区大学生风险决策的相关研究，但大多采用问卷形式，因此，采用实验法对高海拔地区大学生风险决策的研究，也是在研究方法的适用性上的一次尝试。结合研究内容，研究方法和研究被试方面来看，对高海拔地区大学生情绪调节策略、人格对风险决策的影响，是对风险决策相关研究又一次尝试，尝试对高海拔地区大学生采用实验的方法，探讨他们在不同情绪状态下的风险决策行为，以及在消极情绪状态下，高海拔地区大学生的情绪调节策略、人格对风险决策的影响，以此试探性的扩展风险决策的范围，为风险决策的影响因素研究奠定一定的基础。

（二）实践意义

风险决策行为涉及生活中的方方面面，小到个人的择业求学，大到国家政策的制定施行，只要遇到了不确定性的选择，我们就面临了风险决策。可见认识风险决策的基本理论以及了解哪些因素是如何影响风险决策的，这些能够帮助我们在面临风险决策时做出更好的更具适应性的选择。以往的研究表明，情绪状态对风险决策行为有重要的影响，在风险决策时因为受到情绪的影响而做出不理性的选择，会让人感到遗憾和后悔。因此，情绪调节策略在这过程中就有了很突出的作用，但是，不是所有的情绪调节策略都具有适应性，研究选用格罗斯（Gross）对情绪调节策略的划分，即认知重评和表达抑制，可以看出，两种情绪调节策略都是在表达限制的条件下采用的策略，因为现实条件要求我们在很多时候都没办法将自己的情绪及时地表达出来，因此，认知重评和表达抑制是日常生活中常用的两种策略，研究更具有实践性。另一方面，人格作为个体稳定的特质，对情绪也有重要的影响，也可能会对风险决策产生影响。尤其是人格中最稳定的成分之一 ——神经质。它反映了个体情绪的稳定性，神经质得分越高的个体，情绪的稳定性越差。因此，对于情绪调节策略、人格对风险决策影响的研究可以看出什么样的情绪调节策略能够更具适应性的调节风险决策，也可以了解情绪调节策略和人格是怎样共同影响风险决策策略的，从而为高海拔地区大学生的风险决策提出有针对性的意见。

# 第二节 风险决策与情绪调节策略

## 一、核心概念界定

### （一）风险决策

风险决策的研究最早开始于经济学，诺贝尔经济学获奖者卡尼曼（Kahneman）教授首次将心理学与经济学结合起来，以便更准确地了解人们的风险决策行为，在这个过程中他将人们在不确定情景中的决策行为分为两大类：一类是概率未知的不确定情景的决策；另一类是概率已知的不确定情景的决策。这是首次对"风险决策"概念的直观描述，这之后的关于风险决策概念的研究都是在此基础上的改进与完善。

耶茨（Yates）和斯通（Stones）在卡尼曼（Kahneman）教授的基础上将风险决策定义为个体在决策过程中通过衡量三个不确定要素，而做出的最优化选择，这三个要素包括损失或者盈利、损失或者盈利的权重以及损失与盈利之间关系。这一概念的提出也为后续很多概念提出了很多借鉴意义。

我国研究者在国外研究的基础上结合自身的研究特点也提出了许多自己的观点。谢晓非认为，风险决策是指个体在面临多个（两个或者两个以上）的不确定决策情境时，个体依据自我对决策结果出现概率的判断而做出的最合适的选择。这个观点是从对结果出现的主观概率角度来界定的，突出了期望的作用。杨治良认为，风险决策是在两个或两个以上的不同决策环境下，有两个或两个以上的选择方案，决策者为了达到决策目标，在估计出不同环境条件的出现概率后，做出相应的决策。庄锦英认为，决策情境可以分为两种：一种是确定型的，即个体在决策情境中完全了解供选择的各种备选选项，每种选项的决策结果是确定的，个体根据主观需求做出相应的选择；另一种是不确定型的，指个体没有明确的决定方案，即每个方案的客观价值和获得概率都是不确定，同时各种决策出现的结果如何也具有不确定性。个体面对的决策情景大多为不确定型决策，而不确定性正是风险决策的本质。也有研究者从个体对风险与收益的心理冲突角度界定风险决策，比如我国学者蒋多认为，风险决策是指在面对风险、收益和概率关系的内心冲突下，权衡各种可能的结果，从而做出的决策行为。这种心理冲突是指个体要获得更高的收益就必须承担更大的风险，但相应地完成的可能性也更小；风险低也意味着获得的收益低，但完成的可能性会较大，因为一般而言收益与概率呈负相关，与风险呈正相关。

风险决策问题的核心是决策情景和结果的不确定性，由于这种不确定性使得个体差生明显的心理冲突，研究将风险决策定义为不确定条件下的个体对损失、获益、损失与获益之间关系衡量后的选择行为。

### （二）情绪调节策略

#### 1. 情绪调节

情绪调节即对情绪的调节。情绪是个体受到内外刺激所激发而被唤起的一种状态，情绪状态表现在三个方面：情绪的强度，情绪反应持续的时间以及情绪发生的速度。根据这三方面表现的差异，心理学家将情绪划分为心境、激情和应激三种。但并不是任何时候的情绪反应与生活环境都是适应的，有时候个体的情绪反应很可能与环境发生冲突，这时就需要个体对情绪进行调节来更好地适应环境。但由于情绪的复杂性，不同学者对情绪调节的认识也有所不同。

如汤普森（Thompson）提出，情绪调节是指个体为了完成目标而对情绪反应进行内在与外在状态的监控、评估和修正的过程。艾森伯格（Eisenberg）和法布（Fabes）等人提出，情绪调节是个体调整和维持情绪、情绪体验及相关行为的过程。格罗斯（Gross）认为，情绪调节是个体对自己的情绪状态产生、维持以及对情绪的体验和表达施加影响的过程。理查德（Richard）认为，情绪调节是指个体在情绪唤醒状态下，通过改变思维或者行为方式对情绪的产生、体验和表达进行影响的过程。这些定义的共同点是强调了情绪调节的过程，认为情绪调节是与情绪同时进行的，在情绪产生的过程中，进行监控，维持或者调节。

我国学者黄敏儿和郭德俊认为，情绪调节是个体监控和管理自己或他人情绪的过程[①]。孟昭兰则认为，情绪调节是个体对情绪的内在状态和外显行为进

---

① 黄敏儿，郭德俊. 情绪调节方式及其发展趋势[J]. 应用心理学，2001，7（2）：17-22.

行监控和调节，从而满足个体人际关系的需要以及适应周围环境的动力过程。这两种界定虽然都强调对情绪的控制，但是侧重点不同，前者关注的是主客观状态的改变，而后者强调情绪调节的环境适用性。

国内外学者对情绪调节认识与描述各不相同，但可以看出，关于情绪调节大致可包括两个方面：强调对情绪状态的觉察和强调情绪调节的过程。研究认为，个体对情绪状态的觉察会影响个体管理和调整情绪，而情绪调节的过程性则强调情绪产生的不同阶段对个体的影响会有不同，因此，调节和控制所采用的方法和策略也会有不同。因此，情绪调节是在个体觉察自我情绪状态的情况下，对情绪的强度，和持续时间以及发生速度进行监控和调整的过程。

2. 情绪调节策略

情绪调节策略是个体对情绪进行调节的具体手段和方法。个体在面对不同的情景时会采用不同的情绪调节方式，即使在面临相同或相似的情景，不同个体也有不同的情绪调节方式，而这些具体的情绪调节方式就是情绪调节策略。但是对情绪调节策略的概念却因研究者角度的不同而各有差异。

最早马斯特斯（Masters）认为，情绪调节策略是个体为了达到调节情绪的目的而进行的有计划的努力。布伦纳（Brenner）和萨罗维（Salovey）也指出，对情绪进行调节和管理做出的任何努力都属于情绪调节的策略。格罗斯（Gross）则进一步通过情绪调节的过程细化了情绪调节策略，提出情绪调节策略会随着情绪调节过程的不同阶段，产生不同类型的情绪调节策略，并认为个体用于调整、改变或控制与情绪相关联的认知与行为反应即为情绪调节策略。

我国研究者大多认为，情绪调节策略是个体有目的性的主动行为，如贾海燕和方平认为，情绪调节策略是指个体为了达到情绪调节的目的，有计划、有意图的努力和做法。徐馨琦认为，情绪调节策略指的是个体为达到调节情绪的目的在认知和行为方面有意图的努力，包括认知策略、表达行为调节策略、人际关系策略等。王诚俊和傅宏认为，情绪调节策略指实现调节情绪目标采用的方法，他们强调了情绪调节策略要从有效性和适用性两个角度进行研究。

目前对于情绪调节策略的界定主要有两种：一种是习惯性的情绪调节策略，另一种是即时性的情绪调节策略。格罗斯（Gross）和约翰（John）认为，习惯性情绪调节策略是指在日常生活中，个体经常或者频繁使用的且具有一定典型性的情绪调节策略。目前主要依靠问卷调查的方法进行研究。而即时性情绪调节策略从目前来看主要通过实验指导语直接操作被试的情绪调节策略的使用。因此，结合以上研究者的论述，我们认为情绪调节策略应该结合习惯性和即时性两方面来考虑，根据格罗斯的观点，情绪调节策略可分为认知重评策略和表达抑制策略两种。

## 二、基本理论

### （一）预期效用理论（Expected Utility Theory）

纽曼（Newman）和摩根斯顿（Morgenstern）在1947年以理性人的假设为前提，提出了预期效用理论。该理论认为，人类风险决策行为的最终目标是寻求效用的最大化，力求总结个体对结果的选择的规律性和差异性，并做到预测以后的选择。他们认为，只要人们在风险决策时的选择是一致的，研究者就可以获得决策者的一种效用函数：回避冒险、追求冒险，即不追求也不回避以及以上几种情况的任意一种组合。所以，预期效用理论很好地解释了风险决策的单调偏好模式。该理论假设个体在进行决策时会按自己的偏好对选项进行排序和筛选，然后依据自己偏好的较少的几个规则，最后，按最大预期效用进行选择。这里的效用并不是一种主观的心理状态，而是可测量的客观标准。可以看出，预期效用理论探讨了风险决策的两个重要的内容：决策结果的价值和个体对风险的态度。

随着研究的发展，萨维奇（savage）提出了主观预期效用理论（Subjective Expected Utility Theory）。该理论主要强调主观概率和效用值在决策中作用，而不再突出客观概率的作用。他们认为，个体对决策结果发生概率的理解并非完全客观的，而是结合主观概率和效用值得出的主观预期效用值来做出的选择行为。即效用并不是以结果发生的客观概率而是以主观概率来计算的。主观效用理论由于更具有现实性因此迅速成为标准化研究的主导方法。

### （二）Gross的情绪调节过程模型

格罗斯（Gross）认为，情绪调节是随着情绪的发生而进行的，在情绪产生的不同阶段，伴随着不同的情绪调节方式，即情绪调节过程模型。

该理论模型表明，在情绪发生的任一阶段，个体都会通过相应的方式对情绪进行调节。

如情境选择（situation selection）阶段：个体通过趋近或者避开某些人或事来调节情绪，这种调节方式是比较常用的一种。这种趋近或者避开的方式有助于个体避免或降低对消极情绪的体验或寻求和增加对积极情绪的体验。

情境修正（situation modification）阶段：个体试图初步掌控遇到的问题或者情绪事件，并努力地改变情境，这一调节方式力图通过自我努力使情景或者事件更适应于自己。

注意分配（attention deployment）阶段：个体努力使注意集中在某一方面或者集中在更多的方面，这种方式强调的是个体在通过注意的选择和分配来控制情绪。

认知改变（cognitive change）阶段：个体通过选择对情绪事件的可能解释，或者情绪事件对个人意义，进而影响或者改变个体对情绪事件的生理反应、主观体验和行为表达。认知改变是非常有效的一种策略，使用这种策略不但能能够降低或增强情绪感受，更重要的是能够改变情绪的性质。

反应调整（responce modulation）是指在情绪激发以后，对情绪反应如生理反应、主观体验、行为表达等进行控制和调整，这种方式关注的是对情绪反应的调控，来降低情绪对行为的影响。

依据个体情绪反应发生时间的先后，将情绪调节分为两类：即先行关注的情绪调节（antecedent-focused emotion regulation）和反应关注的情绪调节（response-focused emotion regulation）。从相关的定义可以看出，情境选择、情境修正、注意分配、认知改变在情绪反应产生之前发生，属于先行关注的情绪调节，而反应调整在情绪反应产生之后发生，属于反应关注的情绪调节。

格罗斯（Gross）的情绪调节过程模型强调了情绪调节在不同阶段会有不同的调节方式，在同一阶段不同个体也可能会有不同的调节方式，为认知重评和表达抑制等策略的研究提供了理论基础。

## 三、研究现状

仿真气球冒险任务（Balloon Analogue Risk Task，BART）是一种接近现实

决策情境的认知任务模式。在该任务中，在电脑屏幕上会呈现一个仿真气球，被试需要通过指定按键给气球充气，每一次吹气都会获得一定的收益，被试获得的收益会随着气球的增大而增多，但同时气球被吹破的风险也随之增大，如果气球被吹破，则该气球的收益为零。被试可以自主选择在任意时间停止吹气来获得目前的收益。该任务需要被试连续地对获取当下收益还是继续冒险获得更好收益做出选择。被试在实验室条件下完成BART任务，可以通过多个行为指标有效评估个体在真实社会中的决策行为BART任务与其他冒险任务相比，其他冒险任务通常采用较为单一的风险设定方式（如IGT任务中输赢概率和幅度），且通常一个试次（trial）只涉及一次决策；而BART任务不同，其中气球爆破的风险更类似于现实中的风险并且它是一个动态的风险决策过程，更具有生态性。BART任务能更多地解释被试在真实决策环境中冒险行为的个体差异，正是由于BART任务测量的行为与现实环境中的风险决策的显著相关性，因此，该任务成为研究风险决策行为的一个有效任务模式。

在情绪情感的研究方面。研究者通过情绪诱发实验使被试产生相应的情绪，对情绪调节策略进行研究，得到了很多丰富的结果。国外的研究方面，比如戈尔丁（Goldin）、麦克雷（McRae）、拉梅尔（Ramel）和格罗斯（Gross）等人的研究表明，当让被试观看让人厌恶的电影片段时，相对于平静组，使用认知重评的被试体验到较少的负性情绪，厌恶的面部表情显著减少；相反，使用表达抑制的被试体验到的负性情绪比使用认知重评的多。另外，当他们要求被试使用认知重评对一些令人生气的事情进行思考时，体验到了更少的负性情绪。之前，格罗斯（Gross）和约翰（John）研究就表明，习惯于认知重评的个体有较高的正性情绪体验和较少的负性情绪的体验；而习惯于表达抑制的个体体验到较低的正性情绪和较少的负性情绪表达，但有较高水平负性情绪体验。由此我们可以看到，习惯于表达抑制的个体内心体验和自我表达是不一致的，他们将自己的情绪情感压抑在心里，表达出来的却是平静的状态，这样的差异会使内在的情绪感受放大，无法释放，因此，长期使用表达抑制策略的个体在日常生活中具有较多的负性情绪体验。

在认知研究方面。格罗斯（Gross）和詹姆斯（James）以及王振宏的研究都表明，表达抑制需要耗费较多的认知资源对情绪信息进行加工，因此，在其他认知活动的资源就会降低，从而影响其他认知活动的完成；而认知重评是一种效率较高的认知方式，不要持续的占用认知资源，因此，对其他认知活动的完成影响很小。比如李静、卢家楣的研究表明，使用表达抑制策略会降低了总体记忆水平，同时语言记忆水平和听觉记忆水平都会出现显著的降低；而使用认知重评策略对总体记忆和视觉听觉记忆的影响差异均不显著。再如张敏、卢家楣、谭贤政等人的研究表明，在负性情绪中进行的推理成绩，认知重评组的被试显著好于表达抑制组和无调节组的被试。

这些研究通过不同的侧面比较了不同情绪调节策略在情绪或者认知方面的差异，对情绪调节策略的相关研究提供了有效的依据。

在实验室状态下，风险决策是一种高级的认知过程，会占有一定的认知资源，所以，不同的情绪调节策略会通过占用认知资源的不同对风险决策产生影响。国外学者雷诺（Renata）等人的研究发现，不论是在实验室还是在现实环境下，认知重评策略都能够有效地减少对恐惧和厌恶这两种消极情绪的体验，从而使决策时的冒险行为增加，而使用表达抑制策略则没有减少风险规避行为；但在实际的自然条件下，处于积极情绪中的个体，情绪调节策略对决策影响的差异并不显著。海尔曼（Heilman）和克里斯蒂安（Crisan）等人的一项研究中发现，被指导使用情绪调节策略的被试，对电影诱发的恐惧或厌恶情绪进行调节后，进行了气球模拟游戏（被告知实验报酬与气球大小成正比，但若气球被吹破则没有收入）结果发现，相比抑制组和控制组，对诱发的负面情绪进行认知重评的被试组打气球的次数显著更多，即重评组有更高的风险寻求，即使被试处于消极情绪状态下。

国内学者李英武通过实验得出情绪调节策略对个体的决策具有直接影响。研究表明，采用认知重评的被试，耗费认知资源较少，倾向于作出概率性决策，即更加理智，客观的作出选择；采用表达抑制的个体，由于耗费了较多的认知资源，倾于作出非概率性决策，即做出的决策具有主观随意性。而周琴的研究表明，不论是使用认知重评策略，还是使用表达抑制策略，被试均倾向于风险规避，而且两种策略对风险决策的影响没有显著差异。

综合这些研究的结论可以看出，实验室情况下的情绪调节策略一方面可以通过调节情绪对风险决策产生影响，一方面也可能因为占用认知资源的不同对决策产生影响。可以看出，这种在实验室条件下的即时性情绪调节策略对风险决策有显著的影响。

有关被试习惯性情绪调节策略对风险决策的研究同样也得出了相当丰富的结果。毛西（Mauss）等的研究发现，习惯于认知重评的个体在对生气情绪进行调节时，体验到较少的消极情绪。习惯于表达抑制的个体则有少的积极情绪体验和较高的消极情绪体验。我国学者近年来也进行了习惯性情绪调节策略对风险决策的研究，比如李娜和舒娇的研究均表明，在负性情绪状态下，习惯于认知重评的个体更倾向于风险规避，习惯于表达抑制的个体更倾向于风险寻求。

由此可知，不论是习惯性情绪调节策略还是即时性情绪调节策略对风险决策都有着很大的影响，本次研究希望在众多研究的基础上进一步了解情绪调节策略对风险决策的影响。

# 第三节　风险决策研究设计

## 一、诱发情绪视频材料的选取

### （一）实验被试

随机抽取高海拔地区大学生22人。其中，男生共有8名，女生共有14名。所有被试视力或者矫正视力正常。

### （二）实验设备

采用联想Think-pad笔记本计算机，屏幕为14英寸，分辨率为1366×768。实验程序运用E-prime 2.0进行编写和运行。

### （三）实验材料

1. 视频材料

格罗斯（Gross）和利文森（Levenson）的研究中提出选取诱发情绪视频要考虑到影片时间长度、影片的可理解性和离散性三个条件。研究依据该标准来挑选实验中所使用到的视频片段。视频片段不宜过长，过长容易引起实验对象的疲劳和厌烦；太短又不一定能有效启动实验对象的相应情绪，因此，挑选的电影片段时间长度要适当。同时，影片片段的意义要清晰，情节表达要完整，对被试来说是可接受的和易理解的。如果被试对诱发的情绪片段不明白，便难以关注到自身的情绪体验，则会导致实验收获不到预期的效果，因此，针对高海拔地区大学生的特点在选取视频时选取了对话和独白较少的片段。视频使用格式工厂进行剪辑，视频像素为720×480，并且统一为AVI格式。视频片段共计6段，分别是纪录片《海豚湾》[①]片段，电影《妈妈再爱我一次》[②]片段，电影《唐山大地震》[③]片段，宣传片《大美青海》[④]片段，影片《憨豆先生》[⑤]的一个片段以及电影《放牛班的春天》[⑥]片段。其中前三个影片分别能够诱发被试的悲伤、愤怒、恐怖，害怕等消极情绪，后三个片段能够诱发被试高兴、愉快等积极情绪。平均时长7分钟。为了方便表述将前三个能引起消极情绪的视频片段简称为消极1、消极2和消极3；后三个能引起积极情绪的视频片段简称为积极1、积极2和积极3。

根据愉悦度、唤醒度两维度对视频片段采用Likert7级评定分法进行评定。愉悦度指的是影片片段诱发个体由不愉快到愉快的情绪程度，唤醒度指的是电影片段诱发个体由平静到兴奋的情绪程度。

2. 实验指导语

实验中运用到的具体实验指导语如下：欢迎参加本次实验。在每段视频材料呈现之前，会先呈现指示语，请您做好准备。每段视频材料将会呈现7分钟

---

① 《海豚湾》片段：选取结尾日本渔民港湾屠杀海豚的片段，时长6分59秒。

② 《妈妈再爱我一次》片段：选取妈妈将孩子送给父亲时的分离片段，时长5分54秒。

③ 《唐山大地震》片段：选取地震开始到结束时的片段，时长6分16秒。

④ 《大美青海》（宣传片）：介绍了青海的地理文化风土人情和现代发展，时长7分31秒。

⑤ 《憨豆先生》（考试篇）片段：选取憨豆入场准备考试，到发现试卷拿错，考试结束时的片段，时长8分钟。

⑥ 《放牛班的春天》片段：选取老师带孩子们在郊游时学音乐的片段，时长5分33秒。

左右，请您在视频呈现期间认真观看。视频片段播放完毕后，请填写愉悦度和唤醒度评定问卷。其中1表示不愉快，平静；7表示愉快，激动，中间的数字代表相应的程度，请根据自己的实际感受进行评定，反应无对错之分，您只需如实做出反应即可。如果准备好了，您可以按enter键开始实验。

3. 实验过程

首先请被试舒服地坐好，调整情绪状态，然后简单介绍下流程，请被试开始实验。

**第一步**：呈现指导语，阅读时间设为无限，由被试按enter键进入下一步。

**第二步**：随机呈现情绪诱发视频片段，时间设定为随着视频片段播放结束而消失。

**第三步**：依次呈现电影片段评定两维度。一个维度呈现后，要求被试对刚刚看过的电影视频片段在7个水平上进行数字评分，被试做出反应后自动进入下一个维度的分数评定。

这时，屏幕会呈现800ms空白，情绪诱发视频片段评定的一次试验（trial）完成，实验程序会进入到下一个片段评定试验（trial）。情绪诱发视频片段评定实验的一次试验（trail）运行的流程图如图4-3-1：

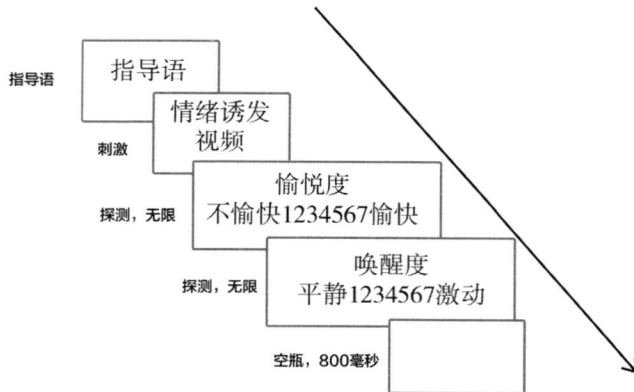

图4-3-1 情绪诱发视频评定实验流程图

4. 统计处理

将数据从E-prime软件中合并和提取后，导出至SPSS 25.0中进行统计分析。

5. 视频材料诱发效果的结果和分析

计算实验被试对6段影片在愉悦度和唤醒度两维度上分数的平均值，具体描述统计结果见表4-3-1。

表4-3-1　不同情绪视频片段的愉悦度和唤醒度情况的比较（$M \pm SD$）

| 视频片段 | 愉悦度 | 唤醒度 |
|---|---|---|
| 消极1 | 1.63 ± 0.95 | 5.50 ± 1.34 |
| 消极2 | 2.19 ± 1.60 | 5.81 ± 0.98 |
| 消极3 | 1.71 ± 1.45 | 5.86 ± 1.62 |
| 积极1 | 5.68 ± 1.63 | 3.26 ± 2.10 |
| 积极2 | 6.84 ± 0.37 | 4.89 ± 1.99 |
| 积极3 | 5.44 ± 1.31 | 3.63 ± 1.75 |

采用单因素方差分析对三段消极视频在愉悦度上的数据进行分析发现，3段视频片段在启动被试主观情绪感受的愉悦度方面差异不显著［$F(2, 63) = 0.862, p > 0.05$］。进一步事后检验，发现三段消极视频片段之间均没有显著差异在唤醒度方面，单因素方差分析的结果显示，三段视频片段对被试情绪感受的唤醒度的差异不显著［$F(2, 63) = 0.427$］。事后检验显示3段视频片段之间的差异不显著。

采用单因素方差分析对三段积极视频在愉悦度上的数据进行分析发现，三段视频片段在启动被试主观情绪感受的愉悦度方面有着显著差异［$F(2, 63) = 6.71, p < 0.01$］。进一步事后检验发现，积极2与积极1和积极3之间的差异显著（$p < 0.01$），而积极1与积极3之间的差异不显著。在唤醒度方面，单因素方差分析的结果显示，三段视频片段对被试情绪感受的唤醒度的差异显著［$F(2, 63) = 3.57, p < 0.05$］，进一步事后检验发现积极2与积极1之间的差异显著（$p < 0.05$），而积极1与积极3，积极2与积极3之间差异均不显著。

综合上述分析，在三段积极视频片段中，积极2即视频片段《憨豆先生》在愉悦度和唤醒度方面都显著好于另外两个视频片段，而三段消极视频中在愉悦度和唤醒度方面的差异均不显著，但消极3在唤醒度和愉悦度方面都好。

因此最终选取的诱发被试积极情绪的视频片段为积极2即视频片段《憨豆先生》和消极3即电影片段《唐山大地震》。

## 二、仿真气球冒险任务程序设计

1. 实验设备

同诱发情绪视频材料选取的实验设备。

2. 仿真气球冒险任务（BART）

（1）任务介绍

电脑屏幕上将会呈现一个仿真气球（如图4-3-2），气球变大代表收益增加，气球爆破则本次收益为零。被试需要通过固定按键选择是否给气球充气，每一次吹气球都会获得一定的收益，被试可能获得的收益会随着气球的越大而增多，但同时气球被吹破的风险也随之增高，如果气球被吹破，该气球的收益即为零。被试可以选择在任意时间停止吹气球来获得当前的收益。该任务需要被试对继续冒险获得更高收益，还是停止冒险获得当前的收益做出连续的选择。

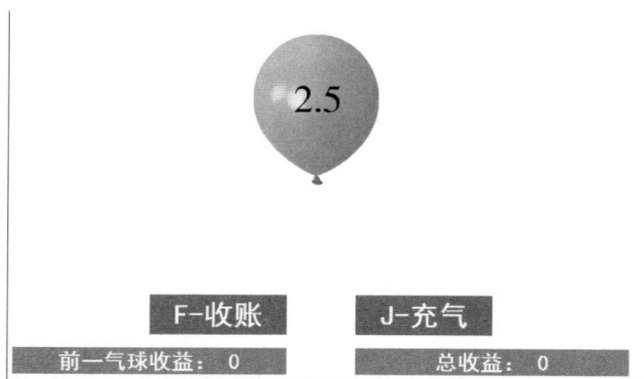

图4-3-2　仿真气球冒险任务

（2）实验程序设计流程

本次实验的仿真气球冒险任务程序分为两个部分：练习部分和正式实验部分。练习部分的程序内容与正式实验程序内容一致，但在练习部分被试有两个气球的练习，来熟悉操作和认识界面以及了解获益和损失的基本情况，正式实验包含30个气球，被试吹破或者收账后自动进入下一个trail（下一个气球），重复吹气或收账操作，第15个气球结束后会休息一段时间，之后进入后15个气球的操作，30个气球操作结束，反馈给被试收获的总的金币数。

（3）仿真气球冒险任务指导语

BART实验指导语：我们会给您呈现30个气球，每次呈现一个。你可以按"J"（充气图标）键给气球充气，每点击一下"J"键，气球的大小就会等值增加。每次充气都会在您的临时账户中储存0.5枚金币，实验不会向您显示临时账户中的金币数，但您可以看到永久账户的金币数。如果您想停止给气球充气，请点击标有"F"（收账图标）键获得目前收益。点击"F"后，电脑屏幕便出现一个新的气球，同时会把您临时账户中的金币数转账到标有"总收益"标签的永久账户中。如果您想知道上一个气球所赢得的钱数，那么请查看"前一气球金币数"标签的框。给气球充几次气，由您自己自由决定。但是请注意气球的爆炸概率会随着您点击次数的增加而增加。如果在您点击"收账"之前气球爆炸，那么您将要开始下一个气球，临时账户的金币会清零，但是爆炸的气球不会影响您永久账户中累计的金币数。实验结束后，您将会赢得一份同您的永久账户中所得金币数相应的礼物。如果您已经完全了解实验的程序，那么请按空格键开始练习。

## 三、不同情绪状态对风险决策影响的实验研究

### （一）研究目的

情绪状态对风险决策的研究已经十分丰富，但是由于采用的研究方法和研究的侧重点不同，有的研究者从具体的情绪状态角度对风险决策行为进行研究，也有的研究者从积极和消极情绪角度进行研究。研究的结论也不是完全一致，因此，研究从积极和消极情绪角度对风险决策的行为进行研究。

### （二）研究假设

以已往关于情绪状态和风险决策的相关研究为背景，并根据研究目的和内容，提出以下假设：

（1）积极情绪状态下，高海拔地区大学生倾向于风险寻求。

（2）消极情绪状态下，高海拔地区大学生倾向于风险规避。

## （三）研究方法

### 1. 实验被试

随机选取70名高海拔地区大学生，随机分成两组，积极情绪组35名，消极情绪组35名。积极情绪和消极情绪通过相应视频诱发。

选取的被试均为中国汉语水平考试（MHK）三级及以上的大学生，汉语水平较高，能够有效地理解实验过程中的材料。

### 2. 实验设计

采用单因素被试间实验设计，自变量为情绪状态，是被试间变量，因变量为风险决策，参考指标选取被试为吹破气球时吹气的平均次数。

### 3. 实验材料

（1）情绪启动材料

情绪启动材料分为积极、消极两类，积极情绪启动材料可以引发实验被试快乐、兴奋等积极情绪，而消极情绪启动材料可以引发实验被试伤心、愤怒等消极情绪。

根据研究前期对情绪启动效果的测评，选择积极2即视频片段《憨豆先生》为积极情绪的诱发材料，选择消极3即电影片段《唐山大地震》为消极情绪的诱发材料。

（2）情绪自评问卷

采用中文版的沃森（Watson）和特勒根（Tellegen）的情绪自评量表（PANAS）来衡量情绪诱发的效果。黄丽、杨廷忠等对该量表的中国人群适用性研究的结果表明，中文版的PANAS量表适用中国人群。张卫东、刁静对中国大学生和美国大学生进行PANAS测评，结果表明，该量表的两个基本维度具有跨文化一致性。邱林等（2008）进一步对量表进行修订后，确定了积极与消极的中文版问卷。中文版的PANAS积极情绪分量表（PA）的内部一致性系数为0.85，消极情绪分量表的内部一致性系数为0.77，均具有较高的信度。该量表包含18个描述情绪的形容词，分为PA和NA两个分量表，分别测量积极情绪和消极情绪，每个分量表包括9个形容词，PA分量表如欣喜、快乐地等；NA分量表如易怒地、战战兢兢地等。该量表采用5点计分，要求被试对自己体验到的情绪对每一个形容词进行从1（非常轻微或没有）到5（极为强烈）的等级评定。

仿真气球冒险任务（BART）同实验材料设计（二）。

4. 实验程序

实验在教室进行，进行个别施测，指导语部分由主试负责讲解。

首先请被试深呼吸，调整好情绪，请被试进行情绪状态的前测问卷填写，然后开始阅读指导语，观看相应的视频片段，视频播放完毕呈现仿真气球冒险任务的指导语，在被试了解实验操作后开始练习实验和正式实验。实验完成后，请被试填写情绪状态的后测问卷。最后对观看消极情绪视频的被试进行心理疏导，缓解被试的消极情绪。大概的实验流程如图4-3-3。

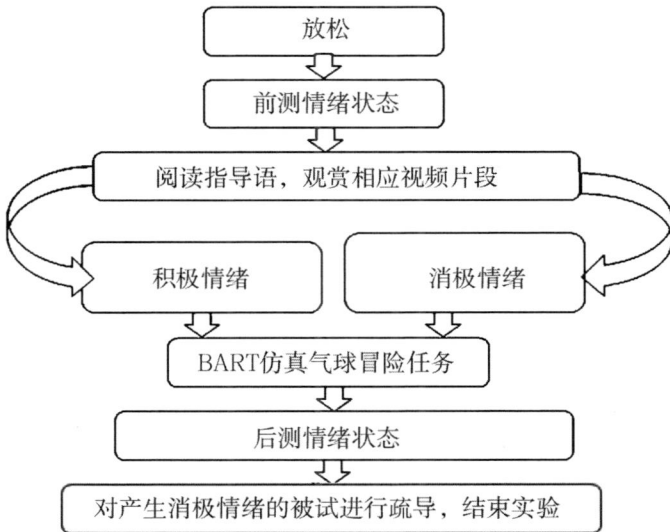

图4-3-3　实验一流程图

5. 实验指导语

欢迎参加本次实验，实验分为两个部分：第一部分请您观看一段影片，影片可能会引起您一些情绪反应，不用在意；之后进入第二部分气球冒险任务，整个实验没有时间限制，请您放心完成。

积极情绪组和消极情绪组除诱发材料不同，其他内容一致。

6. 数据处理

采用SPSS25.0进行数据分析。

**（四）研究结果**

1. 情绪诱发效果检验

主要是对被试情绪的前测与后测的数据结果进行对比研究来检验情绪启动的效果。

采用配对样本 $t$ 检验，分别对积极情绪组和消极情绪组，观看视频之前和观看视频之后的情绪状态进行差异检验。结果显示，积极情绪组观看《憨豆先生》视频片段后积极情绪得分显著高于前测得分，消极情绪得分显著低于前测得分。消极组观看《唐山大地震》视频片段后，积极情绪得分显著低于前测得分，消极情绪得分显著高于前测得分。结果表明，《憨豆先生》和《唐山大地震》成功地诱发了被试相应的情绪。具体结果如表4-3-2。

表4-3-2　情绪前后测差异性分析

| 分组 | 情绪状态 | $n$ | 前测 | | 后测 | | $t$ | $p$ |
|---|---|---|---|---|---|---|---|---|
| | | | $M$ | $SD$ | $M$ | $SD$ | | |
| 积极 | 积极 | 35 | 11.69 | 1.69 | 15.48 | 1.96 | 7.83 | 0.000 |
| | 消极 | 35 | 11.48 | 1.96 | 9.94 | 1.45 | −4.43 | 0.000 |
| 消极 | 积极 | 35 | 11.97 | 1.29 | 9.88 | 0.80 | −8.55 | 0.000 |
| | 消极 | 35 | 11.69 | 1.21 | 15.74 | 1.75 | 12.68 | 0.000 |

2. 不同情绪状态对风险决策的影响

以情绪状态为自变量，气球冒险任务中未吹破气球时吹气的平均次数为因变量，进行独立样本 $t$ 检验，结果显示，积极情绪状态下风险决策的分与消极状态下的得分差异显著（$p < 0.05$），且积极情绪状态下得分显著高于消极情绪状态下的得分。结果表明，高海拔地区大学生被试在积极情绪状态下更倾向于

风险寻求，而在消极情绪状态下更倾向于风险规避。具体结果见表4-3-3。

表4-3-3　不同情绪状态下风险决策得分的差异性分析

| 情绪状态 | n | M | SD | t | p |
|---|---|---|---|---|---|
| 积极情绪 | 35 | 14.48 | 3.09 | 2.19 | 0.032 |
| 消极情绪 | 35 | 12.86 | 3.10 | | |

### （五）讨论与分析

#### 1. 情绪调节策略问卷（ERQ）

情绪调节策略问卷（ERQ）是Gross编制，用于评估个体日常习惯性情绪调节策略使用的问卷，共10道题。该问卷经过很多研究者检验和修订，比如王力等人用情绪调节策略中文版对1163名大学生进行调查，得出情绪调节策略问卷各个维度都有较高的内部一致性信度以及重测信度验证性因素分析也证明实际数据与测量模型的拟合度良好。李娜在此基础上验证了ERQ有很好的内部一致性信度，可以用于测查我国大学生的习惯性情绪调节策略。该问卷在高海拔地区大学生被试也有研究，比如，刘佳媛用该问卷调查高海拔地区大学生情绪调节策略使用偏好。这些研究都证实ERQ在调查习惯情绪调节策略使用上有很好的信效度。

#### 2. 仿真气球冒险任务范式（BART）

仿真气球冒险任务范式（BART）是用于测查被试风险决策行为的一种实验范式，BART任务中气球爆破的风险类似于现实中的风险并且它是一个动态的风险决策过程，每一次的吹气都是一个决策的过程，和现实生活中的选择具有相似性。BART任务范式也广泛应用于风险决策的相关研究。比如，王其菲使用BART任务范式，研究调节定向对风险决策的影响以及周湛菁应用此范式研究情绪效价和情绪唤醒度的风险决策的影响；更有研究者将此范式和ERP相结合进行前沿研究，比如，田雨晴进行的焦虑情绪对风险决策的研究就是基于BART和ERP相结合进行的。由此可见，BART在风险决策研究的领域使用度越来越高，而且BART只涉及简单的操作，对言语方面的理解不作要求，对与高海拔地区大学生具有相对较好的适用性。

### 3. 情绪诱发材料的选择及诱发效果的检验

回顾以往关于情绪诱发的文献可以发现，关于情绪诱发的方法已日趋成熟，包括电影剪辑片段、音乐、图片、想象情绪等诱发方式，随着现代化技术的发展，情绪诱发方法也有了新进展，比如基于互联网的情绪诱发法、虚拟现实情绪诱发法等。但目前常用的有图片、音乐和视频等三种诱发方法。本研究采用视频片段诱发情绪的方法，这种方法被认为是比较直接有效的方法。结合高海拔地区大学生的特点以及以往的一些研究，选择了6段时长为6—8分钟的视频作为被选材料，经过预测，结合愉悦度和唤醒度两方面的差异最终选择了《憨豆先生》作为积极情绪诱发材料，选择了《唐山大地震》电影片段作为消极情绪的诱发材料。而这两个视频片段一方面没有很长的对话干扰，结合场景、音乐、人物表情等多方面进行情绪诱发，以往的研究也表明，这些视频片段有很好的效果。

实验一和实验二都进行了相应情绪的诱发，并且通过使用情绪自评量表测量诱发效果。结果均表明，所选视频材料对诱发相应情绪状态有较好的效果。这也说明，通过实验室实验的方法，选取适当的诱发情绪的材料能有效诱发被试相应的情绪状态，也再次验证了实验室情绪诱发的有效性。

对高海拔地区142名大学生情绪调节略使用偏好的调查显示，高海拔地区大学生的情绪调节策略在性别上无显著差异。具体来说，高海拔地区大学生男生、女生在认知重评情绪调节策略上无显著差异（$t = 1.02$，$p > 0.05$），在表达抑制策略上无显著差异（$t = 0.55$，$p > 0.05$）。该结论与之前的研究结果有些不同。高海拔地区大学生在认知重评上男生显著高于女性；而在表达抑制上男女差异不显著。

关于情绪对风险决策影响的理论研究，归纳起可以分为两大类，其中一类是 Isen 和 Patric提出的情绪维持假说，该假说认为，人们在积极情绪状态下，兴奋度会提高，而个体为了让兴奋持续更长的时间，在进行风险决策时会尽量避免冒险的行为，来避免决策失败带来的损失，以维持自己当前的兴奋情绪；相反的，当人们处于消极情绪状态下时，个体为了改变自己当前的消极状态，会尝试通过冒险行为来获得更多的回报，来提升自己积极的情绪体验。

实验一研究结果表明，高海拔地区大学生在不同情绪状态下的风险决策行为存在显著差异。具体而言，处于积极状态的高海拔地区大学生在进行BART任务时，未吹破的气球吹气的平均次数更多，而处于消极情绪状态的高海拔地区大学生吹气的次数更少，这表明，处于积极情绪状态下的高海拔地区大学生更倾向于风险寻求，而处于消极情绪状态的高海拔地区大学生更倾向于风险规避。

这一研究结果正好与前面的情绪维持假说相反，但却恰恰与约翰逊（Johnson）和沃斯基（Tversky）提出的情绪泛化假说相符合，该假说认为，人们在进行风险决策时做出的决策行为是与决策时产生的情绪体验相符合的，当个体处于积极情绪状态时，自信心会相对提高，进而通过挑战更高难度的任务来获得满足，对风险决策的结果做出较为乐观的估计，从而降低对风险的感知，个体更多的关注决策过程中的积极信息，并积极地去寻找这种积极的刺激，因此，会更倾向于风险寻求。相反处于消极情绪状态下的个体，在进行风险决策时容易关注消极的信息，对风险的感知能力增强，在这种状态下，个体会将更多的认知资源应用到风险情境中的有效资源进行谨慎的探索，采取较保险的方式来应对决策，所以，个体更倾于风险规避。实验一的研究结果表明，个体处于积极情绪状态下时，会更多地关注BART任务时金币的增加和气球变大的积极刺激带来的积极影响，而忽略气球爆炸和临时账户清零的消极刺激带来的消极影响，而处于消极情绪状态下的个体刚好相反，因此，实验一的结果恰恰验证了情绪泛化假说。这也表明，个体在情绪状态下做出的决策行为并非为了维持自己的积极情绪，也不是为了改变自己现有的消极情绪，而是基于自己的情绪感知所做出的一种与情绪体验相一致的决策行为。

高海拔地区大学生在进行风险决策时，如果产生了消极情绪，对于情绪状态不稳定的高海拔地区大学生，要学习使用认知重评策略来调节自己的消极情绪，根据研究结果可以认为，认知重评策略可以有效地降低高神经质对消极情绪状态的影响，进而使我们高海拔地区大学生在进行风险决策时，更加积极、乐观。

# 第五章　高海拔地区数学学习困难高中生执行功能特征及研究

## 第一节　绪　论

### 一、问题提出

#### （一）数学学习困难问题研究缘起

第十七届国际心理学会上首次对数学能力问题进行了探讨，苏联心理学家克鲁捷茨基（Крутецкий）在1963年首次提出"数学能力"名词，这为相关研究打开了新局面，促使研究者们开始从教育学、心理学、认知神经科学等各个角度探究学生数学学习能力。随着学习型社会的发展要求以及时代的进步，人们对教育的关注随时代不停地更新，学习问题也被越来越多的领域重视，社会对个体的学习要求也越来越高，教育理念和学习方式都在与时俱进发展。

数学学科不仅是学生必须掌握的工具，还是学习其他学科的重要思想逻辑基础，对学生分析、解决问题以及思维能力发展等方面具有长久而深刻的重要影响。随着教育水平和科学技术的发展，数学在学生的知识结构中越来越占据重要地位，对学生的学习生涯和未来发展都有重要影响。但是数学具有"三高"的特性，即高度抽象性、高度严谨性、高度系统性，要求学生具备较高的逻辑思维能力、演绎运算能力、判断推理能力等，这些对部分学生来说存在困难，导致部分学生学习数学的自我效能感比较低，出现学习困难问题，认为数学太过抽象，甚至学习数学对他们来说是一个痛苦的过程。由于基础教育情况的不同，高中学生的数学学习水平不同学生间差别明显，有些学生付出了努力但不见成效，易出现畏难情绪，甚至会对数学学科产生畏惧心理。高中数学与初中数学的内容存在明显的不同，难度也显著提高，在这个过渡过程中，学生需要从心理准备、认知方式、逻辑思维能力等方面进行准备和更新，与此同时，外在的教育影响也需要做出相应改变，比如教学方法、授课内容等方面要根据认知方式进行及时调整，保证知识的连贯性，加强联系，才可以将新知识纳入数学认知结构中，继而通过实践训练达到灵活应用，知识才可以有意义的理解和接受。

根据研究文献发现，数学学习困难问题在不同的年龄阶段都成为普遍现象，在高中阶段，数学学习困难问题日益突出，在最近几年的调查研究中，数学学习困难的学生数量明显上涨，因而，数学学习困难逐渐成为人们的重点关注对象，相关调查分析研究也比较多。部分学生因为对数学概念的理解和应用方面存在困难，明显表现出对学习数学的困倦状态，动机低下，效果不良，最终造成考试不及格的结果，而且在学习数学的过程中易产生厌倦心理，对数学学科缺乏学习兴趣，影响学习进程。面对学习过程中的困难倾向于逃避，学习知识不求甚解，对概念理解不到位，因而无法灵活应用，有的学生甚至用背诵公式、例题的方式学习逻辑性非常强的数学学科，这显然在学习方法上不相匹配，缺乏学习数学的正确方法，无法掌握数学核心思维，学习的结果是无效而无利的，学生长期数学学习困难会影响学生积极性，不利于学生的心理健康发展。因此，对数学学习困难学生的学习方法教育也是需要关注的，具体如何能帮助到他们已成为实际教学过程中急需解决的问题。

（二）执行功能对数学学习的作用研究缘起

20世纪80年代中期，执行功能的研究逐渐兴起，其源于英国学者对额叶损伤病人的临床研究，与一系列大脑皮质的高级行为有关，此后心理学领域便开始出现大量有关执行功能的研究。研究发现，如果额叶受到损伤，会造成概念形成、思维推理、认知灵活性、计划决策等缺陷，还会导致情绪障碍。许多研究仍沿用工作记忆模型的中央执行系统、语音环路和视觉—空间模板对各种类型的学习困难进行差异分析研究。中央执行系统在有的文献中也用执行功能替代，而且在有的研究中，将执行功能区分为三个独立但又相互关联的成分：工作记忆、抑制控制和认知灵活性。在学习困难相关研究中，大部分研究根据工作记忆容量对执行功能进行考察，把执行功能当作工作记忆的一个维度。研究发现，执行功能使学生的注意焦点在存储和加工的对象上灵活切换和分配资源。对个体进行执行功能训练可以帮助学生记忆、认知方式、概念理解、逻辑推理等方面提供支持。还有研究发现，执行功能训练可以提高个体的数学感知能力、数学计算能力和数学推理能力等某些方面学生需要的数学能力，这些能力可以有效帮助数学学习困难的学生提高学习效率，克服他们在数学学习方面的思维障碍。但近些年，越来越多的研究将执行功能当作单独的维度进行分析。执行功能指在进行有目的的活动中，协调多种认知系统，保证任务顺利完成的一般性控制机制。执行功能与人类高级心理机能存在密切关系，比如在问题解决、策略选择、推理等活动中发挥重要作用，帮助人们实现认知加工目的，可以说，执行功能效果的改善是有效解决学生数学学习困难问题的途径之一。

综上所述，从执行功能的三个子成分——抑制功能、刷新功能、转换功能对高中生的数学学习困难问题进行研究，通过文献研究法、实验法、数据统计与分析等研究方法，分析数学学习困难学生的执行功能特征，对执行功能与数学成绩之间进行相关研究，考查执行功能对数学成绩的预测作用。通过研究从而得出一些有意义的结论，对数学学习困难学生的执行功能及其转化、合适的学习方法和教学方法以及达到教学目标提出一些合理的学习和教学建议。

## 二、研究目的及意义

### （一）研究目的

通过查阅文献，发现高中生数学学习困难程度明显比初中阶段高，数学学习困难学生群体人数有上升趋势，而且部分学生学起来比较困难。从数学成绩来看，高低分之间落差较大，而且高中的教学内容与初中阶段明显不同，高中阶段的学习内容明显增多，难度明显加深，要求学生的学习动机和意志力较强，对刚进入压力较大的高中环境的部分学生来说，薄弱的基础加上高中数学课业的压力，会使一些学生跟不上进度，即使努力也达不到及格，这对学生的心理有非常大的负面影响，严重者会产生不良心理问题，影响学生发展，甚至自暴自弃，难以适应高中的学习生活，数学学习困难问题对学生的生活产生显而易见的负面影响。因此，要提高学生的数学学习成绩，需要明确他们在数学学习过程中遇到的认知困难，进而通过针对性策略予以转化。

研究目的是考查数学学习困难学生的执行功能与优秀学生相比具有什么样的差异，以及在教学实施的过程中如何进行有针对性的措施进行改善。本研究通过相关的功能任务，分别对数学学习优秀组和困难组间的数据进行对比分析，最终用量化、客观、准确的数据明确数学学习困难学生具体的执行功能不足，对执行功能的刷新、抑制、转换功能进行研究讨论，从而提出有效的转化建议，提高他们的学习效率，改善学习效果。

（二）研究意义

1. 研究的理论意义

通过了解前人的研究发现，无论在国外还是国内，因工作记忆在数学学习过程中的重要性，把二者相结合的研究有很多，但是之前的研究缺乏执行功能相关研究。后续研究证实了执行功能的可分离性，将其分为抑制功能、刷新功能、转换功能三个可以区分的、量化的子成分，但目前的实证性研究仍很少。通过查阅有关执行功能的文献，可以得知执行功能与各类学习困难问题存在影响关系的观点更加肯定，可以说执行功能对学生的学习有重要影响作用，而且执行功能的发展贯穿整个青春期，对学生的个体发展有重要作用。大多数研究进行差异研究，将被试区分为学习优秀学生和学习困难学生，探究两者之间的执行功能特征，考查不同被试间的抑制功能、刷新功能以及转换功能的具体差异，分析执行功能与成绩的关系及影响作用。从目前研究现状来看，学习领域的研究仍集中在对各类学习困难的研究，研究焦点仍是执行功能，通过对执行功能特征、性质的不断深入探索，将会对各类学习困难问题的解决有指导意义，对各类学习困难学生的执行功能能力的提升也是客观要求，有关研究可以帮助教育者在对学生进行教育活动时采取有效措施，改善部分学生学习困难的困窘状况。

因此，将进一步丰富有关执行功能的实证研究，将执行功能作为一个整体，并且与数学学习困难相结合，充实相关研究结论。本研究根据执行功能的三个子成分——抑制、刷新、转换的独立功能，采用三个相互独立的任务进行研究，即字色Stroop实验、汉诺塔、数字与字母连线独立测量执行功能效果，通过任务完成情况的反应时和正确率指标，分析二者在执行功能上的任务效果差异，明确执行功能与数学成绩的相关关系以及考查执行功能子成分对数学成绩的具体预测作用，从而在理论上丰富对执行功能的有关研究，为今后的相关研究提供理论依据。

2. 研究的实践意义

数学学科对人们的生活以及时代的发展日渐重要，人们也越来越认可数学在各学科中的地位，在学习系统中占据重要地位，教育者通过各种教育方法，帮助学生掌握数学公式和定理，最重要的是数学思维的建立和发展，对个体发展具有重要作用。然而，数学学习困难在各年级学生中普遍存在，是发展心理学、认知心理学等重要研究对象，数学学习困难问题对学生的发展有不利影响，导致师生关系、亲子关系、同伴关系等方面不良心理问题，甚至严重影响学生的学习生涯发展，影响全民文化素质的提高。因此，提高数学学习水平是现代科学社会的要求，也是提高国家教育水平的要求。那么，关于数学学习困难学生在学习过程中存在什么问题，心理及认知机制存在哪些缺陷，关于学习困难问题的解决与干预等，都是目前值得思考与解决的问题，也是相关研究的重点内容，具有重要实践意义。

学习困难问题一直存在于教育领域中，学习困难群体也备受教育学和心理学领域的关注，其对教育环境和个人来说都有多方面的影响，而作为培养人才的各级各类学校，数学学习困难问题尤为突出，也亟待解决。部分学生的数学基础教育相对薄弱，而高中数学内容的增多和难度的加大，成为高中学生数学学习困难形成的原因。数学学科有其独特、深刻的逻辑过程，学生对数学的学习过程也是提高他们理性思维能力的过程，在未来的发展中有助于他们思考和解决问题，引导他们解决问题的方向、逻辑，理清问题要点、解决步骤等，促进他们的认知发展。

数学作为各级各类学校的必修课，学生接受数学教育对整个教育体系也有重要作用。通过对学生执行功能的差异研究，明确数学学习困难学生在学习过程中存在的现实问题，对其日后的教育、转化、提升等方面提供实践基础，指出可以帮助他们学习数学能力的关键点，提出了相应的指导建议，具有一定的现实意义。

# 第二节　文献综述

## 一、核心概念界定

### （一）数学学习困难概念界定

#### 1. 数学学习困难概念

数学学习困难（Mathematical Learning Difficulties，简称MD或MLD）指部分学生无明显情绪或心理问题，不存在影响学习行为的明显感官障碍，且智力正常，在相同、正常的教育条件下，但是数学学习成绩显著低于其年龄、年级水平。具体表现在阅读理解方面存在困难，数学概念理解和计算方面存在困难等方面，其中主要明显的问题是数学问题解决能力不足，而且这些学生的态度不存在大问题，甚至努力学习，但仍存在数学成绩明显落后的问题，这种落后不是由于身体上或生理上的原发性缺陷造成，这些学生达到学习的要求需要更多的关注以及额外的指导，对数学学习困难学生进行准确的筛查和有效的干预非常重要。

#### 2. 数学学习困难的操作化定义

由于数学学习困难群体的异质性很高，目前尚没有统一的划分标准。目前常用的区别方法主要基于两种模型：能力差异模型和干预反馈模型，分别是根据定义对学生进行诊断以及根据维果斯基的最近发展区理论找到学生数学能力的极限从而判断其是否存在数学学习困难问题。能力差异模型包括较多的具体操作方法，大部分研究中都使用年级水平—离差法，其操作方便简单，具体过程首先采用瑞文智力测验或者韦氏智力测验量表筛查、排除智力低下的学生，然后选择在正式考试中排名最后的20%至25%学生为数学学习困难学生，所以，在相关研究中经过发展已经趋于成熟且被广泛采用。干预反馈模型的操作方法主要是进行多级干预，即通过多次干预且不断提高干预强度，即采用多次、多级干预的方法最后达到学生能力极限，从而测查学生学习能力的动态变化和发展特征。这种方法将数学学习困难的鉴定从传统的某时刻的总结性评价转换到对一段时间的评价，但是，这种干预方法如何界定是有效干预，目前还没有被广泛认可的干预方案。由于缺乏统一的被试筛查标准，在实际研究过程中主要依靠研究者水平，而且难以满足大范围筛查的需求，研究存在一定的局限。

参照任偲（2019）的筛选方法，以数学学习困难的概念为基础，结合高中生实际数学成绩情况以保证分数的可靠性，采用统计经验值27%作为依据进行分组，将数学学习困难的操作化定义为：数学标准测验成绩（期中考试成绩）排名在最后27%且分数在70分以下（满分150）；数学学习优秀的操作化定义为：数学学习优秀学生的数学标准测验成绩（期中考试成绩）排名在前27%且分数在110分以上（满分150），学生在感官、情绪、心理等均无明显障碍。

（二）执行功能概念界定

1. 执行功能概念

目前研究者把执行功能（executive function，简称EF）看作是一种相对独立的心理认知结构，个人通过调节和改变思维方式，抑制不匹配的行为反应、处理不同刺激、调节注意资源、选择解决策略、监控行为以及完成满足情境要求等复杂认知任务所需的高级认知结构，这是个人自觉参与的自上而下的心理处理过程，多种认知操作在解决问题过程中实现对认知资源的协调与分配，从而实现认知资源有序、协调、顺利地完成任务，被认为是认知活动的元认知过程。关于执行功能的概念，不同学者对其有不同的理解和定义。

本研究将执行功能定义为一种目的性认知控制，个体在进行较复杂任务时，为实现某一特定目标时，协调有限的认知资源，选择认知过程最优化、组织过程最灵活、解决过程最高效的以达到问题解决的认知神经机制。

2. 执行功能子成分——抑制、刷新、转换

本研究采用陈天勇、李德明（2005）界定的三个执行子成分——抑制功能、刷新功能和转换功能进行研究。

（1）抑制功能

抑制功能指个体能够对任务过程中的无关刺激进行控制和抑制，能够集中注意力在目标任务上，排除干扰信息，从而能够顺利完成任务。抑制过程实际是对短时间处理信息的工作记忆的监控和排除干扰的过程，防止工作记忆处

理信息过多、任务过重，减轻工作记忆的认知压力。研究者普遍认为，抑制功能是一项重要的执行功能任务，在以往研究中占据大部分内容。Nigg（2000）认为，抑制是一个整体系统，将抑制过程区分为四种——认知抑制、干扰抑制、眼动抑制、行为抑制。具体来说，认知抑制通过抑制无关的信息来维持较高效率的工作记忆或思维，是个体主动调整认知的过程，研究通常采用前摄干扰任务，常用有意遗忘、负启动效应等研究范式；干扰抑制主要是通过对无关信息的抑制作用，能够减轻认知资源处理信息的压力，防止由于认知资源的不协调造成无关信息对个体的干扰作用，不能正确完成认知任务；眼动抑制是通过抑制前庭眼动反射而达到对信息的抑制作用，常用反眼动任务研究；行为抑制指个体对自己行为的指示与控制，常用停止信号任务等研究范式。米亚可（Miyake）（2004）等人通过潜变量分析验证，发现干扰抑制和行为抑制是相同的加工方式，两者的抑制是外源抑制，而认知抑制是内源抑制。

抑制是一个需要意识参与的过程，个体在执行任务过程中需要对自己的优势反应和自动化反应进行监控和控制，为了更好地完成任务，抑制控制过程是需要个体主动参与的，防止无关刺激干扰自己，同时保证认知过程的流畅性，为准确完成认知任务即使改变认知和行为。抑制功能被认为是执行功能的重要组成部分，其他两项子成分功能的实现都离不开其参与和影响，米亚可（Miyake）等人通过因素分析表明，执行功能的良好实现主要是抑制功能的贡献，在执行任务过程中发挥重要作用。由于STROOP任务需要被试能完成自动化的阅读，被试可以完成自主化行为并且能对其行为进行预测和调整，在抑制无关刺激和干扰刺激上有良好的信度和效度。本研究抑制功能采用字色Stroop实验范式。

（2）刷新功能

刷新功能指在执行任务过程中会不断出现新信息，个体需要根据任务目标去掉无用信息，选择和建立有用信息，以便更快速、更优化完成认知任务。刷新功能根据执行任务的需要可以把新信息纳入到工作记忆中，也可以排除干扰信息并对信息进行更新、组织以及改造加以利用。可以说，刷新功能主要实现个体对信息进行存储和加工的作用，它通过对信息的暂时存储和主动性加工操作，在记忆、思维、问题解决和决策方面有非常重要的作用，刷新功能的本质不是被动的存储，而是有意识地选择和加工与任务有关的信息。

刷新功能的实现方式是根据呈现的信息，首先对该信息进行编码和监控，明确任务目的前提下判断其是否与当前任务解决相关，按照任务要求持续改变工作记忆中正在处理的信息，及时、动态监控正在认知工作处理的有意义内容，再对认知资源进行协调与分配，用新的信息代替那些对任务解决没有用的信息，通过转变相应的认知方式和问题解决策略达到快速解决问题的目的。测量刷新功能的任务都要求持续动态的监控、更新问题信息和策略。本研究刷新功能采用汉诺塔任务。

（3）转换功能

转换功能又称为注意转换或任务转换，是对内在认知资源进行协调与分配过程，个体为了完成任务需要在两项任务的心理定式间进行灵活转换的过程，根据任务要求及时调整和改变自己的注意系统和认知方式。任务转换和心理定式转换能力非常重要，这些作用的实现对执行功能的整体发挥也有重要影响。转换功能的实现是通过激活相关的认知资源、脱离无关的认知模式两个过程，具体表现为需要多种认知资源参与的情况下，个体在不同任务间进行认知方式的转换过程。转换的具体过程是在一组刺激中，被试先进行一种认知方式的操作，接着完成另一种新的认知操作，在完成任务时就需要对前面的刺激和认知模式进行抑制，克服干扰，因为两种刺激需要的认知资源和模式是不同的，这也是转换功能的本质。

在转换任务中个体需要按照任务要求及时、准确地转换自己的反应以符合要求，有效调节自己的认知方式，并且保持操作的流畅性和准确性。在执行转换任务过程中，个体也需要克服前摄抑制的干扰，时刻注意进行不同认知资源的转换，避免前一认知方式对后一认知任务的负面影响。转换功能的研究通常都要求被试针对不同刺激进行频繁的认知转换，考查被试的心理定式转换能力。前人通过不同研究范式，区别主要表现在反应时间上，完成两种认知资源的转变需要更多的时间。本研究转换功能采用"数字—字母"转换任务。

## 二、国内外研究综述

### （一）数学学习困难国内外研究综述

#### 1. 数学学习困难国内研究综述

我国关于数学学习困难研究集中在认知加工机制研究、数学学习困难学生工作记忆特征、学习困难成因、诊断评估以及对学习困难学生的教育干预等方面。国内关于学生数学学习困难的特征主要是三个方面研究：数学能力、认知机制和心理问题，具体表现在数字感知、运算能力、知识迁移、逻辑思维、归纳总结等方面存在困难而造成的学习困难问题，这些能力的欠缺造成部分学生在解决数学问题时不能很好地理解题意，难以把握已知条件以及策略的选择出现问题，数学逻辑思维能力较差，导致数学成绩不达标。认知能力是人们对信息进行加工、存储和提取的心理能力，对人们解决复杂问题具有重要作用。认知能力可以帮助学生在头脑中建构数学结构，掌握数学概念及其之间关系。数学学习困难往往是在数学加工过程中出现问题，无法在头脑中形成数学知识结构，从而导致数学认知障碍。目前，研究者从工作记忆、执行功能等方面对数学学习困难进行研究，认知能力的缺陷是造成数学学习困难的主要原因达成共识。数学学习困难学生的心理特点具有突出性，部分高中生总体上学业成就偏低，数学知识的严谨性以及数学内容的逻辑抽象性，要求学生有较强的意志力，克服困难，有些学生付出了努力，但还没有收获良好的成绩，畏难心态在数学学习中一直存在，造成数学学习兴趣低。

国内关于数学学习困难的成因研究主要集中在智力因素、非智力因素和社会因素三个方面。智力因素方面，陈国鹏等人（2001）通过对智力与数学学习困难之间进行了分析研究，导致他们数学学习困难的原因之一是对概念的理解和再认有困难，而且智力水平较低的学生在同一水平任务中的表现明显较差。非智力因素方面，范存莲、陈小义等人（2003）对智力不存在低下问题，但仍然存在数学学习困难问题的学生进行研究，发现非智力因素对学生有较大影响，主要是不良的学习习惯、内在驱动力、人际交往出现问题等方面造成的。社会因素比较复杂，包含的因素也更多，主要有家庭因素、社会因素、学校教育、同伴关系等，学生的学习困难与家庭教育方式、家庭学习环境、父母期望等显著相关；社会因素包括地区经济水平差异、教育资源差异等；学校教育对学生学习的主要场所，学习困难学生在课堂上出现的问题更多，容易分心，行为举止更加懒散，需要老师更多的关注和帮助。

2. 数学学习困难国外研究综述

日本教育学家北尾伦彦（1986）的三层次说理论对造成数学学习困难的成因进行了分析。第一层次是以教材内容、教学方式、学习方法等为主的直接因素；第二层次是以学生的内在驱动力、智力、学习方法、性格等因素影响学习效果；第三层次是以家庭教养方式、学校教育氛围、班级学习氛围、社会影响等因素构成，第二层次和第三层次都属于间接影响因素。

俄罗斯教育学家巴班斯基提出，内外因共同作用导致学习困难。内因是由个体内在的因素控制的，主要有内在动力、心理障碍、智力低下、语言理解困难等因素；外因主要是由外在环境的因素影响，主要有教师教学方式、家庭教养方式等方面存在问题，对学生的学习影响和干预不足，以上各因素相互联系又区别，因而他提出，教学过程最优化的理论以保证教学过程的最有效性，帮助学生更好的学习。

美国心理学家伯纳德·韦纳（1974）将人们对行为成败的结果以能力、努力、任务难度、运气、身心状态、其他因素六种方式进行归因，继而将它们纳入内因—外因、稳定—非稳定、可控—非可控三个性质的维度内。韦纳认为，人们如何归因会极大地影响人们内在的心理感受，人们的行为方式受心理因素的影响，因此，如何归因也会影响以后的行为方式。比如人们将成功归因于内部的、可控的、不稳定的时，就会对自己的能力产生肯定的态度，并且对未来也会有信心从而继续努力；人们将失败结果归因于外部的、不可控的、不稳定的时，这会起到保护自己的作用，产生较小的负面情绪，对自我效能感的评价不会有较大波动，产生较小的未来的消极行为影响。从归因理论可以看出，学生错误的归因方式也会影响学生学习数学的激情与动力，造成心理环境的失衡。如果学生把考试失败归因于缺乏能力，那么他很有可能对自己失去信心，影响学习效率和考试成绩。

洛克（Rourke）（1993）对数学困难和阅读困难的学生进行研究，指出学生在数学和阅读能力上出现问题是由于大脑左半球后部分存在缺陷，因为存在共同的神经心理缺陷，学生在解决问题时存在困难，表现为长时记忆内容提取困难、语言理解困难、内容再认困难等，阻碍问题的解决。此外，还有研究认为，学习困难学生产生的原因还有应试教育方式、学科特点、教材设计和教学要求高等。

## （二）执行功能国内外研究综述

### 1. 执行功能国内研究综述

我国研究学习困难学生的认知机制相对较少，与数学学习困难有关的研究有限。目前大部分研究主要集中在数学学习困难与工作记忆之间的研究，工作记忆是认知心理学的主要内容，尽管其容量有限但在学生学习过程中仍发挥重要作用，它通过对信息进行短时存储，与长时记忆中的内容联系共同帮助学生更高效解决问题。研究发现，无论是成人还是儿童，正常发展还是存在缺陷的儿童，工作记忆对其学习数学以及在数学问题的解决过程中发挥重要作用，对成绩表现产生直接影响。研究发现，数学学习困难者普遍存在工作记忆的缺陷，加工速度也比较慢，短时记忆明显不足。

执行功能在问题解决过程中处于核心地位，起监控和协调的作用，有关执行功能的研究也层出不穷，也是心理学认知领域的热点问题。以往研究对抑制功能进行独立研究的文献较多，体现出抑制功能对问题解决的重要影响，是执行功能重要的组成部分，其包含的内容比较广泛，包括对优势反应的抑制、对优势行为的抑制、对无关信息的抑制，在解决问题的认知过程中占主导地位，主动控制与任务无关的信息进行控制，帮助有关信息及时被处理和组织。抑制功能通过抑制干扰因素和控制反应实现，抑制干扰因素即个体对不同刺激进行分析的能力，控制反应即个体已经出现了优势反应但能正确反应的能力。有研究证实，数学学习困难与抑制功能存在密切联系，数学学习困难学生的抑制功能存在缺陷。王明怡和陈英（2004）认为，由于抑制功能存在缺陷使得儿童在数学运算过程中存在困难，由此影响和降低了数学成绩和学习效果。王恩国、刘昌（2005）通过go/no-go任务对数学学习困难的初中生进行实证研究，结果发现，无论是对干扰信息的控制还是对行为反应的控制均表现不良，任务正确率和反应时的成绩表现均低于数学学习优秀的学生。焦彩珍、刘治宏（2018）

也是对初中生进行抑制功能研究，通过flanker、go/no-go任务，结果发现，数学学习困难学生的抑制控制能力显著低于正常学生，也发现数学学习困难初中生在抑制能力的大脑指标上显著低于正常学生。

蔡丹等人（2011）通过N-back任务考查刷新功能与成绩的关系，以42名初中学生为被试，研究结果发现任务正确率可以有效预测学生数学成绩。王利平（2011）通过对学习困难学生进行研究，结果表明，学习困难学生的信息刷新功能和注意转换功能存在障碍。焦彩珍（2014）以数学学习困难初中生为被试，通过转换任务进行研究，发现数学学习困难学生的认知灵活性在完成任务过程中表现不良，转换功能存在明显不足。任偲（2018）的研究发现，数学学习困难的学生在抑制、刷新、转换任务上表现不良，其执行功能存在显著缺陷，通过回归分析还发现刷新功能对数学成绩有显著预测作用。

2. 执行功能国外研究综述

巴德利（Baddeley）提出的工作记忆模型在相关研究中受到广泛关注，相关研究结果也证明了其对学生学习过程发挥的重要作用。西格尔和林德（Siegel & Linder，1984）通过对比研究发现，存在学生困难学生的短时记忆能力比较差；后继研究中，西格尔和莱恩（Siegel & Ryan，1989）研究发现，数学学习困难学生在数字信息加工相关的任务上表现出能力明显不足。赫克（Hitch）和钟尼兹（Jonides）等人（2005）研究发现，正确激活长时记忆中与任务有关的内容对正确完成任务有重要作用，还指出语音环路对解决问题的影响较小。从以上研究可以得知，工作记忆与数学学习困难联系紧密，而且研究大多是通过差异进行分析，即数学学习困难学生与正常学生分组完成任务，从而进行比较和讨论，研究都证实了工作记忆是数学任务加工过程的关键因素。越来越多的研究证实通过工作记忆训练可以有效提升工作记忆效果，通过复杂的工作记忆跨度任务来训练和传递工作效果，扩展思维的工作空间。

执行功能起源于对生理层面的研究，以前额叶皮层存在损伤的病人为研究对象，前额叶皮层在医学领域广受关注，因为其对计划、任务表征、灵活性、组织信息、策略选择等都存在重要作用，因为执行功能的生理机制存在与于大脑的前额皮层区域，因此，执行功能被认为是前额叶皮层的功能，对认知和行为有重要作用，帮助个体完成复杂的认知操作，包括知觉、认知表征、抑制控制、更新信息、策略、行为监控等一系列完成任务所需的认知功能，帮助个体灵活、协调、流畅的完成一系列复杂操作。执行功能的发展是一个长期、动态的过程，戴蒙德（Diamond，2002）研究发现，个体在12岁左右达到成人的执行功能水平。近年来许多研究发现，执行功能与学习成绩存在紧密关系，随着研究的深入，执行功能也被认为是学习成绩的重要影响因素和预测指标。

在抑制功能方面，麦克莱恩和赫克（Mc Lean & Hitch，1999）发现，运算能力有缺陷学生的中央执行功能也有缺陷，这些学生在需要追踪的任务上表现不良，还发现抑制和转换功能存在问题对的学生在数学学习上受到显著影响。帕索伦吉和科诺尔迪（Passolunghi & Cornoldi，1999）证明，数学学习困难学生在注意力、抑制无关信息上存在缺陷，无法在需要多种认知资源参与的情况下协调认知资源，但研究发现，他们在激活信息上不存在困难，他们组织能力比较差。西格尔（Siegel）等人（2001）研究发现，数学学习困难学生对无关信息的抑制控制能力存在不足，尤其是在与数字有关的任务中表现不良，但在文字任务中表现正常，但这足以影响他们对信息的组织能力，不能有效排除干扰信息，因而出现更多错误，影响问题的解决。瓦恩（Van）等人（2004）通过对各种类型的数学学习困难学生进行研究，发现困难学生比正常学生的抑制控制和思维转换能力较弱。帕索伦吉和帕萨利亚（Passolunghi & Pazzaglia，2004）的研究通过对被试年龄、性别等变量加以控制，发现数学学习困难的抑制功能存在明显缺陷，执行功能的整体能力也较弱。帕索伦吉（Passolunghi，2005）认为，刷新和抑制是工作记忆的子功能，在此认识基础上研究发现他们的刷新和抑制控制能力存在缺陷，在后续研究中以年龄、性别等条件区分数学学习优秀学生为实验组和数学学习困难学生为控制组，研究结果发现，控制组的错误率显著高于实验组，可以说抑制功能对学生数学学习有重要作用。

在刷新功能方面，莱托（Lehto，1995）考查刷新功能与四门不同学科的相关关系，分别是芬兰语、数学能力、地理、英语，结果发现与刷新功能联系最紧密的是数学能力。塞茨（Seitz）等人（2000）的研究发现，解决数学问题存在困难的学生他们的刷新能力存在缺陷。斯旺森和萨克斯（Swanson & Sachse，2001）研究发现，信息刷新能力对解题有显著影响作用，数学困难学生的刷新功能存在缺陷、语音加工过程也存在低效问题。阿米科（Amico）等人（2005）通过跟踪任务测试刷新功能，对9岁数学学习困难学生进行了对比研究，结果表明，数学学习优秀组在任务中表现良好，困难组学生的刷新功能存在不足。帕索伦吉和帕萨利亚（Passolunghi & Pazzaglia，2005）通过双任务操作任务进行对比研究，发现数学困难学生在回忆任务中表现不良，回忆的正确单词较少，而回忆了与任务无关的正确单词，随后在控制了阅读能力的情况下，研究发现，刷新功能与数学问题解决存在显著相关关系，在解题过程中发挥重要作用。帕索伦吉（Passolunghi）等人（2005）的研究还发现，儿童在刷新功能任务中表现不好，也影响其相关信息回忆和数学运算的能力，最终影响成绩。阿米科和瓜内拉（Amico & Guarnerab，2005）通过对9岁学生的刷新功能进行跟踪任务考查，分析困难组与对照组的差异，结果表明，数学困难组的任务成绩较低。斯旺森和克姆（Swanson & Kim，2007）的研究发现，刷新功能可以预测74%的数学成绩，证明了刷新功能与数学成绩存在紧密关系。

在转换功能方面，斯旺森（Swanson，1984）通过对比研究发现，数学学习困难学生的注意资源转换能力不足，尤其是在完成复杂任务时，数学学习困难学生的转换能力存在明显缺陷。麦克莱恩和赫克（Mc Lean & Hitch，1995）以9岁学生为被试，筛选出阅读能力方面正常但是数学学习方面存在困难的学生，他们语音工作能力正常，但存在转换功能不足，是造成数学学习困难问题主要原因之一。布尔（Bull）等人（1999）通过威斯康星卡片分类测验（WCST）的方式进行研究，发现当数学学习困难学生的转换功能不流畅，表现出明显的认知资源转换困难。麦克莱恩和赫克（Mc Lean & Hitch，1999）通过追踪任务的研究发现，数学运算能力存在不足，但是在问题解决能力方面正常的学生，其执行功能存在不足，执行任务表现不良，原因可能是他们的转换策略能力不足，说明转换功能在数学学习过程中有重要作用。瓦恩（Van）等人（2004）证实数学学习困难学生在转换功能上存在明显不足。通过以上研究的回顾得出执行功能对数学问题的解决对执行功能有更高的要求。影响学生的内容也许是不相关的或干扰性的信息，学习困难产生的原因也受语言理解、工作记忆容量等多方面因素的影响，需要进一步进行研究与探讨。

### （三）已有研究的启示

#### 1. 研究对象的启示

学习困难问题在教育学、心理学领域备受关注，受内在认知功能、智力等因素影响，也受教育方式、负面事件等外部因素影响。学习困难问题伴随个体会产生负面影响，影响个体社会交往、心理健康发展等方面，应予以重视。数学学科在教育体系中占据重要位置，对学生的心理发展也具有重要作用，通过对其执行功能进行差异研究，丰富有关数学学习困难学生的研究。

#### 2. 研究内容的启示

在过去的研究中，数学学习困难主要从工作记忆角度进行研究，且研究发现二者之间存在密切关系，还证实工作记忆训练可以通过训练而提高，这为数学学习困难学生的转化提出了新的思路。工作记忆虽被认为是认知活动的核心，但由于其容量的有限性，并不能很好地发挥其作用。在此背景下，研究进入新的领域，无论是国内还是国外，因为执行功能对认知方式的重要作用，把执行功能和数学学习困难结合的研究也越来越多，研究也越来越深入，研究者发现，执行功能缺陷是造成数学学习困难的关键原因，数学学习困难问题日益严峻，对学生的心理健康有重要影响。

执行功能作为个体认知功能的核心成分，在学生学习过程中发挥重要作用，探究其对数学学习困难学生的具体影响作用，这对研究学生数学学习困难提供了新思路，为教育鉴别、干预、转化等奠定基础，提出可能解决方法。

## 三、理论基础

### （一）数学学习困难理论基础

#### 1. 数学学习困难理论

麦金尼（Mckinney，1984）通过聚类分析研究方法，将数学学习困难分为第一型、第二型、第三型、第四型四种类型，第一型是指学生在空间认知、逻辑顺序、语言技能等方面存在困难，学习注意力不能集中，但在数学概念的建立方面能力较强，约占33%；第二型是指计算能力、空间组合排列能力等方面表现较好，但好的学习能力却与成绩成反比，教师对其行为表现评价程度较低，个体的行为具体表现特征为学习时专注力不足，具有明显的反叛性，约占10%；第三型是指学生的学习能力、概念能力较强，但因为性格外向，稳定性差，学习的注意力易分散，约占47%；第四型是指学生的言语理解能力一般，学习成绩中等，但空间排列和组织能力较弱，导致学习方面存在困难，约占10%。

吉尔里（Geary，1993）以认知心理学和神经心理学的有关内容为基础，将数学学习困难分为三种类型——记忆型、程序型和视觉—空间型。每个类型都具有其独特的含义，即记忆型数学困难也称复合型学习困难，指数学学习困难者在阅读理解和数学困难都存在问题。具体表现为学习者在解决数学问题时花费时间较长，而且对语义自信息的表征和提取存在困难，长时记忆知识提取较慢；程序型数学困难指学生在解题的过程中，比较容易出现概念理解错误、组织错误、策略选择偏差等问题，而且解决数学问题反应时较长；视觉—空间型数学困难指学习者在解决数学问题时易出现符号混淆、数字遗漏或缺失等问题，并且难以全面思考问题，对问题理解不全面导致错误率较高。

梅耶（Mayer）等人（2003）继而对其中的记忆型数学困难进行研究，证明其具有独立性，但程序型和视觉—空间型二者之间存在密切关系，难以划清界限，将二者并称为单纯型数学学习困难进行研究。国内学者左志宏等人（2007）进一步将数学学习困难研究进行补充，结果分为两类：单纯型和混合型。单纯型指学生在解题过程中出现程序错误、混淆或遗漏问题等，表现出反应时较长、错误率较高的结果；混合型与吉尔里（Geary，1993）所指的数学困难类型中的记忆型数学困难相同，指学习者存在数学困难和阅读困难问题，学习者身上也可能至少存在两种障碍导致数学学习困难，因此，研究大多设计障碍领域。

杜玉祥、张奠宙（2003）对数学学习困难学生进行了分析研究，《数学差生问题研究》一书中，将其分为内因主导型（智力、非智力）和外因主导型两种类型，也对数学学习困难做了具体的界定，即首先排除5%左右的智力缺陷者，再以分数对学生进行排列，排除数学成绩在最后的20%。他们还指出，数学学习困难学生在学习过程中表现为学习兴趣不高、动机不足等心理问题和行为表现上。

2. 学习理论

布鲁纳认知结构学习理论认为，人的认识过程就是把新知识纳入知识结构的过程。一个知觉者不是被动的接受者，而是一个主动的探索者。记忆也不是固定的，而是动态的重建过程。在思维的帮助下，知觉者通过概念化过程将杂乱的知识归纳统合。认知结构有其具体的操作过程，即对外部事物的类型化和概括化，二者帮助人们构建一个有意义的世界。人们为了区别环境中的事物，必须从各种各样的种类中作以区分，找出它们的共同性，将它们按照类别统合在一起，并把它们看作一个种类，在思维的参与下对它们下一个定义。总之，布鲁纳把人看作是一个主动构造者，人们利用思维、问题解决策略等将外部世界类型化和概括化，从而帮助人们认识世界。认知结构对学生学习有重要作用，学生学习的过程也是完善知识结构的过程。学生不断地完善自己的数学知识结构，这与学生的智力水平、记忆、思维等能力有关，具有个体差异性。因此，帮助掌握数学的知识结构非常重要，数学概念的类型化和概括化有利于数学知识点的记忆，从而提高学生的数学学习能力。

奥苏贝尔有意义学习理论认为，有意义学习是人赋予学习内容心理意义的过程，是主动的、灵活的和有意义的。具体来说，建立非人为的联系是指新旧知识间的联系是合理的，为大家所一致理解的，不代表某个人的想法，具有互通性；建立实质性联系是指新学习的内容需要与旧知识结构中的内容存在一定的匹配，即学习的形式表征有所变化但代表的含义一致。但是某些学习内容存在一定局限性，不能进行有意义学习，它们无法与原有的知识结构建立任何形式的联系，比如无意义音节和配对形容词等内容只能进行机械学习，在项目之间建立联系是更好的选择。因此，有意义学习必须满足三个前提条件，即学习内容本身具备逻辑性、学习者本身具备一定的认知结构进行匹配、学习者发挥一定的心理作用。数学知识具有其逻辑性和结构性，可以进行有意义学习，学生需要建立实质联系加深理解与印象。此外，学习不是一蹴而就的，数学学习应该由易到难建立联系和学习，学生进行有意义学习更易于理解新知识，从而将新知识纳入自己的知识结构中并灵活应用。

布鲁姆掌握学习理论认为，认知结构对学生学习、掌握新内容有重要作用，具备一定的认知结构是掌握学习的必要前提。但是学生是具有差异性的，因而掌握学习主张在课前对学生进行诊断性评价，了解学生对知识结构的掌握性和深刻性，以辨别不同学生的知识理解程度，继而更好地制定教学计划和调整策略。布鲁姆认为，学生的情感因素也不可忽视，学生的学习成绩与其良好的心理、情感因素存在较高的相关，心理、情绪条件越好，学生的成绩也比较好，因此，要关注学生的内在情感因素对学生学习的隐性影响。布鲁姆认为，掌握学习是一个发展的过程，进行群体教学再以个别指导做补充。掌握学习的核心是反馈—矫正系统，主要包括四个步骤：课堂提问（个别、集体、口答、笔答）、阶段性测试（重点、难点）、个别性补救、形成性测试。通过对这四个步骤的监控，了解学生知识掌握程度，的到教学与学习结果的反馈，再对出现的问题进行调整或解决，达到教育结果的最优化和教育影响的最大化。"控制学习"和"合作学习"是掌握学习理论主要的教学方式，对学生的学习效果有重要现实意义。"控制学习"是布鲁姆针对关于学生学习天赋不同而提出的教学法，要求教师针对不同的学生需要给予不同的指导，类似因材施教的方法，帮助学生掌握课堂知识。"合作学习"是在课堂上进行小组学习，小组成员之间的知识掌握程度需要有差异，知识的差距使合作具有必要性，也激发学生们的合作学习动机，能通过小组学习填补知识漏洞，掌握更多的信息，提供相互交流的渠道并得到心理上的支持，每组5—6人为宜，小组成员间相互合作，共同达成学习目标。

## （二）执行功能理论基础

### 1. 神经功能心理学的执行功能理论

额叶前部与部分高级认知活动有关，比如记忆、思维、判断、推理等，王一牛等人（2004）的研究发现，前额叶皮层受损会产生某些情绪异常。执行功能包括额叶的有关功能，比如选择性注意、维持最佳工作记忆、问题解决、策略选择等认知功能。执行功能障碍是由于前额叶受损导致，表现在患者不能进行计划、自我调整、统筹安排等，更不能完成创新性、复杂性的任务和工作，情绪状态不稳定，甚至造成人格永久变异。临床上精神分裂症、阿尔茨海默症、帕金森等表现出执行功能均存在缺陷。

在一些相关研究中执行功能与前额叶皮层这两个词没有严格区分，有时会交替使用。彭宁顿（Pennington，1996）用"额叶隐喻"名词说明执行功能和额叶之间的关系，认为对执行功能的理解完全依靠额叶是不合适的。巴德利（Baddeley，1996）认为，执行功能有关神经心理学的研究证据很有意义，但执行功能不仅仅涉及前额叶皮层，额叶也不仅仅包括执行功能的加工任务，执行功能与前额叶皮层不是对应关系，还与其他脑区相关。

### 2. 系统功能理论的执行功能理论

抑制控制理论影响深远，认为执行功能就是个体对认知、行为、无关信息、干扰信息的抑制控制能力。至今有许多研究以抑制控制理论为基础对执行功能进行研究，具体是通过对个体抑制能力的测量考察其执行功能能力，常用于解释随年龄的变化，执行功能发生相应改变。在有关抑制功能实验的测量过程中，被试的表现比较容易出现错误，无法对实验内容进行正确反应，并且被试在规则改变的情况下还是按照原来的规则进行，表现出持续性的错误，无法对认知方式及时调整以适应新规则，总的来说，是以被试不能抑制自己的优势反应为判断标准评价被试的执行功能存在缺陷。在现实中表现为个体的抑制能力发展不完全，甚至发展为执行功能障碍。对个体的抑制功能进行研究来说明其执行功能的发展情况具有明显的局限性，因为执行功能包括更复杂的能力，不能明确细分执行功能的作用，而且这种研究方法存在经验主义，个体可以通过积累经验而取得好结果，研究方法不够完善。

巴德利（Baddeley，1974）提出工作记忆理论，包括三个子成分——语音环路、视觉空间模板、中央执行系统，后来巴德利（2000）又加入新的成分——情境缓冲区。巴德利认为，执行功能与中央执行功能所承担的认知功能是一致的，所以，在后来的一些研究中，执行功能没有独立区分出来进行研究，认为工作记忆包含执行功能，其通过对信息的储存、认知协调、信息处理等过程来促进问题的解决。工作记忆及中央执行功能是研究者备受关注的问题，有关研究层出不穷，近年来许多研究应用工作记忆的模型，在认知发展和学习困难领域广泛应用。

高级认知能力理论将前人的研究结论进一步区分和总结，认为执行功能包含的主要成分是工作记忆、抑制控制、认知灵活性，三者之间独立存在又相互联系。这肯定了工作记忆在执行功能中的重要作用，其主要表现在工作记忆容量的不同上；抑制控制是指个人抑制无关刺激和自动化反应趋势以实现任务目标的能力，干扰抑制和反应抑制是抑制控制的两个核心要素；认知灵活性指个体可以灵活调整自己的认知资源，对新出现的信息及时转变认知方式，同时使用主动性抑制控制干扰能力和处理新异信息能力，从而完成任务，这个理论在研究中占据一定地位。

认知复杂性理论认为执行功能是一个更具深刻性、层次性和复杂性的概念，应该独立来研究。执行功能旨在解决各种问题，其包含问题确定、计划、执行、评估四个过程，执行过程总体上包含意向形成和遵循规则，理论上认为，无论是执行功能概念还是执行过程都更加宏观和复杂。

**3. 执行功能的结构理论**

单维度功能结构属于传统认知心理学范畴，其简单认为执行功能无所不能，控制个体的所有认知活动，功能结构单一。巴德利（Baddeley）为进一步加深对执行功能的理解，认为其与监控注意系统类似，都包含协调有限的注意资源、抑制优势反应、策略选择和信息提取等方面。由于认为执行功能属于工作记忆，而且认为执行功能为一个单独整体，因此，对执行功能的测量通常采用工作记忆容量研究范式。对学习困难学生的研究，一般要求被试对信息进行存储和加工，测量灵活分配资源和加工容量，从而进行差异研究。

多维度功能结构是随着研究的深入，越来越多的研究者对执行功能进行探究，对执行功能的具体性质和工作过程进行分离，逐渐将执行功能看作是独立的认知过程，但因为执行功能内容的复杂性和多层次性，单维度功能结构不足以对执行功能的控制优势反应、注意资源的分配、信息重组与更新等多方面内容进行解释。由此，研究者提出多维度功能结构，对执行功能进行进一步探究。巴德利（Baddeley，1996）率先对执行功能的多维度进行研究，指出执行功能具有可分离性，具体包括协调、抑制、转换以及对长时记忆中信息的提取和保持。米亚可（Miyake，2000）通过三个部分进行研究，即心理定式转换通过数字—字母任务、局部—整体任务进行测量，监控和刷新功能通过轨迹保持任务、字母记忆任务、声音监控任务测量，对优势反应的抑制通过斯特鲁普（Stroop）任务、信号停止任务测量，通过潜变量分析的研究结果进一步证实了执行功能是多维度的功能结构，且执行功能具有可分离性，有三个子成分——抑制功能、刷新功能、转换功能。后续研究中科莉（Collette，2002）根据大量神经影像学的脑激活状态进行分析研究，为米亚可（Miyake）的执行功能可分离性提供了神经影响方面的有力证据，还进一步将执行功能分为四种子成分——抑制、刷新、转换和双任务协调。陈天勇、李德明（2005）通过对米亚可（Miyake，2000）的研究进行验证，通过对实验进行相关改进，分析执行功能三个子成分与年龄关系，进一步证明执行功能的可分离性以及其三个子成分的存在，执行功能可以分为独立的加工过程，总之，执行功能具有可分离性，这更加方便人们对执行功能的理解和探究，使研究结果更为细致。

# 第三节  研究设计

## 一、研究方法及假设

### （一）研究对象

1. 研究对象的筛选过程

本研究被试从高海拔地区某中学高一年级中选择，学生共计203人，所有学生均作为被筛选样本，具体过程如下：

（1）对所有学生的数学期中考试成绩由高到低进行排序，筛选出数学成绩排名最高（最低）的27%，约等于54.81，具体将研究人数确定分别为54人。

（2）由于数学成绩差距较大，为保证分数可靠性，区分数学考试分数在110分以上和70分以下的学生，分别为38和40人。

（3）由对学生熟悉的班主任和心理老师进行筛查，排除因明显感官缺陷和情绪障碍而导致数学学习困难问题的学生，根据筛查，不存在此类学生。

2. 研究对象的筛选结果

通过筛选分组，数学学习困难组：数学标准化测验（期中考试数学成绩）排名最低的27%且分数在70以下；无明显的感官缺陷和情绪障碍。共计38人，数学学习困难学生为实验组。

数学学习优秀组：数学标准化测验（期中考试数学成绩）排名最高的27%

且分数在110以上；无明显的感官缺陷和情绪障碍。共计40人，数学学习优秀学生为对照组。

表5-3-1　被试的描述统计（ $M \pm SD$ ）

| 组　　别 | 男生 | 女生 | 总计 | 年龄 | 数学成绩 |
|---|---|---|---|---|---|
| 优秀组 | 25 | 13 | 38 | 16.00 ± 0.42 | 118.76 ± 7.27 |
| 困难组 | 28 | 12 | 40 | 15.92 ± 0.91 | 61.78 ± 6.30 |

（二）研究假设

1. 数学学习困难学生和数学学习优秀学生在执行功能的刷新、抑制、转换各任务上反应时和正确率存在显著差异。

2. 数学学习成绩与执行功能存在一定联系。

（三）研究方法

1. 文献研究法

文献研究法即通过对以往研究著作、论文等相关研究文献进行总结，对以往研究资料进行搜集鉴别、总结分析，从而形成一定认识基础。通过查阅以往数学学习困难和执行功能的相关研究文献，分析和总结相关研究方法和结论，归纳研究进展和发展趋势，分析二者之间的关系。

2. 实验法

实验法即研究者通过创设某种情景或控制任务条件，根据研究目的要求被试的行为或激发被试的某种心理机制或状态以进行相关研究的方法。

（四）研究工具

1. 测量抑制功能的字色Stroop任务

美国心理学家斯特鲁普（Stroop）在1935年提出斯特鲁普（Stroop）效应，经典实验范式是被试对字义与字色不一致的图片进行判断，即对一致或不一致的词或符号颜色进行反应而忽略其词义，比如用黑色笔写的"红"。研究发现，被试判断字义与字色不一致时错误率更高，需要的时间也更长。

字色Stroop任务被认为是经典的抑制优势反应的任务，相隔一个月的重测信度为0.76。

2. 测量刷新功能的汉诺塔任务

汉诺塔由法国数学家爱德华·卢卡斯发明，由于完成汉诺塔需要数学思维的参与，以及对信息需要更新整合，被认为是测试刷新功能的有效工具之一，重测信度为0.74。

3. 测量转换功能的数字与字母连线任务

数字与字母转换任务是由罗杰斯（Rogers）等人在1995年提出的，数字与字母连线是测试转换功能的一种方法，本研究根据王恩国、刘昌在2007年使用的研究范式，采用纸笔测试方法对被试的转换功能进行测试，重测信度为0.82。

4. SPSS25.0数据统计与分析

实验数据采用SPSS25.0进行相关分析和回归分析等，比较数学学习困难学生和优秀学生在执行功能上的正确率、反应时差异，得到数学学习困难学生执行功能的具体特征。

（五）技术路线图

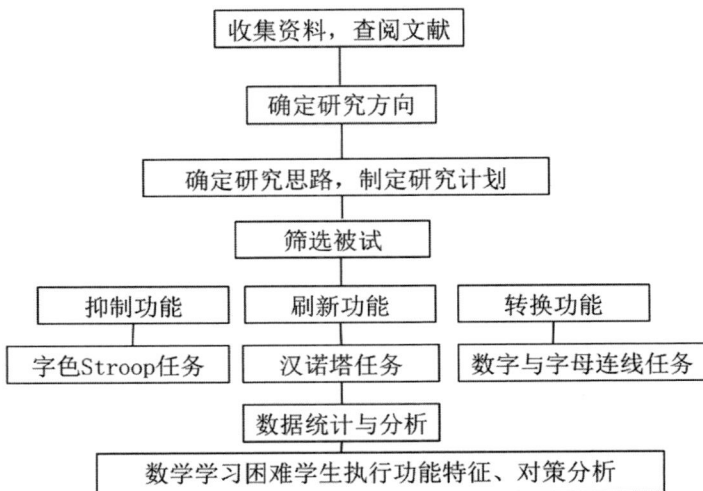

图5-3-1 技术路线图

## 二、研究设计

本研究被试分为数学学习困难组学生和数学学习优秀组学生，执行功能分为抑制功能、刷新功能、转换功能，数学学习困难学生为实验组，数学学习优秀学生为对照组，两组学生均参加对执行功能三个子功能的测试，进行字色Stroop任务、汉诺塔任务、数字与字母连线任务，记录三个任务的反应时和正确率。

### （一）抑制功能——字色Stroop任务的研究过程

本实验采用认知控制领域使用最为广泛的Stroop范式，使用E-prime2.0软件呈现刺激和记录行为数据。实验采用2×2两因素被试内设计，数学学习困难组和数学学习优秀组为组间变量，字义与字色一致（中性条件）和字义与字色不一致（冲突条件）为组内变量，因变量为字色按键的正确率和反应时。

指导语：本实验中设置了红、黄、绿、蓝四种颜色的色词，每种颜色对应的按键分别是其英文首字母缩写"r、y、g、b"：当字的颜色为红色时按"r"键，黄色按"y"键，绿色按"g"键，蓝色按"b"键。这些字在白色屏幕中央单个依次呈现，要求被试对字体颜色进行反应而不是字义。

研究程序：任务开始后，先呈现红色十字注视点（500ms），之后呈现字色刺激（时间不限），要求被试在字色刺激出现后开始按键反应，并尽可能做到快速和准确。实验共包含96个试次：16个字色刺激为一个block，循环6次，试次的顺序随机排列。在正式实验前，每个被试先进行8个试次的练习实验，可按"Q"键重复练习，直到被试熟悉了按键任务才可按"P"键进行正式实验。实验流程图如图5-3-2所示。

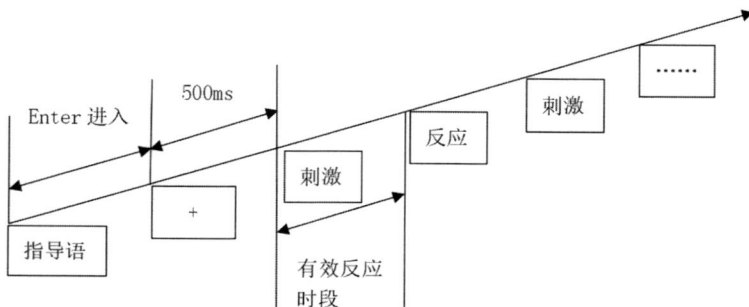

图5-3-2 字色Stroop任务流程图

（二）刷新功能——汉诺塔任务的研究过程

本研究在电脑上进行，采用三层汉诺塔任务，电脑自动呈现刺激，记录被试反应时和操作步数。研究开始前向被试阐明研究目的和操作方法，澄清歧义。

指导语：电脑上显示并排有三根相同的柱子，其中左边为起始柱，右边为目标柱，中间为过渡柱。在左边起始柱上有3个自上而下逐渐增大的圆盘构成塔状。要求将起始柱上的圆盘移动到右边目标柱上，并仍保持原来放置的大小顺序。

研究程序：本研究在计算机上进行，使用360浏览器进行汉诺塔任务，被试依次到讲桌前，被试单独坐在面对电脑的座椅上，首先记录被试的姓名和性别，然后在确定被试明白要求并掌握操作方法后，开始正式实验，操作过程中主试不给被试任何反馈信息，操作结束主试在纸上记录被试的反应时和操作步数，电脑操作界面如图5-3-3所示。

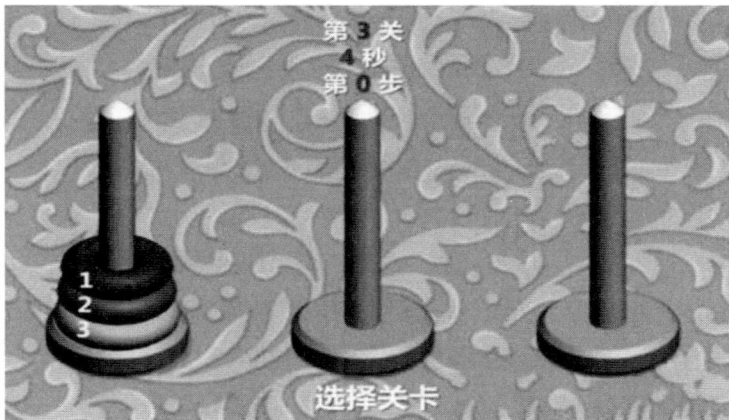

图5-3-3　汉诺塔三层任务

（三）转换功能——数字与字母连线任务的研究过程

本研究通过纸笔测试进行，采用数字与字母转换连线任务，实验材料：一张A4纸上，会有24个直径约为1厘米、形状相同的圆圈，一个圆圈中呈现一个字母或数字，没有规律散乱分布。

指导语：在这张纸上会呈现1-12、A-L这些数字和字母，它们没有规律散乱分布，需要按照1-A、2-B、3-C的形式把它们连接起来，由1开始，要求依次进行且准确连接。

研究程序：主试提前打印A4纸张数字与字母连线任务，为方便记录反应时，将被试区分为4人一个小组，依组进行；首先被试在测试上写上姓名，随后当主试说"开始"，被试开始连线，连线完成的被试举手示意，主试记录其连线反应时间，最后收集全部被试的测试单，记录正确率和反应时。

注意事项：任务开始前提醒被试本次实验是计时的，防止被试走神或停滞；被试开始连线前要明确起始位置，从起始1开始连接进行计时，如果被试从其他数字开始，则在计时不间断情况下指出错误重新开始；在连线过程中，如果被试自己发现连接错误随即更正或者对印刷等有异议，在记录时不算其错误；任务过程中防止被试间干扰，保持一定秩序。数字与字母连线任务如图5-3-4所示。

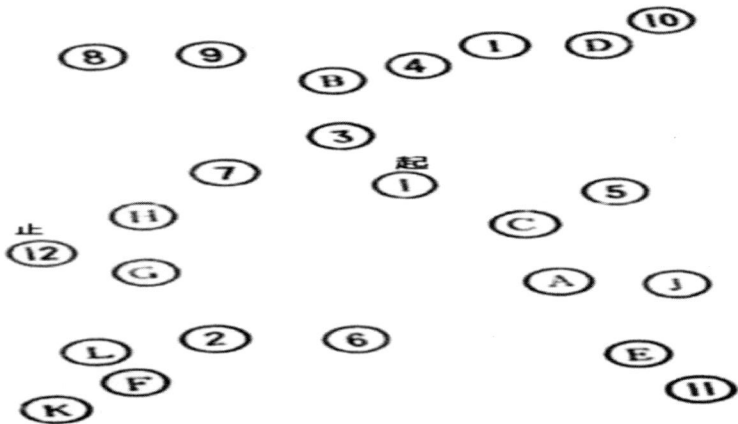

图5-3-4　数字与字母连线任务

## 三、研究结果

### （一）抑制功能的研究结果

#### 1. 抑制功能任务的描述统计结果

抑制功能由字色Stroop任务测验，共计96个试次，全部被试的反应时和正确率描述统计结果如表5-3-2所示。

表5-3-2　字色Stroop任务的反应时（s）和正确率的描述统计（n=78）

|  | 最小值 | 最大值 | 平均值 | 标准差 |
|---|---|---|---|---|
| 反应时 | 80 | 109 | 94.85 | 4.82 |
| 正确率 | 30 | 92 | 71.49 | 10.82 |

表5-3-2结果表明，在测量抑制功能的字色Stroop任务中，被试平均反应时为94.85s，反应时最长为109s，反应时最短为80s；被试平均正确率为71.49%，反应正确最多的92个，反应正确最少的30个。

2. 数学学习优秀组和数学学习困难组抑制功能任务反应时差异

为考查优秀组和困难组在字色Stroop任务上的反应时差异进行成对样本t检验，如表5-3-3所示。

表5-3-3　优秀组和困难组在字色Stroop任务上的反应时差异（s）（M±SD）

| 性别 | 优秀组（n = 38） | 困难组（n = 40） | 合　计 | t | P |
|---|---|---|---|---|---|
| 男 | 93.44 ± 4.39 | 99.39 ± 5.01 | 93.94 ± 4.71 | −3.277 | 0.002 |
| 女 | 92.00 ± 4.80 | 96.83 ± 8.33 | 92.40 ± 6.60 |  |  |
| 合计 | 92.95 ± 4.52 | 96.29 ± 4.05 |  |  |  |

表5-3-3结果表明，数学学习优秀学生在字色Stroop任务上反应时显著少于数学学习困难学生（$t=-3.277$，$P<0.01$）。

3. 数学学习优秀组和数学学习困难组抑制功能任务正确率差异

为考查优秀组和困难组在字色Stroop任务上的反应时差异进行成对样本t检验，如表5-3-4所示。

表5-3-4　优秀组和困难组在字色Stroop任务上的正确率差异（M±SD）

| 性别 | 优秀组（n = 38） | 困难组（n = 40） | 合　计 | t | P |
|---|---|---|---|---|---|
| 男 | 78.00 ± 6.42 | 63.71 ± 8.96 | 70.47 ± 11.03 | 8.352 | 0.000 |
| 女 | 79.70 ± 7.78 | 68.08 ± 9.97 | 73.64 ± 10.22 |  |  |
| 合计 | 78.29 ± 7.26 | 66.24 ± 9.23 |  |  |  |

表5-3-4表明，数学学习优秀组在字色Stroop任务上正确率显著高于数学学习困难组（$t=8.352$，$P<0.01$）。

**4. 数学学习优秀组和数学学习困难组抑制功能任务反应时和正确率的方差分析**

对字色Stroop实验中被试的反应时、正确率分别进行重复测量方差分析，性别（男；女）为组内因素，组别（数学学习优秀组；数学学习困难组）为组间因素，方差分析结果如表5-3-5、表5-3-6所示。

表5-3-5　两组被试字色Stroop任务反应时方差分析

| 变异来源 | 平方和 | 自由度 | 均方 | $F$ | $P$ |
|---|---|---|---|---|---|
| 性别 | 83.486 | 1 | 83.486 | 3.515 | 0.043 |
| 误差项 | 854.935 | 36 | 23.748 | | |
| 组别 | 0.911 | 1 | 0.911 | 0.032 | 0.032 |
| 组别 × 性别 | 10.121 | 1 | 10.121 | 0.358 | 0.553 |
| 误差 | 1016.615 | 36 | 28.239 | | |

表5-3-5表明，在反应时指标上，性别的主效应显著（$F=3.515$，$P<0.05$），表现在男生反应时长于女生反应时（$M_男=93.94>M_女=92.40$）；组别的主效应显著（$F=0.032$，$P<0.05$），表现在数学学习优秀组学生反应时显著少于数学学习困难组学生（$M_优=92.95<M_困=96.29$）；性别和组别的交互作用不显著（$F=0.358$，$P>0.05$）。

表5-3-6　两组被试字色Stroop任务正确率方差分析

| 变异来源 | 平方和 | 自由度 | 均方 | $F$ | $P$ |
|---|---|---|---|---|---|
| 性别 | 10.121 | 1 | 10.121 | 0.117 | 0.734 |
| 误差项 | 3104.615 | 36 | 86.239 | | |
| 组别 | 3371.817 | 1 | 3371.817 | 61.000 | 0.004 |
| 组别 × 性别 | 0.027 | 1 | 0.027 | 0.000 | 0.982 |
| 误差项 | 1989.920 | 36 | 55.276 | | |

表5-3-6表明，在正确率指标上，组别的主效应显著（$F = 61.000$，$P < 0.01$），表现在优秀组的字色Stroop任务正确率显著高于困难组（$M_{优} = 78.29 > M_{困} = 66.24$）；性别的主效应不显著（$F = 0.117$，$P > 0.05$）；性别和组别的交互作用不显著（$F = 0.000$，$P > 0.05$）。

5. 两组被试在中性条件和冲突条件下的反应时和正确率的差异

通过两种不同的任务，中性条件（判断字义与字体颜色一致）；冲突条件（判断字义与字体颜色不一致），各选取24个试次的反应时、正确率，进一步考察优秀组和困难组学生抑制功能的差异。

表5-3-7 优秀组和困难组字色Stroop中性条件和冲突条件的反应时（$s$）（$M \pm SD$）

| 任务条件 | 平均反应时 | 优秀组<br>（$n = 38$） | 困难组<br>（$n = 40$） | $t$ | $P$ |
|---|---|---|---|---|---|
| 中性条件 | 24.54 ± 3.42 | 21.68 ± 1.21 | 27.25 ± 4.50 | −13.675 | 0.000 |
| 冲突条件 | 34.60 ± 4.39 | 32.29 ± 3.33 | 36.80 ± 4.16 | −5.160 | 0.000 |

表5-3-7表明，在中性条件下，优秀组的反应时显著少于困难组（$t = -13.675$，$P < 0.01$）；在冲突条件下，优秀组的反应时显著少于困难组（$t = -5.160$，$P < 0.01$）。

表5-3-8 优秀组和困难组字色Stroop中性条件和冲突条件的正确率（$M \pm SD$）

| 任务条件 | 平均正确率 | 优秀组<br>（$n = 38$） | 困难组<br>（$n = 40$） | $t$ | $P$ |
|---|---|---|---|---|---|
| 中性条件 | 21.96 ± 2.40 | 23.82 ± 0.51 | 20.20 ± 2.14 | 11.087 | 0.000 |
| 冲突条件 | 17.32 ± 2.32 | 18.13 ± 2.43 | 16.55 ± 1.95 | 3.461 | 0.001 |

表5-3-8表明，在中性条件下，优秀组的正确率显著高于困难组（$t = 11.087$，$P < 0.01$）；在冲突条件下，优秀组的正确率也显著高于困难组（$t = 3.461$，$P < 0.01$）。

进一步对两组被试在中性条件和冲突条件反应时、正确率进行方差分析，任务（中性条件；冲突条件）作为组内因素，组别（数学学习优秀组；数学学习困难组）作为组间因素，方差分析结果如表5-3-9、表5-3-10所示。

表5-3-9　两组被试字色Stroop任务中性条件和冲突条件的反应时重复测量方差分析

| 变异来源 | 平方和 | 自由度 | 均方 | $F$ | $P$ |
|---|---|---|---|---|---|
| 任务 | 18200.758 | 1 | 18200.758 | 1048.955 | 0.000 |
| 误差项 | 555.242 | 32 | 17.351 | | |
| 组别 | 115700.485 | 1 | 115700.485 | 3006.391 | 0.000 |
| 误差项 | 1231.515 | 32 | 38.485 | | |
| 任务 × 组别 | 36069.121 | 1 | 36069.121 | 2157.894 | 0.060 |
| 误差项 | 534.879 | 32 | 16.715 | | |

表5-3-9结果显示，在反应时指标上，任务的主效应显著（$F = 1048.955$，$P < 0.01$），表明两种任务条件下反应时有显著差异，表现为中性条件下的反应时远低于冲突条件下的反应时（$M_{中性} = 24.54 < M_{冲突} = 34.60$）；组别的主效应显著（$F = 3006.391$，$P < 0.01$），表现为优秀组反应时低于困难组反应时（$M_{优} = 21.68 < M_{困} = 27.25$）；任务和组别的交互作用不显著（$F = 2157.894$，$P > 0.05$）。

表5-3-10　两组被试字色Stroop任务中性条件和冲突条件正确率重复测量方差分析

| 变异来源 | 平方和 | 自由度 | 均方 | $F$ | $P$ |
|---|---|---|---|---|---|
| 任务 | 29940.485 | 1 | 29940.485 | 1650.423 | 0.000 |
| 误差项 | 580.515 | 32 | 18.141 | | |
| 组别 | 173964.121 | 1 | 173964.121 | 5011.214 | 0.000 |
| 误差项 | 1110.879 | 32 | 34.715 | | |
| 任务 × 组别 | 23041.939 | 1 | 23041.939 | 1588.892 | 0.080 |
| 误差项 | 464.061 | 32 | 14.502 | | |

表5-3-10结果显示，在正确率指标上，任务的主效应显著（$F = 1650.423$，$P < 0.01$），表明两种任务条件下正确率有显著差异，表现为冲突条件下的正确率远低于中性条件下的正确率（$M_{冲突} = 17.32 < M_{中性} = 21.96$）；组别的主效应显著（$F = 5011.214$，$P < 0.01$），表现为优秀组正确率高于困难组正确率（$M_{优} = 23.82 > M_{困} = 20.20$）；任务和组别的交互作用不显著（$F = 1588.892$，$P > 0.05$）。

6. 两组被试抑制功能干扰效应的反应时和正确率的差异

字色Stroop任务的干扰效应是冲突条件下的反应时（正确率）与中性条件下的反应时（正确率）之差。优秀组和困难组的干扰效应反应时、正确率见表5-3-11。

表5-3-11　优秀组和困难组干扰效应的反应时（$s$）和正确率（$M \pm SD$）

| 组　别 | 反应时 | 正确率 |
|---|---|---|
| 优秀组 | 10.87 ± 3.65 | 5.74 ± 2.34 |
| 困难组 | 9.55 ± 3.23 | 4.08 ± 2.46 |

表5-3-11结果显示，在反应时指标上，优秀组干扰效应反应时高于困难组反应时（$M_{优} = 10.87 > M_{困} = 9.55$）；在正确率指标上，优秀组干扰效应正确率高于困难组（$M_{优} = 5.74 > M_{困} = 4.08$）。

进一步对优秀组和困难组干扰效应进行反应时、正确率方差分析，如表5-3-12所示。

表5-3-12　优秀组和困难组干扰效应的反应时方差分析

|  | 平方和 | 自由度 | 均方 | $F$ | $P$ |
|---|---|---|---|---|---|
| 组间 | 318.135 | 35 | 9.090 | 0.888 | 0.636 |
| 组内 | 378.550 | 37 | 10.231 | | |
| 总计 | 696.685 | 72 | | | |

表5-3-12结果显示，在干扰效应反应时指标上，优秀组和困难组之间反应时差异不显著（$F = 0.888$，$P > 0.05$）。

表5-3-13　优秀组和困难组干扰效应的正确率方差分析

|  | 平方和 | 自由度 | 均方 | $F$ | $P$ |
|---|---|---|---|---|---|
| 组间 | 298.877 | 35 | 8.539 | 2.025 | 0.018 |
| 组内 | 156.000 | 37 | 4.216 | | |
| 总计 | 454.877 | 72 | | | |

表5-3-13结果显示，在干扰效应正确率指标上，优秀组和困难组之间正确率差异显著（$F = 2.025$，$P < 0.05$），即优秀组的正确率显著高于困难组（$M_{优} = 5.74 > M_{困} = 4.08$）。

### 7. 两组被试任务过程中反应时、正确率变化差异

将字色Stroop任务共计96个试次，分为3个阶段，考查数学学习优秀组和数学学习困难组学生在任务过程中反应时、正确率的变化过程及差异。两组被试的反应时、正确率的统计如表5-3-14所示。

表5-3-14  优秀组和困难组3个阶段的反应时（$s$）（$M \pm SD$）

| 组　别 | 阶段1 | 阶段2 | 阶段3 | $F$ | $P$ |
|---|---|---|---|---|---|
| 优秀组 | 26.87 ± 2.40 | 30.87 ± 1.65 | 34.92 ± 3.04 | 104.966 | 0.000 |
| 困难组 | 27.68 ± 2.72 | 31.03 ± 1.80 | 38.15 ± 1.99 | 234.627 | 0.000 |

表5-3-15  优秀组字色Stroop任务3个阶段反应时事后检验

| | 阶段 | 阶段 | 平均值差值 | $P$ |
|---|---|---|---|---|
| 优秀组阶段反应时 | 1 | 2 | −4.000* | 0.000 |
| | | 3 | −8.053* | 0.000 |
| | 2 | 3 | −4.053* | 0.000 |

表5-3-16  困难组字色Stroop任务3个阶段反应时事后检验

| | 阶段 | 阶段 | 平均值差值 | $P$ |
|---|---|---|---|---|
| 困难组阶段反应时 | 1 | 2 | −3.350* | 0.000 |
| | | 3 | −10.475* | 0.000 |
| | 2 | 3 | −7.125* | 0.000 |

由表5-3-14结果可知，数学学习优秀组和数学学习困难组学生在3个阶段的反应时差异显著（$P < 0.01$），反应时逐渐变长。

表5-3-17  优秀组和困难组3个阶段的正确率（$M \pm SD$）

| 组　别 | 阶段1 | 阶段2 | 阶段3 | $F$ | $P$ |
|---|---|---|---|---|---|
| 优秀组 | 29.32 ± 1.47 | 26.24 ± 2.70 | 22.82 ± 4.15 | 45.191 | 0.000 |
| 困难组 | 25.83 ± 2.92 | 21.93 ± 3.79 | 17.15 ± 4.56 | 52.977 | 0.000 |

表5-3-18　优秀组字色Stroop任务3个阶段正确率事后检验

| | 阶段 | 阶段 | 平均值差值 | P |
|---|---|---|---|---|
| 优秀组阶段正确率 | 1 | 2 | 3.079* | 0.000 |
| | | 3 | 6.500* | 0.000 |
| | 2 | 3 | 3.421* | 0.000 |

表5-3-19　困难组字色Stroop任务3个阶段正确率事后检验

| | 阶段 | 阶段 | 平均值差值 | P |
|---|---|---|---|---|
| 困难组阶段正确率 | 1 | 2 | 3.900* | 0.000 |
| | | 3 | 8.675* | 0.000 |
| | 2 | 3 | 4.775* | 0.000 |

由表5-3-17可知，数学学习优秀组和数学学习困难组学生在3个阶段的正确率差异显著（$P < 0.01$），正确率逐渐降低。

（二）刷新功能的研究结果

1. 刷新功能任务的描述统计结果

刷新功能由汉诺塔三层任务测试，全部被试的反应时和操作次数的描述统计结果如表5-3-20所示。

表5-3-20　汉诺塔任务的反应时（s）和正确率的描述统计（$n = 78$）

| | 最小值 | 最大值 | 平均值 | 标准差 |
|---|---|---|---|---|
| 反应时 | 12 | 82 | 26.85 | 10.79 |
| 操作次数 | 7 | 22 | 9.65 | 3.90 |

表5-3-20结果表明，在汉诺塔三层任务中，全部被试的平均反应时为26.85s，反应时最长为82s，反应时最短为12s；被试平均操作次数为9.65，操作次数最多22次，反应正确最少7次。

2. 数学学习优秀组和数学学习困难组刷新功能反应时的差异

为考查优秀组和困难组在汉诺塔任务上的反应时差异进行成对样本t检

验，如表5-3-21所示。

表5-3-21　优秀组和困难组汉诺塔反应时（s）（M±SD）

| 性别 | 优秀组（n = 38） | 困难组（n = 40） | 合计 | t | P |
|---|---|---|---|---|---|
| 男 | 20.68 ± 4.94 | 35.46 ± 12.39 | 28.49 ± 12.11 | −6.306 | 0.000 |
| 女 | 20.85 ± 2.82 | 26.08 ± 7.56 | 23.36 ± 6.11 | | |
| 合计 | 20.74 ± 4.29 | 32.95 ± 12.13 | | | |

表5-3-21表明，数学学习优秀学生在汉诺塔任务上反应时显著少于数学学习困难学生（$t = -6.306$，$P < 0.01$）。

3. 数学学习优秀组和数学学习困难组刷新功能操作次数的差异

为考查优秀组和困难组在汉诺塔任务上的操作次数差异进行成对样本t检验，如表5-3-22所示。

表5-3-22　优秀组和困难组汉诺塔操作次数（M±SD）

| 性别 | 优秀组（n = 38） | 困难组（n = 40） | 合计 | t | P |
|---|---|---|---|---|---|
| 男 | 7.38 ± 0.79 | 12.68 ± 4.56 | 10.49 ± 4.35 | −4.444 | 0.000 |
| 女 | 8.04 ± 2.39 | 8.42 ± 2.31 | 7.88 ± 1.74 | | |
| 合计 | 7.82 ± 1.20 | 11.45 ± 4.55 | | | |

表5-3-22表明，数学学习优秀组在汉诺塔任务上操作次数显著低于数学学习困难组（$t = -4.444$，$P < 0.01$）。

4. 数学学习优秀组和数学学习困难组刷新功能反应时和操作次数的方差分析

对汉诺塔任务中被试的反应时、操作次数分别进行重复测量方差分析，性别（男；女）为组内因素，组别（优秀组；困难组）为组间因素，方差分析结果如表5-3-23所示。

表5-3-23 两组被试汉诺塔反应时方差分析

| 变异来源 | 平方和 | 自由度 | 均方 | $F$ | $P$ |
|---|---|---|---|---|---|
| 性别 | 112.641 | 1 | 112.641 | 1.200 | 0.281 |
| 误差项 | 3378.465 | 36 | 93.846 | | |
| 组别 | 2202.647 | 1 | 2202.647 | 31.611 | 0.000 |
| 组别 × 性别 | 127.699 | 1 | 127.699 | 1.833 | 0.184 |
| 误差项 | 2508.458 | 36 | 69.679 | | |

表5-3-23表明，在反应时指标上，组别的主效应显著（$F = 31.611$，$P < 0.01$），表明优秀组的反应时显著低于困难组（$M_优 = 20.74 < M_困 = 32.95$）；性别的主效应不显著（$F = 1.200$，$P > 0.05$）；性别和组别的交互作用不显著（$F = 1.833$，$P > 0.05$）。

表5-3-24 两组被试汉诺塔操作次数方差分析

| 变异来源 | 平方和 | 自由度 | 均方 | $F$ | $P$ |
|---|---|---|---|---|---|
| 性别 | 125.980 | 1 | 125.980 | 14.186 | 0.001 |
| 误差项 | 319.705 | 36 | 8.881 | | |
| 组别 | 152.058 | 1 | 152.058 | 13.791 | 0.001 |
| 组别 × 性别 | 72.480 | 1 | 72.480 | 6.573 | 0.051 |
| 误差项 | 396.942 | 36 | 11.026 | | |

表5-3-24结果显示，在操作次数指标上，性别的主效应显著（$F = 14.186$，$P < 0.01$），表现在男生的操作次数显著多于女生（$M_男 = 10.49 > M_女 = 7.88$）；组别的主效应显著，表现在优秀组的操作次数显著低于困难组的操作次数（$M_优 = 7.82 < M_困 = 11.45$）；性别和组别的交互作用不显著（$F = 6.573$，$P > 0.05$）。

（三）转换功能的研究结果

1. 转换功能任务的描述统计结果

转换功能由数字与字母连线任务测试，全部被试的反应时和正确率的描述统计结果如表5-3-25所示。

表5-3-25 数字与字母连线任务的反应时（s）和正确率的描述统计（n=78）

|  | 最小值 | 最大值 | 平均值 | 标准差 |
|---|---|---|---|---|
| 反应时 | 29 | 118 | 50.29 | 16.55 |
| 正确率 | 22 | 24 | 23.97 | 0.23 |

表5-3-25结果显示，在数字与字母连线任务中，全部被试的平均反应时为50.29s，反应时最长为118s，反应时最短为29s。

由于数字与字母连线任务数学学习优秀组和数学学习困难组的正确人数均高于98%，不具有统计显著性，在此不做分析，剔除数字与字母连线的正确率指标，此任务只分析反应时指标。

2. 数学学习优秀组和数学学习困难组转换功能反应时和正确率的差异

为了考查优秀组和困难组在数字与字母连线反应时任务上的差异进行成对样本t检验，如表5-3-26所示。

表5-3-26 优秀组和困难组数字与字母连线反应时（s）（$M \pm SD$）

| 性别 | 优秀组<br>（n = 38） | 困难组<br>（n = 40） | 合计 | t | P |
|---|---|---|---|---|---|
| 男 | 37.48 ± 6.73 | 63.04 ± 11.57 | 50.98 ± 16.01 | −7.729 | 0.000 |
| 女 | 40.77 ± 6.43 | 57.58 ± 22.21 | 48.84 ± 17.90 |  |  |
| 合计 | 38.61 ± 6.73 | 62.03 ± 15.59 |  |  |  |

表5-3-26结果显示，数学学习优秀学生在数字与字母连线任务上的反应时显著少于数学学习困难学生（$t = -7.729$，$P < 0.01$）。

3. 数学学习优秀组和数学学习困难组转换功能反应时的方差分析

对数字与字母连线任务中被试的反应时进行重复测量方差分析，性别（男；女）为组内因素，组别（优秀组；困难组）为组间因素，方差分析结果如表5-3-27所示。

表5-3-27　两组被试数字与字母连线反应时方差分析

| 变异来源 | 平方和 | 自由度 | 均方 | $F$ | $P$ |
|---|---|---|---|---|---|
| 性别 | 125.980 | 1 | 125.980 | 14.186 | 0.001 |
| 误差项 | 319.705 | 36 | 8.881 | | |
| 组别 | 8995.499 | 1 | 8995.499 | 50.492 | 0.000 |
| 组别 × 性别 | 40.973 | 1 | 40.973 | 0.230 | 0.634 |
| 误差项 | 6413.658 | 36 | 178.157 | | |

表5-3-27结果显示，在反应时指标上，性别的主效应显著（$F=14.186$，$P<0.01$），表现在女生的反应时显著低于男生（$M_女=48.84<M_男=50.98$）；组别的主效应显著（$F=50.492$，$P<0.01$），表现在优秀组的反应时显著低于困难组（$M_优=38.61<M_困=62.03$）；性别和组别的交互作用不显著（$F=0.230$，$P>0.05$）。

### （四）数学学习成绩与执行功能子成分的关系研究

#### 1. 数学学习成绩与执行功能子成分的相关关系

表5-3-28　数学成绩与执行功能的相关系数

| | 1 | 2 | 3 | 4 | 5 | 6 |
|---|---|---|---|---|---|---|
| 1.数学成绩 | 1 | | | | | |
| 2.字色 Stroop 反应时 | −0.38** | 1 | | | | |
| 3.字色 Stroop 正确率 | 0.63** | −0.11 | 1 | | | |
| 4.汉诺塔反应时 | −0.60** | 0.26* | −0.36** | 1 | | |
| 5.汉诺塔操作次数 | −0.45** | 0.38* | −0.28** | 0.58** | 1 | |
| 6.数字字母连线反应时 | −0.72** | 0.27* | −0.48** | 0.51** | 0.30** | 1 |

注：*代表$P<0.05$，**代表$P<0.01$；"1"代表数学成绩，"2"代表字色Stroop反应时，"3"代表字色Stroop正确率，"4"代表汉诺塔反应时，"5"代表汉诺塔操作次数，"6"代表数字字母连线反应时。

表5-3-28相关分析结果显示，执行功能与数学成绩存在显著相关关系，$r=-0.72\sim0.63$。具体关系如下：字色Stroop的反应时与数学成绩存在显著负

相关关系（$r = -0.38$，$P < 0.01$）；字色Stroop的正确率与数学成绩存在显著正相关关系（$r = 0.63$，$P < 0.01$）；汉诺塔反应时与数学成绩存在显著负相关关系（$r = -0.60$，$P < 0.01$）；汉诺塔操作步数与数学成绩存在显著负相关关系（$r = -0.45$，$P < 0.01$）；数字与字母连线反应时与数学成绩存在显著负相关关系（$r = -0.72$，$P < 0.01$）。

### 2. 执行功能子成分对数学学习成绩的预测作用

为考查执行功能及其子成分对数学成绩的预测作用，对字色Stroop、汉诺塔、数字与字母连线任务上的反应时、正确率进行回归分析，具体结果如下表。

表5-3-29　抑制功能反应时对数学成绩预测的回归分析

| 预测因素 | $B$ | $\beta$ | $t$ | $R^2$ | $P$ |
|---|---|---|---|---|---|
| （常量） | 307.514 | | 4.985 | | 0.000 |
| 字色 Stroop 反应时 | −2.298 | −0.376 | −3.538 | 0.141 | 0.001 |

表5-3-29结果显示，字色Stroop反应时对数学成绩的预测作用显著（$P < 0.01$），可以解释14%的数学成绩变异量。

表5-3-30　刷新功能反应时对数学成绩预测的回归分析

| 预测因素 | $B$ | $\beta$ | $t$ | $R^2$ | $P$ |
|---|---|---|---|---|---|
| （常量） | 133.253 | | 18.340 | | 0.000 |
| 汉诺塔反应时 | −1.628 | −0.596 | −6.479 | 0.356 | 0.000 |

表5-3-30结果显示，汉诺塔任务反应时对数学成绩的预测作用显著（$P < 0.01$），可以解释36%的数学成绩变异量。

表5-3-31　转换功能反应时对数学成绩预测的回归分析

| 预测因素 | $B$ | $\beta$ | $t$ | $R^2$ | $P$ |
|---|---|---|---|---|---|
| （常量） | 154.052 | | 20.575 | | 0.000 |
| 数字与字母连线反应时 | −1.283 | −0.721 | −9.065 | 0.520 | 0.000 |

表5-3-31结果显示，数字与字母连线任务的反应时对数学成绩的预测作用显著（$P < 0.01$），可以解释52%的数学成绩变异量。

表5-3-32 抑制功能正确率对数学成绩预测的回归分析

| 预测因素 | $B$ | $\beta$ | $t$ | $R^2$ | $P$ |
|---|---|---|---|---|---|
| （常量） | −32.619 | | −1.855 | | 0.006 |
| 字色 Stroop 正确率 | 1.709 | 0.627 | 7.025 | 0.394 | 0.000 |

表5-3-32结果显示，字色Stroop任务的正确率对数学成绩的预测作用显著（$P < 0.01$），可以解释39%的数学成绩变异量。

表5-3-33 刷新功能操作次数对数学成绩预测的回归分析

| 预测因素 | $B$ | $\beta$ | $t$ | $R^2$ | $P$ |
|---|---|---|---|---|---|
| （常量） | 122.492 | | 15.242 | | 0.000 |
| 汉诺塔操作次数 | −3.414 | −0.453 | −4.419 | 0.204 | 0.000 |

表5-3-33结果显示，汉诺塔任务的操作次数对数学成绩的预测作用显著（$P < 0.01$），可以解释20%的数学成绩变异量。

## 四、分析与讨论

### （一）数学学习困难组和优秀组执行功能的差异

本研究采用字色Stroop任务、汉诺塔任务和数字与字母连线任务分别测试执行功能的抑制、刷新和转换三个子成分，上述研究结果证实，数学学习困难组学生与优秀组学生在反应时和正确率上存在显著差异，数学学习困难学生表现出执行功能的不足，这与前人的研究结果一致，具体分析如下。

1. 数学学习困难学生的抑制功能

抑制功能通过经典字色Stroop任务进行探究，考查数学学习优秀学生和数学学习困难学生的差异。研究表明，在反应时指标上，数学学习困难组学生的反应时长于数学学习优秀组学生，通过成对样本t检验和方差分析，结果证实，组别差异显著，表明数学学习困难组学生的反应时显著长于优秀学生，正确率低于数学学习优秀组学生。通过成对样本t检验和方差分析，结果证实，组别差异显著。与数学学习优秀组相比，数学学习困难组学生在字色Stroop任务表现上反应又慢、正确率又低，总之，数学学习困难学生的抑制功能存在不足。

本研究进一步将字色Stroop任务分为中性条件下和冲突条件下两个任务进行分析，中性条件是对字义与字色一致情况下的判断，冲突条件是对字义与字色不一致情况下的判断，从任务反应时、正确率指标上发现，优秀组和困难组均在中性条件下的反应时小于在冲突条件下的反应时，在冲突条件下的正确率小于在中性条件下的正确率，这表明优秀组和困难组的Stroop效应显著。在Stroop效应中，由于干扰来源于外部刺激，从而出现对注意资源的竞争、对干扰刺激的自动化反应增加，造成在冲突条件下反应时间延长、正确率降低的现象，因此，需要说明的是，字色Stroop任务是对外源信息的抑制。

方差分析和t检验结果发现数学学习优秀组学生在完成字色Stroop任务的中性条件和冲突条件时速度又快，正确率又高。这似乎可以体现出数学学习困难学生的抑制功能特征，无论是在不需要抑制控制的中性条件中，还是在需要抑制控制的冲突条件中，都出现相同的结果，即数学学习困难学生的反应时间都比数学学习优秀学生的反应时间长，正确率较低，因此，可以说数学学习困难学生的信息加工速度比较慢，抑制外源信息干扰控制能力比较差。有研究表明，学习困难学生在抑制任务表现出比较多的简易化思维，这也是他们抑制任务的正确率低于数学学习优秀学生的原因之一。

对数学学习优秀组和数学学习困难组进行干扰效应分析，方差分析发现，在干扰效应反应时上，组别差异不显著，原因在于数学学习优秀学生和困难学生都受到干扰效应的影响，造成反应时都增加，但在正确率上，组别差异显著，证实优秀组的正确率高于困难组。这证实数学学习困难学生在抑制干扰效应上存在不足，抑制干扰能力对数学成绩有影响。字色Stroop任务考查的是对外部干扰的控制能力，干扰效应的正确率组别显著，说明了数学学习困难学生在中性刺激任务中和冲突刺激任务中，在抑制干扰刺激的能力上表现出比数学学习优秀学生弱，在完成抑制任务时不能从知觉和行为两个方面进行抑制控制，这就是数学学习困难学生在中性刺激和冲突刺激中正确率差别大的原因，可以说，数学学习困难学生在进行抑制优势反应和干扰刺激时存在困难。

总之，抑制功能在人们解决问题时可以帮助人们抑制自己的优势反应，在很大程度上可以克服自己错误的第一反应，也可以帮助人们排除无关信息的影响。数学学习困难学生对外源信息的干扰抑制存在困难，表明数学学习困难学生的抑制功能存在不足。

2. 数学学习困难学生的刷新功能

刷新功能通过汉诺塔任务进行探究，考查数学学习优秀学生和数学学习困难学生的差异。通过成对样本t检验和方差分析，结果证实了组别的差异显著，表现为数学学习优秀学生在汉诺塔的反应时上显著低于数学学习困难学生，数学学习优秀学生汉诺塔操作步数也显著少于数学学习困难学生，要说明的是汉诺塔操作次数越少越好。与数学学习优秀学生相比，数学学习困难学生在汉诺塔任务上反应时间较长，操作次数较多，思维表现不灵活，总之，数学学习困难学生的刷新功能存在不足。

刷新功能可以帮助人们组织和筛选信息，在解决问题的过程中面对大量信息，有效利用和组织信息，从而快速解决问题。刷新功能存在不足会影响信息处理的效率，数学学习困难学生在对信息的反应上、对行为的操作上均存在困难，因为他们不能对信息进行监控、编码和处理，因而工作记忆处理的信息具有滞后性，影响问题的解决。在汉诺塔任务进行的过程中发现，部分学生不能进行全局思考，对信息不进行组织，思维的协调能力较差，在挪动一个圆盘时，没有及时更新问题图示，造成反应时间比较长；注意力不易集中，重复确定任务规则，挪动圆盘过程中也存在较多学生因为操作不当而增加操作次数。这种刷新问题信息的困难会直接影响数学学习过程，在数学应用方式和计算过程中，都要求学生思维的灵活性，保证思维的流畅性，需要针对问题不断刷新问题图示，才能保证数学知识的学习和问题的解决，刷新功能的缺陷将直接导致学生听课效率、知识理解效率、计算速度等方面，从而影响学习效率。

总之，刷新功能对认知资源有要求，在刷新任务的要求下，数学学习困难学生无法对及时信息进行监控和更新，只能对新信息进行被动接受，随着短时间内认知工作容量的负荷增大，从而出现刷新功能下降，解决问题的时间较长，甚至出现困难，任务操作无法进行，影响问题解决。刷新功能对区别数学学习困难学生是一个敏感指标。

### 3. 数学学习困难学生的转换功能

转换功能通过数字与字母连线任务进行探究，考查数学学习优秀学生和数学学习困难学生的差异。通过成对样本 $t$ 检验和方差分析，结果证实组别的差异显著，表现在困难组学生的反应时显著长于优秀组学生。与数学学习优秀学生相比，两组学生间正确率不存在差异，但是，数学学习困难学生在数字与字母连线任务上反应时间差异较大，这说明任务难度区别不大时，部分学生仍表现出认知方式转换的不灵活，总之，数学学习困难学生的转换功能存在不足。

转换功能是面对不同信息的转换和对应过程，需要使用不同的心理认知资源，在解决新的和复杂问题时灵活完成认知操作，在处理新异信息过程中发挥重要作用，是思维灵活性的一种表现。在数字与字母连线任务中，当被试处于数字的认知模式时，无法与字母的认知模式进行匹配，完成数字与字母的对应需要在不同的认知模式下进行转换，而数学学习困难学生的转换能力不足，最终导致反应时间较长，反应时显著长于数学学习优秀的学生。

综上所述，本研究证实数学学习困难学生存在执行功能不足。学生在学习数学知识、解决数学问题过程中，需要同时依赖抑制、刷新和转换功能的参与，需要对问题进行表征识别、选择解题策略、分配认知资源等复杂能力，从而促进问题的解决。研究表明，数学学习困难学生在遇到复杂问题时，控制无关刺激的能力、刷新能力、转换能力均存在不足，这些问题对数学学习、思考问题等产生消极影响，在解决问题的过程中难以将注意力放在目标刺激上，不能有效协调认知资源，及时调整策略，灵活转变思考方式，合理分配认知资源，导致学习效率和解题效率较低，影响学习。

### （二）执行功能的性别差异

字色Stroop任务在反应时指标上，性别主效应显著，表现在男生的反应时长于女生的反应时，而在正确率指标上，性别的主效应不显著，男女生不存在明显正确率差异。这说明在正确率一定的情况下，女生比男生的用时要短，女生抑制无关刺激的能力优于男生。

汉诺塔任务在反应时指标上，性别的主效应不显著，在一定时间内男女生均能完成任务，而在正确率指标上，性别的主效应显著，表现在男生的操作次数显著多于女生。这说明女生在完成汉诺塔任务时，可以用更少的操作次数完成任务，女生的信息刷新能力、策略选择能力优于男生。

数字与字母连线任务在反应时指标上，性别的主效应显著，表现在女生的反应时显著低于男生；男女生均能正确完成任务。这说明在男女生均能达到任务目标的情况下，女生用时少于男生，女生的信息转换能力优于男生。

综上所述，执行功能存在性别差异，女生在抑制功能、刷新功能、转换功能的能力比男生好，具体表现为女生在任务的反应时上少于男生，正确率高于男生。

### （三）执行功能与数学成绩的关系探究

#### 1. 执行功能与数学成绩的相关关系

为进一步明确执行功能与数学学习成绩的内在关系，本研究通过相关分析方法，表明执行功能的抑制、刷新和转化子成分均与数学成绩存在相关关系，这证实了本研究的研究假设。

相关分析结果表明，执行功能子成分与数学成绩存在显著性相关关系。字色Stroop的反应时、汉诺塔反应时、汉诺塔操作步数、数字与字母连线反应时与数学成绩存在显著负相关关系；字色Stroop的正确率与数学成绩存在显著正相关关系。总之，执行功能记忆子成分处理信息的效率都对数学成绩产生重要影响，反应时间越短，思维或操作越敏捷，数学成绩就越好。

从执行功能与数学成绩的相关分析还可以看出，执行功能子成分之间存在相互影响，不同任务之间的相关关系显著，说明它们之间相互影响，共同完成任务。具体表现为字色Stroop反应时与汉诺塔反应时、汉诺塔操作次数、数字字母连线任务均存在显著性正相关关系，字色Stroop正确率与汉诺塔反应时、汉诺塔操作次数、数字字母连线反应时均存在显著性负相关关系。

在众多任务表现中，抑制功能表现突出，即抑制功能与刷新功能、转换功能均存在显著相关关系，影响刷新功能和转换功能各任务的成绩，由此体现出抑制功能是执行功能中重要的子成分。刷新功能和转换功能的实现都离不开抑制功能，抑制功能对刷新功能的影响主要表现在通过抑制和排除无关信息的影响，个体可以把注意力集中在有效信息和策略选择上，保证思维的流畅性；抑制功能对转换功能的影响主要表现在通过抑制优势反应，在解决新问题的时候减少错误反应，保证思维的灵活性。抑制能力存在不足又会对刷新功能和转换功能产生消极影响，从而对学生数学学习效率产生影响。另外，汉诺塔反应时与汉诺塔操作次数、数字字母连线反应时存在显著性正相关关系，汉诺塔操作次数与数字字母连线反应时存在显著性正相关关系，这说明刷新功能影响转换功能的成绩，刷新功能是及时更新信息，整合和协调认知资源的能力，如果刷新功能比较好，那么就对信息转换能力产生有利影响，帮助个体进行不同心理定式或认知资源的转换，更快、更准确完成任务，在数学学习和问题解决过程中，可以有效提取信息，灵活利用认知资源，转变问题图示，从而对数学成绩产生重要作用。

综上所述，执行功能与数学成绩存在显著性相关关系，且执行功能子成分之间存在显著相关关系，即抑制功能与刷新功能、转换功能之间存在显著相关关系，刷新功能与转换功能之间存在显著相关关系。

2. 执行功能对数学成绩的预测作用

为进一步明确执行功能子成分对数学成绩的预测作用，本研究通过对字色Stroop任务、汉诺塔任务、数字与字母连线任务的反应时、正确率等为预测变量对数学成绩进行回归分析，数据分析结果发现，抑制功能、刷新功能和转换功能对数学成绩有不同程度的预测作用。

抑制功能对数学成绩有显著预测作用，字色Stroop任务的反应时、正确率分别可以解释14%、39%的数学成绩变异量。抑制功能侧重考查被试对干扰刺激的主动性控制，尤其是自己的优势反应。在数学问题解决过程中，抑制功能发挥重要作用，可以短时间内提取自己需要的信息，控制无关或干扰信息进入工作记忆予以反映，从而减轻认知压力。抑制功能对数学成绩的影响作用是基础的，主要是为刷新功能和转换功能的实现奠定基础，进行第一步筛选信息，为后面处理信息和解决问题排除无关干扰，保证认知内容准确和操作流畅。抑制干扰信息在数学问题解决中发挥重要作用，帮助学生对已知信息进行重点提取，优秀学生可以对题目中有利于问题解决的已知条件提取速度较快，正确率也较高，充分发挥主动性控制干扰能力，因而问题解决效率也较高。

刷新功能对数学成绩有显著预测作用，三层汉诺塔任务的反应时、操作次数分别可以解释36%、20%的数学成绩变异量。刷新功能对数学成绩的影响原因可能是数学问题的解决依靠刷新功能，刷新功能时根据问题的变化不断刷新正在工作的认知内容，是排除无关信息，重新组织信息的过程，然后从大脑提取有效提取和组织有关信息解决问题。学生在解决数学问题时需要刷新功能的参与和引导，面对灵活变化的数学知识变式，学生需要从认知结构中重新组织信息，对新信息进行加工，形成解决问题的新图示，最终学生在解题过程中积累的新经验也会纳入知识结构，不断扩充知识结构，数学知识与问题具有很大灵活性，刷新功能对学生学习数学具有重要作用，刷新功能的有效利用会促进学生学习数学，提高学习效率。

转换功能对数学成绩有显著预测作用，数字与字母连线任务的反应时对数学成绩的预测作用显著，可以解释52%的数学成绩变异量，原因在于数学学习与问题解决需要多种认知资源的参与。转换功能是一种内源性的注意转换机制，不是视觉或空间上的认知转换。当一项任务需要对两种内在认知资源进行频繁转换才能解决时，转换控制功能的效率直接影响问题解决效率。数学学习困难学生在执行转换功能的认知操作时，不能克服第一种认知操作模式，或者认知操作转换过程比较慢，从而表现出转换功能的不足。数学学习离不开转换功能，数学本身是一个复杂的认知过程，具有其独特的逻辑性和严谨性，转换能力存在不足必然影响数学学习。为了更快速和准确地解决数学问题，学生必然根据问题图示以及解决图示之间进行灵活转换，需要协调不同的认知资源，分析多种数学逻辑，选择不同的问题解决策略，这些都需要转换功能的参与。

综上所述，执行功能的抑制、刷新、转换子成分都对数学成绩有不同程度的影响作用，都在学生学习和数学问题结局过程中发挥重要作用，因此，决不能说明单独的抑制、刷新、转换功能对学生数学成绩的决定性作用，因为抑制功能与刷新功能、转换功能存在相关关系，即抑制功能、刷新功能和转换功能对数学成绩均有不同程度的贡献，不能割裂三个子成分对学生学习的影响作用。

## 五、结论与建议

### （一）结论与建议

#### 1. 结论

（1）数学学习困难学生的抑制功能存在不足，字色Stroop任务的总体反应时显著长于、正确率显著低于数学学习优秀学生；在中性条件和冲突条件下，数学学习困难学生的反应时显著长于、正确率显著低于数学学习优秀学生；困难组干扰效应的正确率显著低于优秀组。

（2）数学学习困难学生的刷新功能存在不足，汉诺塔任务的反应时显著长于、操作次数显著多于数学学习优秀学生。

（3）数学学习困难学生的转换功能存在不足，数字与字母连线任务的反应时显著长于数学学习优秀学生。

（4）性别在执行功能上存在显著差异。

（5）执行功能与数学成绩存在显著相关关系。

（6）执行功能子成分之间存在显著相关关系，即抑制功能与刷新功能、转换功能之间、刷新功能与转换功能之间存在显著相关关系。

（7）执行功能对学生数学成绩有显著预测作用。

#### 2. 建议

高中阶段是人生的紧要关头，也是关键转折点。数学学习困难问题对学生学业的发展至关重要，受外部和内部因素共同影响，唯有调控好外部因素和内部因素，做好教育、疏导、转化等工作，需要对那些存在困难的学生给予帮助，使他们达到合适的目标，完成学业。

（1）正确认识和帮助数学学习困难学生

本研究证实数学学习困难学生在执行功能水平方面显著低于数学学习优秀的学生，且执行功能对学生数成学学习成绩有重要影响。这三种功能对学生的学习有重要作用，是学习过程中基本的认知资源，执行功能存在不足和低效将直接对数学学习效率产生消极影响，但是执行功能的不足还需要从更多方面给予支持。

　　抑制功能、刷新功能和转换功能的任务反应时和正确率在一定程度上可以用来区别数学学习困难学生和优秀学生，三种功能在任务表现上越差，越容易出现数学学习困难问题，因此，可以考虑尽早对全体学生进行筛查和干预。如果有的学生表现出在他们的抑制优势反应和干扰刺激不足、信息刷新能力不足和心理定式转换能力不足，就需要老师更多的引导，尊重学生的个性差异，需要从外部因素给学生以帮助，激发学生内在动机和信心。面对刚进入高中学习且执行功能存在不足的学生，要注意科学的教育观念，克服歧视和偏见认知，平等地看待每一位学生，要体谅学生存在困难的困窘和无助，教学过程中要降低起点，遵循学生的认知发展特点，注重基础知识的理解和掌握，建立数学知识的运用逻辑，从而提高他们的学习效率。

　　数学知识结构的建立是一个长期的过程，需要学生保证数学知识内容的连贯性。学习策略会直接影响学习效率，高中数学内容明显更多和难度明显增加，对逻辑思维能力的要求也逐渐增加，需要保持连贯性和流畅性，与初中学习策略要明显不同，解题不再能够生搬硬套，要及时转变和优化课堂笔记策略、课后复习策略以及解题策略等，优化自己数学思维的严密性、解题的灵活性和多样性上的程度和效率，形成良好的抑制无关信息、及时更新和组织信息、转换认知图示的习惯，掌握良好的学习方法，合适的学习策略可以保证学生知识的连贯性和深刻性，提高数学学习效率和成绩。

　　（2）提高学生抑制控制干扰信息能力

　　对干扰信息的抑制控制能力对学生问题解决有重要作用，尤其是在数学问题解决过程中，更需要筛选自己所需的信息。在抑制功能任务中，数学学习困难学生表现出反应时间长，正确率低，抗干扰能力较差，因此在数学学习与教育过程中要注重对学生抑制控制能力的提高，训练其抗干扰能力，准备充足且变式较多的例题，帮助学生对干扰信息进行判断，加深学生对知识的理解，张弛有度，教学过程中要多复述，加深数学学习困难学生对知识的记忆度和深刻度，从而在灵活多变的题目中有较强的对干扰信息的抑制能力。

　　提高学生的专注力也同样需要重视，专注力可以帮助学生的心理活动指向某一具体任务，高度紧张、睡眠不足、任务时间长等原因可能影响学生抑制控制能力，研究结果也证实，学生在字色Stroop任务的后半阶段时学生的专注力明显下降，造成反应时和正确率的效率明显下降，这可能是由于学生出现了疲劳效应，任务时间和内容较长导致的学生专注力的下降，因此，提高学生抑制控制能力要关注任务难度、合理安排学习时长、注重休息，劳逸结合才能有一个良好的状态对问题进行高效反应。

（3）提高学生信息更新与组织能力

本研究发现，数学学习困难学生在刷新功能任务中的反应时较长，操作此次较多才能完成任务，这说明数学学习困难学生在问题解决的能力和策略的选择上出现问题，导致问题解决效率不高。培养学生的问题分析能力、掌握问题解决策略可以提高学生学习和问题解决效率，首先要让学生明确数学问题解决的基本概念、原理和应用规律，明确各种原理和方法的适用条件，提高学生问题分析能力。在数学学习和教育过程中要注重对学生刷新能力的提高，进行刷新能力的训练，在课堂呈现尽可能的信息，尽可能多角度要求学生对信息进行组织和更新，适当进行开放性和新颖性题型，提高其信息组织的能力，维持其解决问题的注意力，从而提高他们的数学逻辑能力。

在前期教学过程中可以让老师发挥引导作用，学生主动探索，帮助学生掌握多种问题解决策略，帮助学生建立高效的问题解决策略，训练方法通常包括试误法、逆推法、图示化等，试误法是让学生不断地进行尝试，不断调整和改变问题解决过程中的错误，最终找到问题解决的最优化方法；逆推法是从后往前推理的过程，从目标出发到问题原始状态，通过不断尝试获得问题解决的方法；图示化策略是让学生立体地看待问题，将问题具体化，通常借助线段、图表等工具解决问题，也可亲身实践找到问题解决的方法，掌握适当的问题解决策略有利于提高学生的信息组织能力和问题解决效率，提高学生数学学习和问题解决效率。

（4）提高学生认知资源分配与转换能力

转换功能的数学与字母连线任务发现数学学习困难学生在两种认知资源之间进行转换的能力不足，反应时较长，因此，需要提高学生的认知资源分配与转换能力，需要提高其思维灵活性。转换任务对学生的思维灵活性要求较高，思维灵活性可以帮助学生根据信息的变化及时更新认识并做出相应的反应，在个体面对不同的任务时，不墨守成规，灵活转变认知方式以应对新的要求。

在数学学习和教育过程中要注重对学生思维转换能力的提高，可以准备丰富、灵活的例题，为学生提供多种机会，锻炼其知识转换与对应能力，提高学生思维转换能力，提高学生数学逻辑思维能力，多角度灵活思考问题来锻炼他们的认知灵活性，也为他们更深入学习数学提供良好的认知准备，提高他们数学学习思维的逻辑性和灵活性。丰富问题情境和表征方式也可以加强学生对数学结构的认知程度、理解方式及提取速度，提高他们对知识的认知转换速度，帮助学生应对各种数学问题变式，灵活应对。

（5）对数学学习困难学生进行执行功能干预

执行功能是可分离的，因此，对数学学习困难学生执行功能的干预需从抑制、刷新、转换三个子功能的干预开始，学生执行功能的改善将提高其有效学习效率。

抑制功能是对任务过程中无关刺激或干扰刺激的控制和抑制，表现为对自己优势反应或自动化反应的控制和抑制，使注意力集中在任务的解决中，保证任务顺利完成。抑制功能的研究或干预一般采用Stroop任务、停止信号任务、Go/No-go任务等范式。刷新功能是对正在进行的信息及时组织和更新，不断调整认知资源以匹配当前的任务，从而促进问题的解决。转换功能的干预是加强个体对不同认知资源进行转换的能力，加强其认知灵活性。除本研究"数字—字母"转换任务外，还通过"大小—奇偶"转换等任务对被试的转换功能进行训练和干预。执行功能的干预通常持续5—6周，根据任务和实践条件的不同，进行每天15—60分钟的干预训练时间不等，通过执行功能训练可以有效提高学生的执行功能水平，从而缩小差距，为数学学习困难学生提供良好的内在认知条件。

执行功能具有可塑性，表明通过执行功能训练或干预从多方位对数学学习困难学生提供支持，这启示我们，在教育过程中要改变教育策略，学习过程不仅仅是题海战术、死记硬背，要从根本的认知方式上对数学学习困难学生进行干预训练，提高他们执行功能在相关任务中的成绩表现，改善他们的执行功能条件，提高他们的认知能力，从而提高学习效率。除此之外，家长和教师应该重视执行功能的作用，在日常生活和教学中通过有意识的执行功能训练活动提高学生的认知能力，通过提高学生学习过程中的认知加工能力，学习效率便会有效提高。

（6）营造良好的学习环境

高中生正处于青春期，青春期心理具有闭锁性、不平衡性、独立性等特征，同时还会出现厌学、自卑、急躁等不良心理特征，心理十分敏感，这些问题在不同程度上会影响学生的学习生活，从而影响学习效率，同时在应试教育的高压下，以及部分家长的专制教育方式、部分教师不当的教育方式都会影响学生学习。数学学习过程受多因素影响，既需要认知因素的深度参与，又受非认知因素的影响。因此，数学学习作为基础的必修课程，既需要数学思维的训练，也需要从心理方面给学生以动力和信心，提高学生数学学习的自我效能感。

学生是学习的主体，其努力学习的心向是影响学习效果如何的直接因素，要改变部分学生数学学习困难的问题，必须要从激发他们的主观能动性开始，激发内在驱动力。部分数学学习困难学生由于长时间在数学学习过程中得不到成就感，容易造成低自我效能感的心理状态，对学习的过程和效果都产生了消极影响。因此，解决他们存在数学学习困难的基本点是培养其良好的心理动力，主动学习，善于思考，对知识要有"求甚解"的学习态度，还要更新自己的数学学习思维，在实践中锻炼自己的逻辑思维，认真归纳总结，努力克服数学学科的学习难点，最终熟练掌握知识点并能灵活运用。

综上所述，通过本研究明确了部分学生由于在执行功能上存在不足，从而导致他们在数学学习上出现问题，因此，从教师和学生方面提出可行性的对策，以及在其他可能影响学生学习成绩的因素方面提出建议，以此来克服高中数学学习困难的困境，提高学习效率与效果。

## （二）研究不足与展望

### 1. 研究不足

（1）研究工具不足

本研究的研究方法较简单且研究范式较为单一，研究结果虽然体现出了执行功能的差异，但是不同被试间的差异和分析不够细致。

（2）研究被试不足

本研究被试样本量比较少且不具备代表性，没有从多种学校、多种层次等方面选取被试，研究被试和结果不能代表全体高中阶段学生的情况。

（3）研究内容不足

本研究由于仪器、设备、时间等各种因素的限制，只收集了关于执行功能的刷新、抑制、转换子成分数据的收集，没有在脑机制、生理层面等进行更细致的研究，为相关研究提供更多证据。

2．研究展望

（1）在未来的研究中，可以从多个层次的学校选取被试，增加被试的差异性，使研究被试更具多样性，对学生的区分更加细致，丰富研究成果。

（2）在未来的研究中，可以使研究工具更加多样化，增强研究工具的趣味性和专业性，采用不同的研究范式，增加对学生的问卷调查研究，使研究视角更加多方位，研究结果更显著。

（3）在未来的研究中，可以对数学学习困难学生进行执行功能干预，考察执行功能干预的有效性和可行性，分析是否执行功能提升对数学学习成绩有显著影响，需要进一步进行干预研究，是研究更具有实践意义。

（4）在今后的研究中，可以从脑机制方面对各种类型学习困难学生进行研究，开发出新的研究范式，在神经心理学和脑成像技术方面提供更多的证据。

# 第六章　高海拔地区
# 学生认知策略的眼动分析

## 第一节　学习策略

学习策略对学业成绩的影响比自我效能感、动机水平和学业情绪的影响更明显。1956年，当布鲁纳在学习人工概念的过程中，初步研究了认知策略的概念，这时出现了"学习策略"一词。随着认知策略和认知心理学的兴起和快速发展，出现了不涉及特定学科知识的一般策略，如记忆策略，组织策略和完成策略。

学习策略作为衡量个体学习能力的重要指标，较之学业成绩、动机水平、自我效能感、学业情绪等对学习成绩的影响更为重要。学习策略在促进学生自主学习上也具有重要的作用（卡里姆，2011）。国内外很多学者从提出这个概念开始，把学习策略的研究渗透到了学习的各个阶段、不同领域以及各个角度。从学习策略的类型维度划分，到学习策略特点的区分，再到学习策略量表的编制，以及学习策略在实际学习应用中的研究，逐步形成了一系列的框架模型及理论，为学习策略怎样更好地被学生运用及怎样开展相应的教学工作提供了非常丰富的参考资源。

目前学习策略的研究由理论型研究和通用学习策略的研究逐渐转向了具体学科的学习策略研究，针对不同学龄阶段、不同类型的学生在阅读、数学、物理、英语等具体学科的学习策略应用进行研究。学习策略研究领域的变化反映了学习策略研究从探讨学生学习策略的基础研究领域已逐步发展到运用研究领域。

## 一、研究目的及意义

### （一）研究目的

教学主要以培养学生的个人能力，提高学生的智力发展为首要目标。在提高学生自身能力的过程中，学习是学生阶段的最佳锻炼方式，我们认为良好的学习策略可以为学生提供更加完善的学习效率。

### （二）研究意义

#### 1. 理论意义

探讨英语学习策略在英语阅读过程中的应用，以进一步完善英语学习策略的理论研究。结合眼动技术，研究将英语学习的过程尤其是具体解题过程进行信息流程的划分，研究学习者在解决英语问题时学习策略的运用，为认知信息处理理论的观点提供积极的参考。

#### 2. 实践意义

从认知角度出发，可以为英语学习策略的后续研究起到一定的作用，使更多结合心理学、教育学和语言学等多学科共同探讨一类问题的相关研究得到较好关注。

## 二、研究假设

假设包括：

第一，眼动技术可以有效地找出学习策略掌握水平较低的学生在解答阅读题时存在的问题。

第二，学习策略掌握水平较低的学生在解答阅读试题时的眼动指标，与水平较高的学生存在显著差异。

第三，学习策略掌握水平较低的学生阅读过程中眼球运动存在问题。

第四，学习策略掌握水平较低与较高的学生在记忆策略、认知策略等六个英语学习策略的得分以及问卷的总得分上存在差异，其中元认知策略的差异最明显。

第五，学习策略掌握水平较低的学生的眼动问题的确会影响其解答英语阅读试题的效率。

# 第二节　基本理论

## 一、核心概念界定

### （一）学习策略的界定

#### 1. 学习策略

学习策略的定义是基于学生的具体学习情境，学生积极合理地运用学习方法和技巧、学习材料、学习规则、自我和任务特征，来提高学习的质量和效率，为了实现学习目标或完成学习任务而制定的一套有明确和隐含意义的规则系统。

### （二）学习策略的类型和特征

#### 1. 学习策略的分类

蒋景川和刘华山（2004）修订了"中学生学习策略量表"，认为学习策略包括三个维度，即浅层策略，深度处理策略和元认知策略。而北京师范大学发展心理研究所的研究者编制学习策略量表时认为，学习策略包括四个方面：元认知策略、认知策略、动机策略和社会策略等。

#### 2. 英语阅读中学习策略的界定

英语阅读中学习策略是指学生在英语学习过程中，采用一般的方法或者具体的活动、技术、行为或行动后，学习者的许多方面，如认知、元认知、社会或情感发生了改变，而且这些改变能够使其在英语学习上具有一套直接或间接帮助实现学习目标或完成学习任务的学习系统。

## 二、基本理论

### （一）认知信息加工理论

在20世纪，著名的美国教育心理学家加涅认为，学习的本质是信息的处理，从而提出了学习的信息处理模型（如图6-2-1所示）。

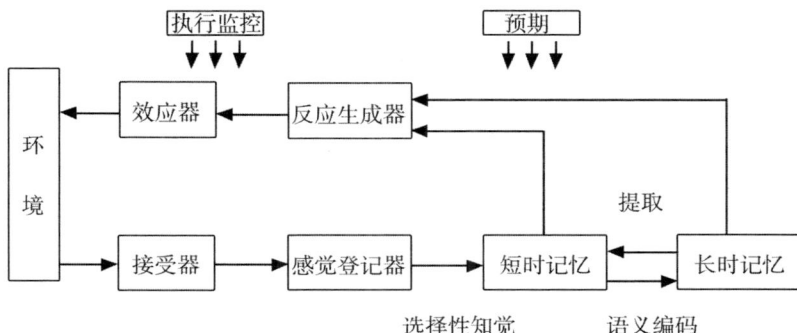

图6-2-1　学习的信息加工模型

## （二）眼动技术

目前，眼动技术的研究分析主要指标包括两个部分，这两个部分分别涉及眼睛移动的空间维度和眼睛移动的时间维度，即眼跳和注视。

## （三）眼动数据指标

注视次数（Fixation Count），指被试平均解答完一道题目所用的注视次数，反映了被试对这道题的理解加工情况。一般来看注视次数越多表明对题目信息的获取越充足，但注视次数过多则表明对题目信息的获取存在障碍。注视次数过少则表明对题目信息的获取不够充足。

注视时间（Fixation Duration），指被试平均每次注视的时长，反映了被试对题目信息的加工处理情况。一般认为注视时间越长表明对信息的加工理解越充分，但注视时间过长则表明对信息加工理解存在困难。注视时间过短一般认为对信息加工不充分。

眼跳次数（Saccade Count），反映被试进行问题解决时认知加工的效率。眼跳次数与注视次数相辅相成。一般认为眼跳次数越多信息的获取和不同信息之间的比较越充分，但眼跳次数过多则认为不能有效区分信息之间的关联。眼跳次数过少则认为对问题信息获取不充足。

眼跳距离（Amplitude），指的是连续的两个注视点之间平均的距离，反映了被试的知觉广度以及信息加工的效率。眼跳距离长一方面认为被试知觉广度大，另一方面认为被试可以有效比较相对距离较长信息之间的关联。眼跳距离过长则表明被试阅读信息不充分，或不能认真仔细阅读信息。眼跳距离短可以解释为被试知觉广度较小，也可以认为被试阅读信息相对仔细认真。

眼跳时间（Saccade Duration），反映被试进行问题解决时的加工难易程度。眼跳时间长可以解释为被试对信息加工较充分，也可以反映信息加工难度较高。一般来说眼跳时间会随着眼跳距离的增加而增长，眼跳时间过程则认为对信息加工相对困难。

兴趣区眼动指标：第一次注视时间（First Fixation Duration），指被试第一次从进入到第一次离开该兴趣区所持续注视时间。相对来说，第一次注视时间越长表明被试对该兴趣区的第一次阅读时信息加工越充分。回视（Revisits），指被试再次注视该兴趣区的次数。一般反映被试对该兴趣区信息的重新加工或比较，回视次数越多一方面反应该兴趣区信息的重要性，需要反复比较其他信息与该兴趣区的关系；另一方面反映对该兴趣区信息加工难度较高需要反复加工。注视次数（Fixation Count），指被试注视该兴趣区的总次数。总注视时间（Fixation Time），指被试对该兴趣区的总注视时间。注视次数和总注视时间的多少或长短反映了被试对该兴趣区的信息加工程度，次数越多时间越长则对信息的加工越充分，但次数相对过多或时间过长则表明被试对该兴趣区信息加工遇到阻碍。平均注视时间（Average Fixation），指被试在该兴趣区内每次注视的平均时间。一般认为注视时间越长表明对信息的加工理解越充分，但注视时间过长则表明对信息加工理解存在困难。注视时间过短一般认为对信息加工不充分。

着重探讨学习过程中信息处理和加工的差异，而学习策略在个体学习的每个环节中都发挥着不可替代的作用。通过眼动技术可以直接得到学习者对于学习材料的认知数据，从而能更加客观地反映出不同学习策略水平学习者之间的阅读差异。

## （四）学习策略相关理论

### 1. 元认知和联结理论

该理论的核心是在学习过程中发现策略有两种主要机制：联结机制和元认知机制。

## 2. 元认知策略

元认知策略主要包含计划策略、监控策略和评价策略三个部分。奥马利与夏莫（O'Malley & Chamot，2001）指出，元认知策略的含义是学习者在学习过程中对具体的学习内容进行计划安排，对要完成的学习任务进行监控，对取得的学习成果进行评价。

## （五）学习策略的研究现状

### 1. 国外的研究现状

国外的学者主要是从两个方面对学习策略进行研究的，这两个方面详细地考察了学习策略的有效性。第一个方面是共性问题，究竟优秀的学习者所具有的学习策略是哪些；第二个方面，是通过数据可视化的方式对优秀学习者所拥有的好的学习策略的实用性进行探索。

### 2. 国内的研究现状

秦晓晴采用随机抽样的方式对两所高校的研究生英语学习者进行调查，结果表明，学习策略与学习者的学习成绩并没有显著的关系。出现这一结果的主要原因在于研究生阶段的学习者已经内化了英语学习规则，他们所面临的任务是如何进一步发展在真实语言环境中的英语接受能力和表达能力。

刘津开（2002）讨论了第二语言习得中学习策略的转移；邹申（2006）的研究探讨了英语考试的科学属性；张艳莉（2002）和周越美（2002）的研究结果表明，英语常用试卷在试卷结构、内部区分度、难度和试题相关性上存在问题；许余龙（2003）对英语学习中的阅读和汉语阅读之间的共同点和差异单独做了研究，结果表明，学习策略在不同语种之间有显著的差异，而这种差异的来源可能是由于学习者学习语言所处的生理发展阶段的不同导致的。

# 第三节 研究方法

## 一、实验设计与研究参数

### （一）实验设计

实验部分采用单因素组间实验设计的方法得出被试的英语解题策略试题得分数据和被试英语解题过程中学习策略的眼动结果的数据。以50％的规则作为分界点[①]。被试接受同样的眼动实验材料的处理，用眼动仪记录相关数据，通过对相关数据的对比，最后讨论英语解题策略试题得分高和低的学生的学习策略水平、眼动的相关特征、学习能力、英语词汇语法理解程度、英语学习过程中的心理因素等问题。

### （二）研究参数

涉及的基本参数如下：

**答题分数**：答题分数分为两个部分：第一个部分是关于英语学习策略的问卷得分，根据这个得分将被试分为高分组和低分组两个被试组，而高分组和低分组的每个被试在英语学习策略问卷的得分又可以根据问卷的六个维度分为六个分量表的得分。第二个部分是英语解题策略试题的得分，试题的问题是按照科学的方法进行设计，其中又分为细节辨认和判断推理两类题型的得分。

**答题速度**：答题速度是英语学习者在单位时间内能够完成多少题目的指标，是总的答题时间与题目数量的比值。我们以每分钟完成多少题计算。答题速度＝答题时间/题目数量。

**答题效率**：英语试题的答题效率是衡量学习者英语学习策略的重要指标。答题效率＝答题正确率×答题速度。

**总注视时间**：是指被试对于实验材料进行加工处理、获取信息所用的总共的注视时间。

**注视点持续时间**：被试在注视材料时形成了注视点，并且过程持续了超过

---

① 戴海崎，张锋，陈雪枫. 心理与教育测量（修订本）[M]. 广州：暨南大学出版社，2007.

50毫秒。注视时间的长度反映了参与者对信息材料的处理。

**注视次数：**注视次数是指被试在完成一道英语试题过程中用了多少次注视，在这个过程中形成了多少个注视点。

**注视频率：**注视频率是对被试注视的进一步的描述，它的表示方式为每秒钟被试的注视次数。

**眼跳次数：**眼跳次数既是我们平时所说的眨眼次数，而眨眼这一现象是每个个体都会存在的，但是眨眼不是完全由个体的生理过程而产生。

**眼跳幅度：**眼跳幅度是指被试在对实验材料进行处理时，产生的两个相邻注视点之间的平均距离，眼跳幅度反映出被试对于实验材料的处理效率以及被试的知觉广度。

**眼跳速度：**眼跳速度是指被试在对实验材料进行处理时，被试从一个注视点到相邻的另一个注视点运动时的速度，眼睛运动速度反映了通过测试处理的实验材料的处理效率。

**回视次数：**回视是指被试在加工实验材料的过程中，眼睛对已经进行过加工的兴趣区再次进行加工的次数，回视次数可以反映被试对于实验材料的加工理解程度。

**答题方式：**答题方式主要关注的是被试对于整体试题材料的阅读方式。

## （三）实验条件

### 1．实验对象

选取高海拔地区大学生为研究对象。充分考虑被试的英语学习情况后对被试进行选择，以被试CET-4的考试成绩为依据随机选取数名学生，学生均选择非英语专业的学生，因为他们受到专业的英语训练比较少，更接近自然学习。被试共28人，男女比例约为1∶1。在SMI眼动仪校准反馈项目中，X、Y小于1.0度的被试是合格的实验被试。

### 2．高海拔地区大学生英语学习策略调查问卷

高海拔地区大学生英语学习策略调查问卷采用姜成宇（Sungwoo Kang）根据亚洲学生学习英语的实际情况从Oxford编制的SILL翻译而来的英语学习策略量表。

3. 英语问题解决过程中的学习策略测试

实验材料选择的代表性和选择依据：我们所选用的试题全部来自于全国英语四级考试的试题。每张眼动仪上呈现的图片对应一道试题，其中包括文本和问题两个部分组成，每道试题最后的得分作为评价被试英语阅读成绩的客观标准。四篇阅读材料分别包含记叙文、说明文两种文体，参考了近五年内大学四级考试试卷中出现最多次数的文体后，最终选择这两类文体。

全部材料的组成是将四篇英语阅读拆分为20道小题的形式，与正常四级试题的差别在于试题由以往的每道试题对应4个选项改为每道题对应两个选项，其中有一个选项是正确答案。材料分为细节辨认和推理判断两个题型，每个题型分别有10题，每题有A、B两个选项，要求被试通过阅读相应的文本选出正确选项。

4. 实验仪器

本实验中使用的仪器是由德国SMI制造的iView X Hi-Speed 1250眼动仪。

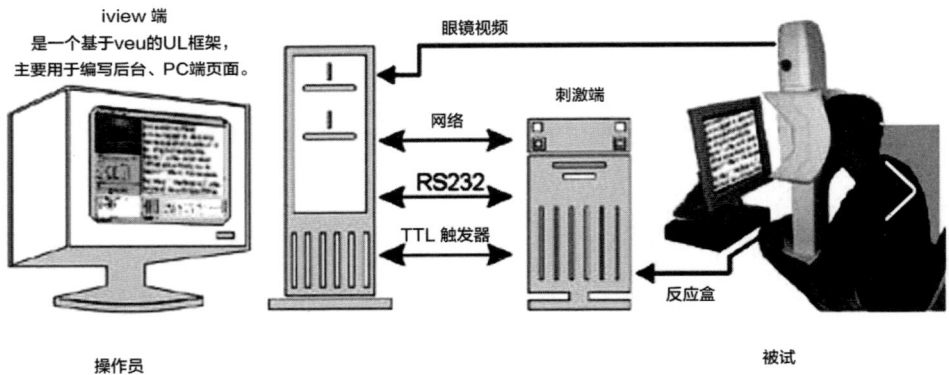

图6-3-1 德国SMI公司设计制造的SMI眼动仪构造图

## 二、实验操作

### （一）问卷调查

研究的问卷部分采用问卷调查法收集研究被试的英语学习策略问卷水平得分、大学英语四级得分、被试的性别等相关数据。

### （二）眼动实验操作与指导语

第一步，主试向被试介绍本实验的实验流程以及所用眼动仪的相关作用和用法。

第二步，实验准备工作，主试将引导测试人员进入实验室并熟悉周围的实验环境，尽量避免不相关因素的干扰，主试调试眼动仪观看X-View，使测试人员眼睛的成像稳定清晰。

第三步，校准工作，打开固定点校准程序。要求测试人员自然地观察红点，以红点为中心，白圈为范围。对于X和Y度数的选择，校准优选小于1度的结果。

第四步，测试工作，测试人员以口头形式向主试报告所选答案，主试进行记录，每名测试人员的整个实验过程大概用时25—30分钟。

## 三、数据收集和处理

计算每次测试被试的眼球运动轨迹，注视位置和注视时间，并根据问题和选项设置相应的感兴趣区域，以提取眼球运动时间和注视点数。实验数据采用Begaze 3.5.74软件预处理，输出数据采用EXCEL管理，统计分析采用SPSS 25.0软件进行。

## 第四节  实验结果

### 一、英语学习策略问卷结果

英语学习策略问卷的信度水平较高，Alpha系数为0.929。

表6-4-1   不同学生英语学习策略水平比较（ $M \pm SD$ ）

|  | $n$ | 记忆策略 | 认知策略 | 补偿策略 | 元认知策略 | 情感策略 | 社交策略 | 总分 |
|---|---|---|---|---|---|---|---|---|
| 男生 | 14 | 27.07 ± 7.22 | 39.57 ± 11.97 | 18.78 ± 5.07 | 24.57 ± 8.87 | 14.35 ± 5.75 | 15.35 ± 5.51 | 139.71 ± 40.08 |
| 女生 | 14 | 26.07 ± 2.84 | 42.71 ± 4.33 | 21.28 ± 2.67 | 26.28 ± 5.19 | 15.42 ± 3.13 | 16.42 ± 2.82 | 148.21 ± 14.25 |
| $t$ |  | 0.48 | −0.92 | −1.63 | −0.62 | −0.61 | −0.65 | −0.75 |
| 低分组 | 14 | 22.50 ± 5.09 | 30.62 ± 6.71 | 15.25 ± 4.13 | 17.50 ± 5.01 | 10.37 ± 3.06 | 12.50 ± 4.10 | 108.75 ± 21.17 |
| 高分组 | 14 | 31.62 ± 4.53 | 50.00 ± 5.04 | 22.50 ± 2.50 | 33.25 ± 4.30 | 19.12 ± 2.74 | 19.25 ± 3.91 | 175.75 ± 17.89 |
| $t$ |  | −3.78** | −6.52*** | −4.24*** | −6.74*** | −6.01*** | −3.36** | −6.84*** |
| 总计 | 28 | 26.57 ± 5.40 | 41.14 ± 8.98 | 20.03 ± 4.17 | 25.42 ± 7.18 | 14.89 ± 4.58 | 15.89 ± 4.33 | 143.96 ± 29.83 |

*表示 $p < 0.05$ ；**表示 $p < 0.01$ ，***表示 $p < 0.001$ .

由表6-4-1数据结果显示，高分组和低分组被试在记忆策略、认知策略等六个英语学习策略的得分以及问卷的总得分上存在显著差异，符合研究假设。

对不同学习策略水平学生学习策略使用情况进一步分析，得出的结果如下。

表6-4-2   不同学生学习策略各维度平均得分

| 组　别 | 记忆策略 | 认知策略 | 补偿策略 | 元认知策略 | 情感策略 | 社交策略 |
|---|---|---|---|---|---|---|
| 低分组 | 2.50 | 2.18 | 2.54 | 1.94 | 1.72 | 2.08 |
| 高分组 | 3.51 | 3.57 | 3.75 | 3.69 | 3.18 | 3.20 |
| 总　分 | 2.95 | 2.93 | 3.33 | 2.82 | 2.48 | 2.64 |

本实验中所有被试除了情感策略属于低频度，其余五个策略都属于中频度。在高分组被试中，除情感策略和社交策略属于中频度外，其他四个策略都属于高频度；而低分组被试除了补偿策略属于中频度外，其余五个策略都属于

低频度。

表6-4-3　不同学生学习策略使用频度排序表

| 组　别 | 1 | 2 | 3 | 4 | 5 | 6 |
|---|---|---|---|---|---|---|
| 低分组 | 补偿策略 | 记忆策略 | 认知策略 | 社交策略 | 元认知策略 | 情感策略 |
| 高分组 | 补偿策略 | 元认知策略 | 认知策略 | 记忆策略 | 社交策略 | 情感策略 |

学习策略得分较高的组被试最常使用学习策略的顺序依次是补偿策略、元认知策略、认知策略、记忆策略、社交策略、情感策略。这个顺序与低分组被试存在着一定的差异。

## 二、英语学习策略测试题结果

### （一）答题分数

所有被试的答题成绩——答对1题记1分，答错记0分；被试的平均分，判断推理题、细节辨析题的平均分及答题正确率。

表6-4-4　不同学习策略学生回答两类问题的总成绩和正确率

| 组　别 | $n$ | 细节辨析 | 判断推理 | 总分 |
|---|---|---|---|---|
| 高分组 | 14 | 9.21 ± 0.57 | 9.21 ± 0.80 | 18.42 ± 9.37 |
| 低分组 | 14 | 7.28 ± 2.01 | 7.07 ± 1.81 | 14.35 ± 3.45 |
| $t$ | | -3.44** | -4.04*** | -4.26*** |

通过表6-4-4可以看出，本套试题对于高分组学生来说较为容易。而低分组的学生在回答两类问题时，出现了较多的错误，正确率在80%以下，说明低分组的被试对于题目的难度感觉明显偏大。

表6-4-5　不同学生回答两类问题的平均成绩（$M \pm SD$）

| 组　别 | $n$ | 细节辨析 | 判断推理 | 平均 | 百分比（%） |
|---|---|---|---|---|---|
| 高分组 | 14 | 129.0 | 129.0 | 129.0 | 92 |
| 低分组 | 14 | 102.0 | 99.0 | 100.5 | 72 |

*表示$p < 0.05$；**表示$p < 0.01$，***表示$p < 0.001$。

通过表6-4-5可以看出，高分组和低分组的被试在细节辨析题、判断推理题和总分上的差异特别显著。说明高分组与低分组在判断推理题型的成绩差距大于细节辨析题。

（二）答题速度

表6-4-6　不同学生解题的平均时间（$M \pm SD$）（min）

| 组　别 | $n$ | $M$ | $SD$ |
|---|---|---|---|
| 高分组 | 14 | 17.64 | 1.39 |
| 低分组 | 14 | 20.93 | 3.34 |

通过表6-4-6可以看出，学习策略问卷得分低小组的答题速度为0.956题/分钟，这一速度是符合大学英语四、六级考试的试卷允许的答题时间范围内的。低分组的学生比高分组的学生在答题速度上慢了0.177题，对两个样本的数据比较，$t = 5.71$，$p < 0.01$，表明高分组学生与低分组学生在解答英语试题时的差异非常显著。

学习策略问卷得分低的组被试的平均时间为20.93min，显示低分组被试的答题速度符合高海拔地区大学生四级考试所要求的水平。

（三）答题效率

答题效率：答题效率＝答题正确率×答题速度。

表6-4-7　不同学生解题的答题效率

| 组　别 | $n$ | 效率值 |
|---|---|---|
| 高分组 | 14 | 1.04 |
| 低分组 | 14 | 0.69 |

从表6-4-7可以看出，低分组被试与高分组被试的答题效率之间有非常明显的差异，高分组被试的答题效率是低分组被试的将近1.5倍这表明低分组被试在大学英语学习的过程中并没有达到相应的英语学习水平。

## 三、英语学习策略测试题眼动数据结果

### （一）注视特征

1. 总注视时间

表6-4-8 不同学生解题的总注视时间（$M \pm SD$）（ms）

| 组 别 | $n$ | 判断推理 | 细节辨析 |
|---|---|---|---|
| 高分组 | 14 | 39468.56 ± 271.33 | 38547.18 ± 208.63 |
| 低分组 | 14 | 50531.75 ± 253.37 | 49629.73 ± 242.65 |

由表6-4-8可以看出，低分组被试在细节辨析题和判断推理题停留的时间都比高分组被试的时间长，对数据进行分析，在判断推理题高分组和低分组被试的差异非常的显著，$t = 111.50$，$p < 0.001$；而在细节辨析题部分，高分组与低分组被试的差异也非常的显著，$t = 129.57$，$p < 0.001$。

2. 注视点持续时间

表6-4-9 不同学生解题的平均注视点持续时间（$M \pm SD$）（ms）

| 组 别 | $n$ | 判断推理 | 细节辨析 |
|---|---|---|---|
| 高分组 | 14 | 299.40 ± 2.35 | 400.01 ± 2.21 |
| 低分组 | 14 | 358.13 ± 3.49 | 419.70 ± 1.28 |

由表6-4-9数据结果显示，低分组被试对于判断推理和细节辨析两部分的平均注视点持续时间都比高分组被试的时间长，这说明低分组被试对于题目内容以及字词的意义的理解速度都比高分组被试慢。

3. 注视次数

表6-4-10 不同学生解题的注视次数（$M \pm SD$）（次）

| 组 别 | $n$ | 判断推理 | 细节辨析 |
|---|---|---|---|
| 高分组 | 14 | 133.29 ± 1.15 | 100.43 ± 0.96 |
| 低分组 | 14 | 138.53 ± 0.87 | 119.81 ± 0.84 |

从表6-4-10数据可以看出，低分组被试在判断推理和细节辨析部分的注视次数分别高于高分组被试的注视次数。

## （二）眼跳特征

### 1. 眼跳幅度

表6-4-11　不同学生解题的平均眼跳幅度（$M \pm SD$）（度）

| 组　　别 | $n$ | 判断推理 | 细节辨析 |
|---|---|---|---|
| 高分组 | 14 | 4.90 ± 0.04 | 3.92 ± 0.04 |
| 低分组 | 14 | 2.53 ± 0.06 | 2.84 ± 0.04 |

从表6-4-11的数据可以看出，高分组被试无论是在判断推理还是细节辨析部分的阅读的眼跳幅度都明显高于低分组被试，说明高分组被试的眼跳水平总体来说高于低分组的被试。

低分组被试的眼跳水平与高分组被试之间有较大的差异，无论是在判断推理还是细节辨析部分上都有区别。

### 2. 眼跳速度

表6-4-12　不同学生解题的平均眼跳速度（$M \pm SD$）（度/s）

| 组　　别 | $n$ | 判断推理 | 细节辨析 |
|---|---|---|---|
| 高分组 | 14 | 119.96 ± 0.85 | 117.87 ± 0.38 |
| 低分组 | 14 | 69.96 ± 0.82 | 71.92 ± 0.34 |

从表6-4-12的数据可以看出，高分组被试的眼跳速度比低分组被试得快，这说明了高分组被试的预视能力比低分组被试的强，进一步说明高分组被试的英语解题水平比低分组被试的高。

### 3. 眼跳次数

表6-4-13　不同学生解题的平均眼跳次数（$M \pm SD$）（次）

| 组　　别 | $n$ | 判断推理 | 细节辨析 |
|---|---|---|---|
| 高分组 | 14 | 100.07 ± 0.76 | 101.82 ± 0.73 |
| 低分组 | 14 | 150.04 ± 0.33 | 148.10 ± 0.44 |

从表6-4-13的数据中可以看出，低分组被试的眼跳次数比高分组被试的要多很多。

## （三）回视特征

### 1. 回视次数

表6-4-14　不同学生解题的行内跳跃式回视次数（次）

| 组　别 | $n$ | $M$ | $SD$ |
|---|---|---|---|
| 高分组 | 14 | 22.52 | 0.271 |
| 低分组 | 14 | 48.91 | 0.357 |

表6-4-15　不同学生解题的行内追索式回视次数（次）

| 组　别 | $n$ | $M$ | $SD$ |
|---|---|---|---|
| 高分组 | 14 | 8.47 | 0.262 |
| 低分组 | 14 | 15.05 | 0.258 |

表6-4-16　不同学生解题的行间跳跃式回视次数（次）

| 组　别 | $n$ | $M$ | $SD$ |
|---|---|---|---|
| 高分组 | 14 | 10.30 | 0.369 |
| 低分组 | 14 | 20.86 | 0.302 |

表6-4-17　不同学生解题的行间追索式回视次数（次）

| 组　别 | $n$ | $M$ | $SD$ |
|---|---|---|---|
| 高分组 | 14 | 2.52 | 0.221 |
| 低分组 | 14 | 4.06 | 0.097 |

从表6-4-14至表6-4-17的数据可以看出，高分组被试与低分组被试在完成试题过程中的回视次数有较大的不同，高分组被试的平均回视次数明显都比低分组被试的次数少。

### 2. 答题方式

答题方式分为了直接解题和间接解题两种。

表6-4-18　不同学生解题的答题方式（人）

| 组　别 | n | 直接式答题 | 间接式答题 |
|---|---|---|---|
| 高分组 | 14 | 3（21.42%） | 11（78.57%） |
| 低分组 | 14 | 2（14.28%） | 12（85.71%） |

从表6-4-18的数据可以得出，低分组被试和高分组被试普遍采用的答题方式为间接型，这说明在长期的英语试题训练过程中，英语学习者采用的最为自然、最习惯的解题策略就是先读问题然后再阅读相应文本内容。

### （四）兴趣区阅读

"兴趣区1"（AOI 001）的划分标准为每道试题的主旨句，包含解题的关键词汇、主旨词、细节辨析词等；"兴趣区2"（AOI 002）的划分标准为在题干中出现的关键词汇，能引导被试找寻正确答案的主旨词；"兴趣区3"（AOI 003）的划分标准为选项A中的核心词汇，可能是误导选择的词语或正确解答问题的关键词；"兴趣区4"（AOI 004）的划分标准为选项B中的核心词汇，可能是误导选择的词语或正确解答问题的关键词。

表6-4-19　不同学生兴趣区1眼动数据结果（$M \pm SD$）

| 组　别 | n | 总注视时间（ms） | 首次注视时间（ms） | 回视次数 | 注视次数 |
|---|---|---|---|---|---|
| 高分组 | 14 | 13909 ± 98.41 | 189.93 ± 1.35 | 7.98 ± 0.26 | 62.48 ± 0.61 |
| 低分组 | 14 | 17568 ± 284.50 | 220.60 ± 2.44 | 12.54 ± 0.23 | 65.93 ± 1.00 |
| t | | 45.476*** | 40.944*** | 48.768*** | 10.953*** |

从表6-4-19的数据可以得出，低分组被试和高分组被试在兴趣区1上所表现出的各项眼动数据均差异显著。

表6-4-20　不同学生兴趣区2眼动数据结果（$M \pm SD$）

| 组　别 | $n$ | 总注视时间（ms） | 首次注视时间（ms） | 回视次数 | 注视次数 |
|---|---|---|---|---|---|
| 高分组 | 14 | 3018.6 ± 131.9 | 224.18 ± 3.61 | 2.49 ± 0.14 | 6.49 ± 0.20 |
| 低分组 | 14 | 2938.6 ± 151.1 | 225.31 ± 2.32 | 2.48 ± 0.28 | 6.52 ± 0.14 |
| $t$ | | −1.493 | 0.987 | −0.068 | 0.503 |

从表6-4-20的数据可以得出，低分组被试和高分组被试在兴趣区2上所表现出的各项眼动数据均差异不显著。

表6-4-21　不同学生兴趣区3眼动数据结果（$M \pm SD$）

| 组　别 | $n$ | 总注视时间（ms） | 首次注视时间（ms） | 回视次数 | 注视次数 |
|---|---|---|---|---|---|
| 高分组 | 14 | 3147.06 ± 43.4 | 223.94 ± 3.27 | 2.91 ± 0.22 | 8.49 ± 0.34 |
| 低分组 | 14 | 2494.87 ± 24.6 | 223.36 ± 2.77 | 2.95 ± 0.18 | 9.45 ± 0.39 |
| $t$ | | −48.870*** | −0.504 | 0.482 | 6.786*** |

从表6-4-21的数据可以得出，低分组被试和高分组被试在兴趣区3上所表现出的各项眼动数据中，总注视时间（$t = -48.870$，$p = 0.000$）和注视次数（$t = 6.786$，$p = 0.000$）差异显著。

表6-4-22　不同学生兴趣区4眼动数据结果（$M \pm SD$）

| 组　别 | $n$ | 总注视时间（ms） | 首次注视时间（ms） | 回视次数 | 注视次数 |
|---|---|---|---|---|---|
| 高分组 | 14 | 2940.45 ± 34.6 | 236.02 ± 2.70 | 3.53 ± 0.21 | 8.97 ± 0.13 |
| 低分组 | 14 | 2503.06 ± 11.8 | 236.02 ± 2.84 | 3.48 ± 0.23 | 9.98 ± 0.13 |
| $t$ | | −44.644*** | −1.590 | −0.703 | 19.433*** |

表6-4-22的数据可以看出，低分组被试和高分组被试在兴趣区4上各项数据，总注视时间（$t = 44.644$，$p = 0.00$）和注视次数（$t = 19.433$，$p = 0.00$）差异

显著，低分组被试在总注视时间上低于高分组被试，在注视次数上低分组被试高于高分组被试。

## 四、英语学习策略试题的眼动轨迹分析

### （一）判断推理题的眼动轨迹分析

选取第四道试题来比较眼球运动轨迹，这道题的解题核心句是文本第二段的第一句，正确选项为B。分别选取6名被试的眼动轨迹进行比较分析。图6-4-1和图6-4-2为高分组答案选择正确被试的眼动轨迹，图6-4-3到图6-4-6为低分组答案选择错误被试的眼动轨迹。

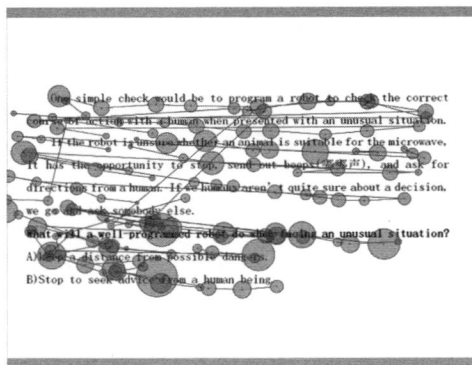

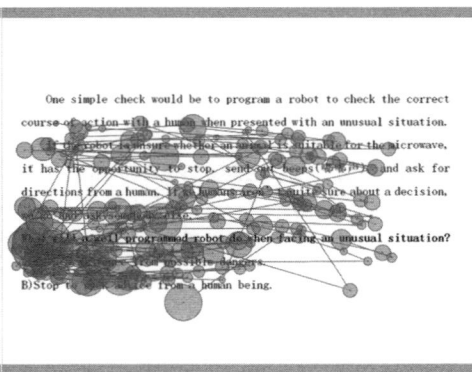

图6-4-1　选择正确被试的眼动轨迹　　　图6-4-2　选择正确被试的眼动轨迹

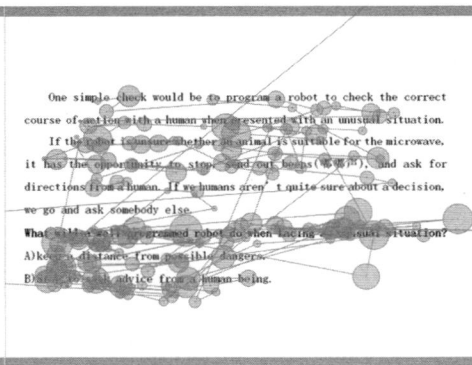

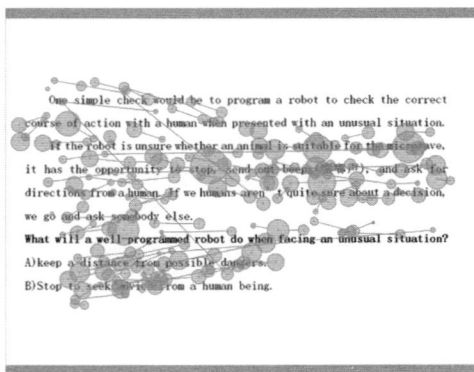

图6-4-3　选择错误被试的眼动轨迹　　　图6-4-4　选择错误被试的眼动轨迹

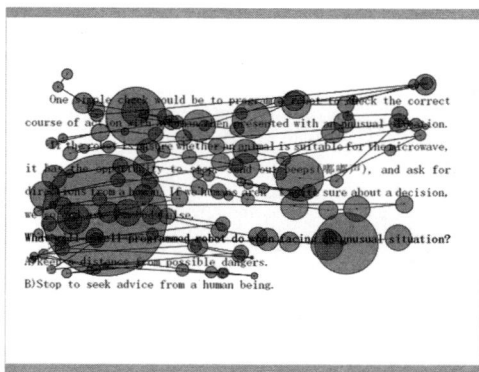

图6-4-5 选择错误被试的眼动轨迹　　　图6-4-6 选择错误被试的眼动轨迹

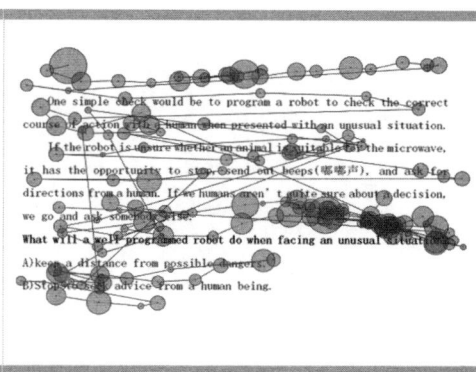

比较正确和错误答案的眼动轨迹，我们可以找到以下情况：

首先，在注视点处，选择正确答案的被试（图6-4-1）和选择错误答案的被试（图6-4-3）的眼球运动轨迹大致相似。眼球运动数据指标中，两个被试之间的差异，例如注视点所在的位置，注视的时间长度，注视点之间的轨迹和眼跳距离的差异并不显著。

其次，答案选错的被试（图6-4-4）的注视点的数目、注视时间以及相连接的注视点之间的运动轨迹线路要明显比答案选择正确的学生（图6-4-1和图6-4-2）的多（长），从各个注视点在材料中存在的位置上考虑，我们可以发现，答案选择错误的同学（图6-4-4）的注视点主要分布于A或B两个选项内，在两个选项和文本中涉及的核心句子之间存在着大量回视和眼跳。

最后，答案选择错误的被试（图6-4-5和图6-4-6）的注视点总数和对在每个注视点停留的时间显然要比答案选择正确的学生要少（短），在眼跳距离的长短上答案选择错误的被试又要明显比答案选择正确的被试的长。

## 五、细节辨析题的眼动轨迹分析

选取第6题进行眼动轨迹分析，这道题的解题关键句是证文本材料的最后一句，正确选项为A选项。分别抽取多名被试的眼动轨迹进行比较分析。

（1）图6-4-7和图6-4-8为答案选择正确被试的眼球运动轨迹图，图6-4-9和图6-4-10为答案选择错误被试的眼球运动轨迹图。4名被试均来自于低分组被试。

图6-4-7　选择正确被试的眼动轨迹

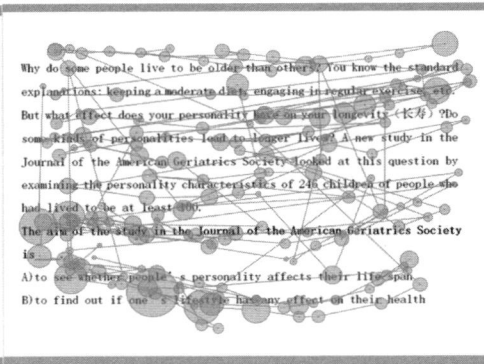

图6-4-8　选择正确被试的眼动轨迹

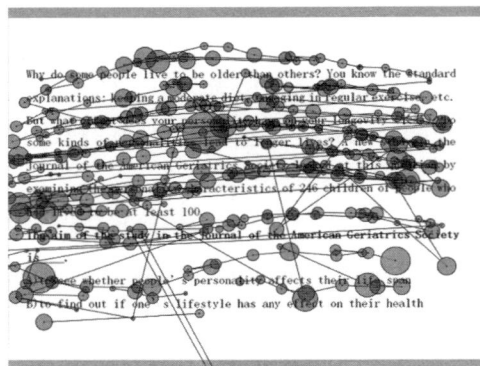

图6-4-9　选择错误被试的眼动轨迹

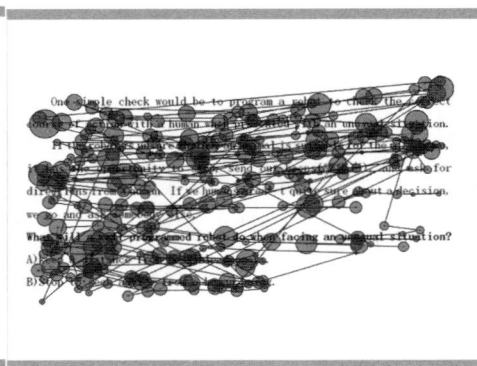

图6-4-10　选择错误被试的眼动轨迹

比较4名被试的眼动轨迹可以看出，答案选择正确被试之间、答案选择错误被试之间的轨迹图形差异不大，4张轨迹图片的总体轨迹图形并无太大差异。但是，答案选择正确被试的注视重点明显集中在题干材料的专有名词上，而答案选择错误被试对整个阅读材料的不同区域的注视并无明显主次之分。

（2）图6-4-11和图6-4-12为答案选择正确被试的眼球运动动轨迹图，图6-4-13和图6-4-14为答案选择错误被试的眼球运动轨迹图。下面4张图都来自于高分组被试。

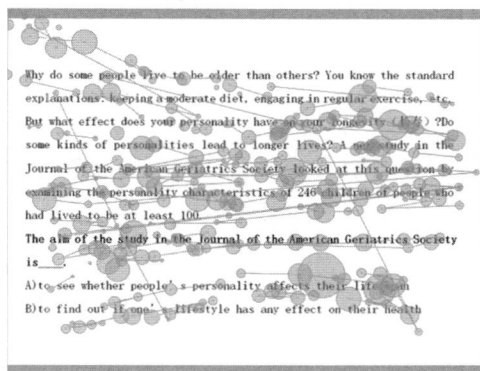

图6-4-11　选择正确被试的眼动轨迹

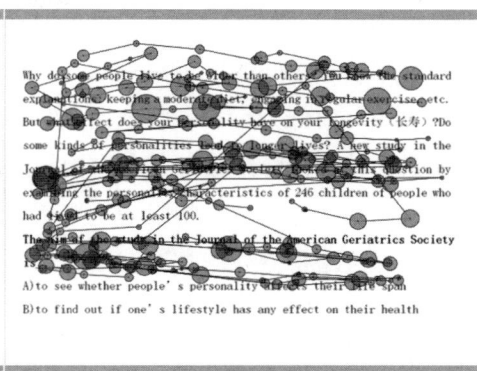

图6-4-12　选择正确被试的眼动轨迹

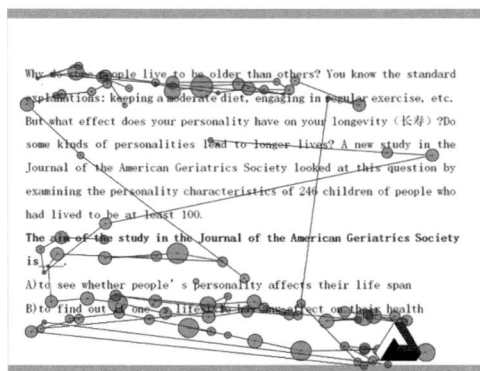

图6-4-13　选择错误被试的眼动轨迹

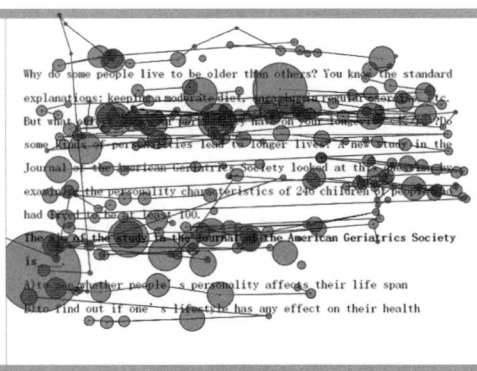

图6-4-14　选择错误被试的眼动轨迹

　　从眼动轨迹的结果来看，高分组被试与低分组被试的整体差异还是相当的明显的，首先，在于整体的路线图，高分组被试的答题成绩虽然有高有低，但是，被试之间的轨迹路线是相似的，特点在于对于文本和题干中的核心内容有较多的注视，并且在题干与文本材料之间有较多的回视和眼跳，这表明，高分组被试能够更加准确地理解和判断出核心信息与正确答案之间的联系；而低分组被试的路线图中也存在核心信息与正确答案之间的连线，但是，由于理解不充分，掌握的方法不熟练，使得连线逻辑性不强，并伴有无关信息连线的干扰，这表明了被试对正确答案的选择上没有形成充分的信息依据。其次，在于对无关信息的注视轨迹上，高分组被试的路线图明确地筛选出核心信息并进行注视和信息加工，对于无关信息并没有做过多的信息处理。低分组被试的表现则是整体路线没有重点部分，对于寻找有用信息没有明显的规律，对于无关信息和有用信息之间的注视都是杂乱无章的，这说明，高分组被试掌握了相应的解题方式，而低分组被试则把大量时间消耗在对于整篇文本的意义理解上，这也就是为什么低分组被试在各项数据上都明显高于高分组被试的原因。综合低分组被试和高分组被试的眼动轨迹图以及前文中收集的眼动数据，我们可以看出，学习策略得分高的被试在信息加工效率和加工程度以及对于核心信息的选择、信息之间的比较和分析、信息的再加工上的能力都要高于得分低的被试。这说明，要提高低分组被试的英语水平必须除了加强英语学习任务外，要更加有针对性地提高被试的学习策略，而提高的方式可采用在平时的英语学习活动中利用学习策略的六个维度中涉及的内容对学习者进行训练。

# 第七章　高海拔地区大学生认知控制中主动性与反应性的权衡

## 第一节　认知控制

认知控制越来越被人们所熟知，也有学者称之为执行管理或执行功能。广义上，认知控制是指多个认知活动联合实现特定要求的历程。从狭义上说，认知控制是指个人的高级能力，即在生活中面对突如其来的变故，调整和监控自己目前行动的一种能力。详细来讲，认知控制是及时调整行动计划，克制不恰当的行为，发现并解决矛盾的能力。由于认知控制内部机制构成复杂，在多项心理活动中起作用，所以现在的分类基准暂未统一。

认知控制反映了个体控制自己处理事物的能力，通常受记忆储存、判断推理、处理冲突、灵活认知、预期规划等典型认知处理过程的限制。认知控制功能是为了达成目标而控制思考和行动的能力，也是调整记忆容量、认知灵活度和反应控制以及进行整合所必需的机制，这可以帮助我们根据目标和需要，保持大脑有用信息，及时反馈紧急情况，抑制冲动和阻止不当行为，从而有助于监控个体思维，实现行动目标。认知控制有利于个体尽快采取最佳策略解决意外情况。在认知控制的作用下，个体倾向于克制冲动，更多做出计划内的行为。

研究认知控制的范式多种多样，各有所侧重，例如AX-CPT基础范式任务、Stroop任务和反眼动任务等。Stroop任务通常在刺激冲突的相关研究中使用。按照刺激和目标之间的关系特点，可以分为两类：一类是低程度冲突关系，指刺激与目的一致。另一类是高程度冲突关系，指刺激与目标完全不同。认知一方面处理目的相关信息，另一方面抑制与任务目标不一致的干扰。AX-CPT基础范例的优势在于，可以更好地将主动性控制和反应性控制从认知控制中分离开来，有利于对认知控制的两种类型进行单独评价。具体来讲，在AX-CPT基础范式中，实验被试清楚知道，只有AX目标才是靶目标，必须避免AY、BX两种非目标反应，但两种实验类型下容易形成认知对立，实验被试为了解决这个对立，需要强化认知控制。为了更好完成实验任务，被试应该在BX序列采用主动性控制，AY序列采用反应性控制，如果对这两个序列采用相反的战略，结果非但不利于解决问题冲突，反而进一步加深被试的认知矛盾，表现为认知控制成绩较差。

主动性控制是依赖于特定目的形成的。从刺激信息形成到实现按键动作的过程中，主动性控制策略需要确保信息的完整度。主动性控制的作用体现在可以随时调整计划以实现目标。认知控制通过线索刺激激活，线索刺激与探测刺激之间存在一定时长的延迟期，在此期间要保持线索刺激的完整性，之后将线索刺激与探测刺激进行匹配，认知控制根据匹配结果选择机制，从而实现反应系统有序工作。在AX-CPT基础范式的BX序列中，在探测线索X呈现并诱发目标反应的趋向之前，为了加强主动性控制并防备冲突，需要积极维持线索刺激B的表征，才能避免错误反应。AX-CPT基础范式研究中，将主动性控制操作定义为，BX试次反应时或错误率的降低。

反应性认知控制意味着机体的认知控制功能是由探测刺激诱发的。上下文信息只在线索刺激呈现后被简单激活，个体保留的信息完整度不高，控制反应的机制因此被限制作用。在探测刺激显现时，刺激检索系统又一次被短暂激活，一旦达到完全激活水平，可以克服由线索刺激产生的临时干扰，做出只与探测刺激相关的反应。在AX-CPT基础范式的AY序列中，可以通过反应性控制来减弱线索刺激A的干扰，提高监测Y的瞬时处理能力，注意到Y与非靶反应之间的联结，可以减少线索刺激A引起的错误反应倾向。AX-CPT基础范式研究中，将反应性控制操作定义为，AY试次反应时或错误率的降低。

主动性控制与反应性控制各有优劣，在适当的场景下都有不可替代的作用。个体在不同实时情境下的倾向性选择，就是认知控制权衡的结果。换句话说，面对不同的目标任务或突发事件，个体采用主动性控制还是反应性控制是对当时情景与事件综合判断的一种处理结果。

AX-CPT基础范式中，利用BX与AY试次反应时与错误率的变化趋势来判断认知控制的选择倾向，若BX反应时或错误率显著低于AY，则个体倾向于主动性控制，反之，个体倾向于反应性控制。

由于认知控制内在机制的复杂性，目前探究的影响因素宽泛而复杂，为满足高海拔地区大学生的学习需要，选择影响程度较高的奖励、注意力与语言转换等因素进行深入探讨。

## 一、研究目的及意义

### （一）研究目的

本次研究意图探索高海拔地区大学生的认知控制现状与影响因素，从而帮助高海拔地区大学生明晰认知控制的本质与意义。进一步探究主动性控制与反应性控制两者之间的关系，探索影响认知控制权衡的内在机理，以提高高海拔地区大学生在日常生活学习中运用认知控制的能力。提高高海拔地区大学生认知控制权衡能力，利于在不同环境背景条件下选择合适的认知控制模式，提高学习工作的效率，培养完善的认知控制策略。为今后的教学课程改革，教学设计等方面提供理论依据，培养更多高素质能力者，以学生为中心，调整教学模式，创造有效学习环境，满足学生个体需要，激发学习动机，促进学生全面发展。

本研究在前人研究的基础上，拟探讨的问题如下：

第一，了解高海拔地区大学生的主动性控制与反应性控制的现状特点。

第二，探讨奖励对高海拔地区大学生认知控制权衡的影响。

第三，探讨注意力集中水平对高海拔地区大学生认知控制权衡的影响。

第四，探讨语境转换情境对高海拔地区大学生认知控制权衡的影响。

### （二）研究意义

1. 理论意义

在研究现有的认知控制模型的基础上，参照现有理论成果，通过四个行为实验，一方面详细探讨主动性认知控制与反应性认知控制之间的选择权衡，与认知控制机制的作用成分。这是对现有意识控制结构与组成的概括性总结，有助于丰富相关理论体系，在一定程度上进一步补充我国关于双重认知控制的理论研究。另一方面，可以拓展高海拔地区大学生这一组群的认知控制机制的内容探索，为我们深入明晰认知控制的阶段发展模式，夯实对双重控制机制模型的领悟提供了可能。

2. 实践意义

实践证明，主动性与反应性控制的权衡对高海拔地区大学生的生活具有深远影响，认知控制也是决定学习成果与方式的重要因素之一。因此，本研究旨在探讨主动性与反应性控制权衡的影响因素及机理，以期有效帮助高海拔地区大学生提高认知控制权衡能力。同时结合高海拔地区大学生本身的学习特征，根据实验数据提出合理计划与建议。在深入了解奖励、注意力集中水平和语言背景等因素对高海拔地区大学生认知控制的影响后，本研究可以从动机、注意、言语等多个方面帮助个体得到完善，以提高认知控制能力。教学方面，让教育者形成新的教育教学理念，采取多样化教学方式，构建和谐民主的课堂模式，实现高效课堂管理及提高教学质量，促进学生健康发展。从学生角度，根据高海拔地区大学生自身的特点指导高海拔地区大学生的行为，以提高主动性与反应性控制能力，寻找完善认知控制权衡的最佳方式，形成科学的认知控制思维，在学习中高效权衡认知控制，提高主动性与反应性控制能力。

## 二、研究创新

本研究将教师的教学内容与方式、学生的学习特性等方面结合起来，以实验研究的方式，对认知控制能力的培养与发展过程中，教师与学生存在的问题与原因进行分析，进而提出改善问题的对策，提高课堂教学质量，增强学生学习能力，充分发挥自身优势。

实验设计采用实验法与电生理指标结合的方式，以对认知活动过程中脑活动状态有了一个更加直观的感受，本研究在此基础上完成AX-CPT基础实验数据收集后，进一步设计三个实验进行理论假设的验证，探索从生理数据角度进行解释与预测的可能。实验结果丰富了奖励、注意力集中程度与语境转换对认知控制影响的相关研究，为已有理论提供了实验支持。除了理论层面的阐述，同时在实验设计上也具有一定创新。在语境转换对高海拔地区大学生认知控制的影响实验中，仿照原有范式，设计了语境转换情境版的AX-CPT范式实验，这是目前文献中尚未采取的实验程序设计。同时，本研究更注重通过实验研究的形式去创新一些行之有效的训练方式，如结合奖励的手段进行注意力集中训练等，用以提升认知控制能力，以实现为教师提供科学的授课理念，并应用于实际生活中，帮助学生提高技巧学习能力，真正完成认知控制在学习生活中的高效运用，这正是本研究亮点所在。

## 第二节　双重认知控制

### 一、认知控制理论

个体能够结合实景环境，灵活引导思维行动，以期实现特定目的过程被部分学者定义为认知控制。其他学者则持另一观点，认为认知控制指的是在体系的引导下，产生自发性的行为举措，而且体系通常处于资源紧缺的状态。也有研究者为认知控制做了操作性定义，为目标相关的功能区提供全程的支持。例如，只有当注意资源更多用于任务相关的刺激和反应时，刺激与反应之间才能成功形成联结。认知控制的实现主要依靠前额叶脑区，前额叶、大脑运动前后区是认知控制系统有序工作的保障。

认知控制对我们的日常生活有至关重要的影响，除了简单的应激反应，它能确保我们有意识地制定决策，对知觉信息做出高效反应。认知控制还可以依据个体的最终目标，改变活动方式，以帮助我们避免习惯性的无意识行为，进行感高级心理活动和外显行为的矫正。另外，认知控制也有利于个体解决烦琐的问题，挽救已犯的错误，集中思绪等。所以，认知控制是我们所有高级行为必不可少的要素。

我们可以形象地把认知控制比喻成社会的监管部门，虽然它不能直接产生高额的经济利益，然而它背负着监察管理多个社会机构的职责。一旦监管部门出现问题，即使其他各社会机构正常运行，整个社会系统也会遭受损害。从这一角度来理解，认知控制是决定众多认知变量的隐性影响因素。认知控制共包含三个模块，其一是将信息进行过筛与提取，对重要信息进行处理并积极维持在意识层面，以等待后续加工。其二是结合特定目标的要求，留存有用的信息，抵制无关的干扰信息。其三是根据行为结果与目标之间的契合度，及时调整变动个体行为，随时监测行为结果的合理性与正误，以便调整策略，也被称为认知灵活性。

## 二、双重控制机制模型

为维持个体期待与环境的平衡，个体需要不断调节机制，以应对不断变化的任务与内部状态，这个过程就是认知控制的作用表现。虽然认知控制的部分机能确实有助于促进认知灵活性，但直到今天，我们依旧无法精准把握认知控制生理机制的工作机理。为此，个体如何实现灵活调控，引发了认知神经科学范畴研究者的广泛探索。目前已知，脑区的参与度是可调节的，通过脑区不同点位激活的时间点与时长，就能实现认知控制的灵活操纵。为了更科学地探索认知控制机理，布雷弗（Braver）等人对双重控制机制模型进行了注释说明，简略来讲，他们认为，认知控制包括主动性认知控制和反应性认知控制两部分。

考虑到个体只依靠主动性控制策略时的缺点和局限性，布雷弗从多个方面阐述了双重认知控制中主动性控制与反应性控制两种机制的工作模式。

第一，主动性控制取决于先前上下文信息的可用性，这些信息有助于认知系统为即将到来的事件做准备。然而，在现实环境中，想要获得满足这些高条件限制的信息并不容易。事实上，更常见的情况是发生了无法预测或准备的突发事件，所以，主动性认知控制有时也会失效，而这时反应性控制是唯一可能的策略。

第二，即使环境中存在可以预测的上下文信息时，信息出现与有效使用信息之间的时间间隔往往过长。比如上班时看见花店，计划下班后买一束玫瑰。在这种情况下，设定目标计划的时间点与实际实施计划的时间点相距甚远。双重控制模型表明，在这种情况下，为了实现主动性控制，就需要在整个保留期内主动地表示和持续地维护上下文，即个体需要下班之前一直明确要买玫瑰花的目标，而这些信息是由前额叶皮层决定的。当信息保留间隔超过一定时间时，系统的可靠性就会下降，表现为我们容易忘记买玫瑰的计划。所以，在这种情况下，目标通常是通过反应性控制来实现的，也就是说，在刺激再次出现时重新激活目标，例如下班看见花店时想起要买玫瑰。此外，现有研究结果强烈支持这样一种观点，在大多数前瞻性记忆任务中，可以预先规划且延续期久的行为目标更容易实现。

第三，即使在不需要长时间维持前后刺激信息的情况下，主动性控制可能在认知转换过程中产生巨大的资源能量消耗。目前，有一个基本理论的假设指出，主动性控制依赖于上下文背景，也依赖于目标信息被积极地表示和维护。从神经生物学的角度来说，前额叶皮层神经元网络参与语境表征，这就要求该脑区放电活跃度维持在某个水平，并且在语境维持的整个时期内保持这种高水平。这种长时间的放电可能需要额外的认知代谢资源，如葡萄糖消耗、神经递质回收等。这些资源可能并不能够被充分利用，占用了负责其他目的的能量资源。即使不考虑代谢资源的浪费情况，前瞻性控制也需要极大基数的能量补给。因为前瞻性控制单次只能承载少量目标，利用这一有限的能力实现一个与任务相关的目标，其他一些可能相关的目标被激活的可能性就会降低。因此，反应性控制的使用有利于减少资源的损耗，同时为工作记忆提供更多可用的存储空间。

第四，我们需要同时考虑到上下文信息的误差概率。尽管上下文背景通常与下一刺激关系紧密，但在许多情况下，上下文背景无法准确预测下一刺激。因为不可避免存在预测误差，这种可能性会增加错误风险。由于这种风险的存在，主动性控制策略似乎只适用于背景线索与后续事件具有紧密联系的情况。然而，环境不是静态的，变化方向无法预测。因此，即使上下文线索曾经对行为进行了有效预测，这些也可能会在将来发生变化。如果一个人在专注的模式下工作，当周围有微妙的变化时，他对这些环境变化的敏感度会降低，因为主动性控制模式下的个体更容易选择将重心放置于目标相关的环境上，更多的将目标启动与实现的相关程序结合到一起。此外，专注模式下个体更多连续监测环境背景以获得重要信息，如果外界刺激变化与目标无关或冲突，这些紧急情况的变化容易被忽略，无法进行深层次的加工，导致不良后果。在这种情况下，可以采用反应性控制来减少专注于目的的动机。

最后，反应性控制的优点在于自动化处理速度快，抗干扰水平高，并且它的执行不需要意识，也就需要更少的认知资源，成果高效，按照此特点，认知控制最好的选择就是将目标与任务绑定起来，争取实现高速的自动化反射行为，为改善整个过程的不灵活，可以采用主动性认知控制的优势来弥补。综上，主动性控制与反应性控制就像一把双刃剑，各有优劣，相辅相成。

### 三、认知控制的影响因素

#### （一）奖励与认知控制的相关研究

宫显阳（2017）采用经典AX-CPT基础范式，探究物质奖励与物质惩罚对青少年主动性控制和反应性控制的改变，对照基线与奖励的实验数据发现，奖励的条件设置大幅度提升了认知控制的行为表现，在实验中，青少年更采取主动性控制策略的概率更高。

在此基础上，戴维（2018）设计研究了奖惩动机与奖惩背景对青少年认知控制权衡的影响，结果发现，奖励线索的不同设计，能够"自上而下"充分调动被试的积极性与动机，引发被试对后续目标的预期和注意并迅速调整目的，被试容易被这种动机性因素引导选择主动性控制策略，影响具有全局性。神经脑科学研究了脑区的活跃程度，发现青少年对如大拇指类的精神奖励线索的反应更敏捷，同时抑制控制的能力也减弱。

奖励的标准不一样，产生的影响也会不一致，邹倩（2017）设置了非恒定变化的奖励价值，探讨了奖励渐次增加、奖励持续高额度、奖励渐次减少、奖励持续低额度四种奖励状况。结合AX-CPT基础范式实验结果，奖励大小幅度的变化都能增强认知灵活性；认知稳定性与奖励持续稳定性有关，与奖励实际值的高低无关。

金钱会对认知机制有直接的影响，除此之外，也产生中介调节作用。李美玲（2019）等人探讨了心理疲劳状态对认知控制的影响及此状况下奖励的弹性作用。结合使用AX-CPT基础范式与心理疲劳的经典诱发范式——完成任务的时间（Time On Task），对具备国家2级及以上运动等级水平大学生进行了研究，结果发现，心理疲劳对主动性控制与反应性控制具有不同调节作用，具体表现为，心理疲劳条件下，无报酬的参与者的主动性控制能力被削弱，反应性控制能力得到提高；而有奖励时被试则表现出相反的状态。

为探究奖励与认知控制的关系，王宴庆等人（2019）设计了Stop-Signal任务及变式对信号的抑制、反应规则进行研究，在设定特定目标的行为实验中，奖励显著正向促进了被试的认知控制表现。此结果的原因在于，奖励条件下，被试主动将更多的注意资源分配于认知监控，个体能更快速地识别奖励相关线索，对干扰刺激进行抑制。由于停止信号与奖励相关信号存在联结，在无奖赏信号条件下，个体不能高效地监测到停止信号，在停止信号任务中表现不佳，常常表现出与任务要求相反的行为倾向，在有奖励的信号条件下，认知控制高水平激活，有效抑制错误选择。

范淑娴（2018）设计研究了奖励对认知控制的作用，试图探索奖励对认知控制的限制条件。通过调节线索刺激与探测刺激之间干扰字母的数目改变任务难度大小，研究发现，与复杂任务相比，在简单任务中，任务相关奖励诱导被试产生主动性认知控制倾向的效果更显著，无论奖励设置是否与任务有直接相关，认知控制的权衡都会受到影响，个体因奖励设置的存在而更少依赖反应性认知控制。

最初的研究表明，奖励预期或冲突都会激活认知控制。进一步探究其机制后，亚历山大·苏切克（Alexander Soutschek）等人（2014）发现，将冲突处理实验与一致性实验的结果对比，在不一致性实验后动机的水平得到改善。动机越强，被试主动关注任务相关信息的程度越大。此外，数据还显示高动机下的一般反应时缩短，任务性能得到改进。如果被试参与度足够高，那么冲突预期水平对冲突过程没有明显改变，分析原因，可能高动机已经达到最佳处理模式水平，这样冲突预期就不会激活额外的主动性控制过程，由此可见，奖励条件通过提高被试动机水平来增强认知控制行为。

汤秋银（2017）设计研究了奖励与冲突预期对认知控制的影响，采用Stroop任务及其变式，分别研究不同奖励条件与冲突预期情况下的认知控制效果。实验发现，奖励通过两方面作用来加强个体的认知控制，一方面加强被试对任务相关信息的注意集中程度；另一方面抑制无关信息的干扰。无论阈下奖励还是阈上奖励都具有相似的促进作用，同时主动性控制与反应性控制的采取存在拮抗作用。但奖励与冲突预期对认知控制机制的选择倾向不存在"1+1 > 2"的效果。

### （二）注意与认知控制的相关研究

注意是个体依赖的一种认知加工机制，通常用以对需要的信息进行筛选，对环境干扰信息进行屏蔽。工作记忆作为认知控制首要构成的基础成分之一，帮助个体将需要的重要信息尽可能维持在知觉层面，同时抵制干扰信息造成认知破坏。有些学者尝试用工作记忆理论解释认知控制，认为认知控制随个人工作记忆的能力水平的提高而增强。从本质上来讲，这两种机制存在很大的重叠性，甚至在大脑中存在同时作用于注意和工作记忆的大片脑区，注意与认知控制的关系可见复杂。

因为我们的认知加工系统容量有限，为了充分发挥加工系统的功效，选择性注意功能会帮助我们对外界信息进行识别加工与选择，根据刺激本身的特性，通过自上而下与自下而上两种加工手段实现必要信息的选择与无关信息的抵制，也就是挖掘认知加工系统的潜能，注意力集中程度越高，在选择的过程中才能越精准。

对于注意与认知控制的关系，早期学者进行了大量调查，其中最早的代表性观点有，注意可能是一种意识控制系统，因为首先进入短时记忆进行存储的知觉信息是与注意选择息息相关的，如特瑞斯曼（Tretisman）提出的衰减理论、布罗德本特（Broadbent）认可的过滤器理论和道奇（Deutsch）等人支持的后期选择理论，这三种理论全部赞同一个观点，与行为目标相关的信息拥有进入认知控制系统的优先权，加工后的特定信息会进入到下一步的处理步骤中进行后续提炼，因此信息是否被注意到决定了后期能否进入认知加工系统。

德西蒙（Desimone）和当肯（Duncan）的研究方式新颖，对认知控制中的工作记忆表征和选择性注意的关系进行探索，获得了著名的偏向竞争模型，认为注意改变工作记忆，针对此假设，凯拉齐（Chelazzi）和他的同事用恒河猴群体做被试，对简略的视觉搜索任务中的反应表现进行了设计，最终获得了模型验证。

阿瓦萨（Awh）等人的fMRI研究表明，空间工作记忆任务会引发额叶和顶叶的激活，空间选择性注意任务同样显示会有大部分重叠脑区的激活。科特尼（Courteny）等（1997）及其他许多研究者也有类似的实验成果，他们发现，外纹状皮层启动模式在空间工作记忆有关任务中表现出和空间选择性注意任务中很大的启动重叠性。阿瓦萨等（1998）首先验证了空间工作记忆基于选择性注意的复述假说。阿瓦萨等（2000）又进一步为选择性注意在空间工作记忆中的作用提供了ERPs证据。脑区的重合可以证明，两者在生理学角度具有密不可分的关系，表现了注意与认知控制工作机制的相似性。

个体的认知控制水平高低通常与选择性注意集中水平高低正向相关。高级心理加工程序的成功实施依赖于资源的科学分配，之后方可进入高级心理处理的通路。选择性注意是影响认知控制的关键类型之一。选择性注意与认知控制有相似的功效并形成联结，选择性注意的一个必备用途是解决思想、情感和反应之间的不匹配，而处理冲突也是认知控制的必备功用之一。选择性注意被研究人员判定为婴幼儿时期复杂认知功能的重要组成部分，是一种核心组成成分。后来的研究也证实，婴儿期测量的注意力可以作为儿童早期的认知控制的有效预测指标，在儿童后期的选择性注意力，会继续在涉及认知功能参与的任务中发挥着举足轻重的作用，因为调节、组织和规划行为都离不开选择性注意的存在。

注意与工作记忆之间的关系难以定论，但是众多研究阐明，注意影响工作记忆的储存内容，在认知控制中影响个体的行为，相反的，工作记忆中的储存信息也会影响不同刺激场景下注意的客体选择倾向，两者之间相辅相成。

（三）语境转换与认知控制的相关研究

李星（2007）发现在青少年中，认知控制能力与个体的双语熟练程度具有直接关系。中文色词干扰实验和英文色词干扰实验，都包含反应阶段和知觉阶段两个心理加工过程，两种实验的两个阶段都表现出，语言熟练者抑制控制能力显著优于非熟练者。说明双语熟练程度有差异的年轻人在抑制控制系统也存在区别，被试的抑制控制能力受语境要求的直接影响。

伊姆和比亚韦托克（Yim & Bialystok，2012）研究发现，只有在言语类转换任务中，语境转换起到正向促进作用。索韦里，罗德里格斯·福内尔和莱恩（Soveri，Rodriguez Fornell & Laine，2011）采用"数字—字母"任务对早期同步双语者和单语者进行比较，结果显示，在混用消耗任务中，单语者表现逊于双语者。不同的是，普雷尔和麦克温尼（Prior & Mac Whinney，2010）的研究却发现，语言认知优势体现在可以将消耗进行转换，而非混用消耗。之后普雷尔和戈兰（Prior & Gollan，2011）的研究结果显示，与单语者相比，语境转换频率越高双语者越容易进行转换消耗，但在混用消耗方面并未占上风。

刘聪（2016）等通过眼睛直视任务与眼睛转换任务，要求被试进行中英转换命名与单语命名，结果发现语境转换情境对加强反应抑制，削弱干扰抑制能够产生即时性地作用，但反应灵活性依旧保持原有状态，这也侧方面证明，反应抑制、抑制干扰和反应灵活性是不同性质的认知控制成分。研究结果同时发现，双语者长期的双语使用经验帮助双语者形成了绝对的认知控制优势。

焦鲁（2016）对非英语专业的高海拔地区大学生进行了实验，以探究语境转换对语言认知优势的影响，结果发现，语境转换经验对形成语言认知优势的积极作用具有顺序性。具体流程，第一步，瞬态切换能力优先得到改变，第二步致力于提升持续监控能力和抑制控制能力以达到提高语言认知优势的目的。

郑玲妃（2018）使用Stroop任务测试外语学习对认知控制能力的抑制控制影响、用威斯康星卡片分类任务测量被试认知灵活性、用N-back任务测试工作记忆能力的水平。结果发现，抑制控制和认知灵活性的能力水平可以通过语言使用和语言态度进行科学预测，抑制控制、反应灵活性等认知控制的多方面完善发展依赖于外语学习形成的语境条件。

路瑶（2018）发现，主动性认知控制在语境转换的线索提示阶段十分重要。在语境转换相关实验中，设置了汉语转英语、英语转汉语，连续汉语和连续英语的四种语言情况。结果发现，语境转换的线索加工可辨别为"与非目标语言辨别的任务程序"和"向语言目标任务转换程序"两个步骤，都需要主动性认知控制的介入，本研究为主动性控制参与语境转换过程提供了直接的实验证据。

随同认知神经科学技术的进步，对语境转换神经机制的认识也越深入。作为一种高级又复杂的思维过程，语境转换离不开认知控制能力的基础辅助。语境转换过程中会激活一般认知控制系统中的重要区域，例如，额叶—顶叶注意网络中的重要组成部分，左前额背侧和双侧缘上回。

在第二语言学习历程中广泛存在一种语境转换的言语现象，语境转换条件下，所需反应时间较短时，被试会有非对称性的转化消耗，反之，时间充裕时，存在对称性消耗转换，说明在语境转换实验中，被试结合环境状况与任务要求，选择采取不同措施以实现高效认知控制。

崔占玲（2010）研究了汉—英双语者言语任务中代码转换变更机制，发现语境转换与任务切换的本质是相互联系的，语境转换与语言功能是相互独立存在的两种机制，但都依赖于认知控制机制的存在，语言水平高低影响转换过程中心理资源的消耗量，心理资源来源于内在准备与外在调节，受制于认知控制水平。

有项针对军校学员的研究表明，语言综合强化训练会产生左额下回、额中回、额上回及右侧海马体的灰质厚度的增加，这说明短时间的语境转换练习会重塑大脑布局，进一步牢固学习的成果。而这一部分脑区与认知控制的相关脑区存在重叠，语境转换练习成绩的提升离不开认知控制脑区的参与。

为探究认知控制能力的机制，吴俊杰等人（2018）使用功能性核磁共振（fMRI）技术，扫描了多名被试实验过程中的脑活动状况，被试需要完成两个实验，分别是语境转换任务和西蒙（Simon）切换任务，之后通过两种解析方法，证明了双语产生过程中语言控制与一般领域的认知控制既存在额上回、前辅助运动区等脑区重合的脑机制，语言控制与认知控制的关系可见紧密。

（四）奖励、注意、语境转换与认知控制的关系

综合已有各种定义，可以将认知控制理解为个体有准备地应对特定目的、对外界信息进行筛选分类，抑制干扰源，同时调动内部资源以应对意外状况的高级能力。以认知控制的主要功能模式为线索，本研究针对不同形式的影响因素进行了探究。

首先，奖励是目前实验中常用的最直观且有效的动机影响因素，可以充分调动被试的积极性，为完成任务做好充足的心理活动准备，以实现特定的目标活动。奖励条件激发了被试内在动机，相应脑区持续性激活，通过潜意识影响认知控制权衡。其次，注意力是指个体调动内在资源指向和集中于具体目标的能力。注意力集中程度的高低决定了个体在目标任务中分配资源的多少。注意力集中程度越高，对信息的筛选处理越准确，资源越充沛，解决问题的能力

越高效。最后，语言转换任务中，个体需要在头脑中形成一个符合特定文本要求的表征体系，此体系包含两种及以上不同的语种表达方式，在语境转换过程中，被试需要根据任务要求选择一种恰当的语言模式，抑制其他语言模式的干扰作用，以便高效实现实验目的。这种趋向特定目标，抑制外界干扰因素的机制模式与认知控制模式高度吻合，且已有研究表明，双语者的语言经验有利于提升个体相关认知成分的工作效率，进一步完善认知系统模式，单语者较之语言经验，因为缺乏锻炼，认知控制效率呈现更低的结果。

从教师的角度出发，为提高学生的认知控制能力，奖励是最方便实施且使用最为广泛的方式之一。奖励可以有效提高个体的积极主动性，是理解人类行为动机的核心概念。奖励不只包括物质奖励，一些简略的非语言动作如鼓掌，点头等都是一种社会性奖励，具有超高性价比的奖励作用，对于教师来说，简略易实施，却可以有效帮助学生进行认知控制的权衡，提高认知控制能力。

从学生自身角度来看，排除个体个性特征、认知灵活性、自我反思、发散思维与情绪状态等不易控制的因素，注意力显著影响个体的认知控制能力，且可以进行有意识的训练帮助学生进行注意力集中性的改善。帮助学生在学习过程中提高选择性注意能力，便于更好地进行主动性与反应性控制之间的权衡，灵活处理学习问题，培养正确的认知控制思维，形成高效学习方式。

最后，结合高海拔地区大学生自身特点，长期的语境转换情境潜移默化的对学生的认知控制机制产生了影响，也有研究假设，语言认知控制系统与认知控制系统存在重叠，因此，进一步了解个体认知控制机制模式，挖掘高海拔地区大学生自身的语言优势，有利于因材施教，设置针对高海拔地区大学生的课程与教学，有利于高素质人才的培养与资源的充分使用。

### （五）认知控制的脑机制

基于认知控制脑模式的开辟，得益于相关脑功能成像技术的成熟和宽泛应用，心理学研究人员将持续利用ERPs、EEG、FMRI等先进技术来调查认知控制的脑机制。研究表明，前带状回（ACC）位于前额叶中央和头顶叶结合部，是关系到的认知控制过程的关键脑区。实验表明，相较于刺激和目标保持一致的情况，刺激与目标不一致的条件下会导致更大的前带状回的活跃度。根据冲突监视模型（Conflict monitoring model），在刺激目标与任务目标相互冲突不一致的情况下，前带状回脑区域就要承担多种责任，以处理外界冲突场景，抑制无关干扰信息，高效完成认知控制任务。前带状回被认为是监督看管认知冲突的首要脑区域。前脑前皮质（Prefrontal Cortex，PFC），特别是背侧前脑皮质（Dorsolateral Prefrontal Cortex，DLPFC），是在认知控制过程中最关键的部分。它不仅表征刺激和任务的目标，还负责存储维持上下文相关的内容，并实时更新，因此，为了分配注意资源，还需要抑制与任务目标相矛盾的无关信息，以及选择与任务一致的关联信息。前带状回和背侧前脑皮质两者都是认知控制的关键脑点位，但是，前带状回和背侧前脑皮质的存在依赖于不同类型的冲突模式，有着不同的控制机制。前带状回的活性会随着刺激比例的增加而变大，但是，背侧前脑皮质不受刺激比例的变化影响。

近年来P300，N400和SP波等脑电成分被称为最具典范性的，在事件相关电位中发现的与冲突控制相关的首要成果。研究表明，P300是感知过程的反应，简单理解，P300用来观察刺激和目标之间的反应和选择过程。在兰斯贝根（Lanshergen）等人（2008）的研究中发现，Stroop任务范式中，与线索刺激和实验任务一致时的情况相比，线索刺激与实验任务矛盾时，引起的P300波幅更小，潜伏期更长。N450常常用作反映认知控制过程中刺激冲突与反应冲突的重要标准，神经发生源在前柱状回前带状回和大脑正中额叶或外侧前额叶的早期额叶皮质，目标刺激矛盾时观察到更负的N450，当刺激任务间断时，它会产生一个改良的随着脑区神经信号的变化而转变极性的N450。SP波是一个慢波成分，产生在N450出现后，其主要的神经发生源在大脑的中顶部或者侧前部，SP的极性会随着神经信号源脑区的不同而发生转变。在学者代表巴蒂斯蒂（Battisti）等人的研究中，与大脑的冲突解决加工过程有关的SP波在Stroop任务中矛盾条件下波幅最大。

除此之外，近期研究还探索出了很多与心理因素关系比较清晰的成分，因其呈现条件比较固定、便于操控，故可用来作为工具利用。如伴随性负波（CNV）、加工负波（PN）、运动相关电位（BSP、MP、RAF）、错误正波（Pe）、识别电位（RP）等。伴随性负波（CNV）于1964年由沃尔特（Walter）和库伯（Cooper）发现，因为是在准备刺激与指令刺激之间观察到的脑电发生负向偏转的现象，所以称其为伴随性负波，在头皮的分布以Cz点处为最大振幅。韦尔茨（Weerts）等（1973）认为，伴随性负波主要由两种元素构成，较早的元素称为朝向波（O波），在准备刺激出现后许久才达到峰值，较晚的元素称为期待波（E波）。与E波反映目标刺激的作用不同，朝向波指示朝向反应的存在，可在额叶观察到。各实验室一致认为伴随性负波成分主要与心理因素有关，伴随性负波不是一个单一成分，而是与清醒、期待、意动、朝向反应、动机、注意等相关联的复合型成分，本次实验考虑到每个试次时长因素，只选择朝向波进行分析。由视觉刺激引起的负电位被叫作识别电位（RP），峰值大致晚于刺激出现之后两三百毫秒。识别电位的出现与视觉刺激的认识程度或识别状态有直接关系，且只与这些因素有关，而与其他刺激参量，如发光强度、持续时间、所占视网膜面积、字体和迭代等无关。识别电位的潜伏期为200～250ms，被内外两方面因素所左右。刺激诱发的神经源位于外侧纹状区底部，即梭状回与舌回，因此，识别电位是外侧纹状区底部的功能指标。诱发识别电位的刺激通常是刺激序列中与注意有关的小概率事件，这些都与诱发P300的条件类似，因此，鲁德尔（Rudell）研究调查了两者的不同，结果发现，P300是通过小概率的改变位置事件而引起的，而不管单词和数字如何，只与刺激发生概率的大小有关，但是无论是否被识别，波幅的状态都不会改变。相反，识别电位与刺激发生的大小概率无关，只是在被识别时产生。由此可知，识别电位与P300是存在巨大差别的两种ERPs成分，电位产生的脑内源也是不同的，实验数据分析过程中应注意将两者进行辨别。

如上所述，认知控制的主要功能之一是发现并修正个体应该做什么、做出什么效果，这被称为效果监视。认知控制包含至少三个方面，首先是监督看管或调节战略。例如，"我反应得很快吗"，在被试自省后，会显示出调整其反应的效果。其次是从反馈信息中调整策略。例如，从"我又按键太快做错了"和"原本可以获得更高酬劳"的反馈中学习，选择更换反应模式。最后是活动的直接限定。例如，在ERPs研究中，如中止准备或做出反应等，在发生了行动反应错误的情况下，数据一般不进行迭代处理，而是放弃对应的EEG。后期可以通过对比错误反应的ERPs与正确反应的ERPs之间差距，根据结果观察大脑的反应准则，或者探测误差的形成因素。目前，该领域的脑高阶功能研究发现了前额叶在认知中的作用，并观察了ERPs的相关成分。这些研究在ERPs指标和社会心理学的研究中产生了新的突破，形成了科学领域新的研究热点。

在格林（Gehring）的左右按键快速反应任务中，许多被试经常反应过快而导致按键错误，但是，在实验过程中，如果被试按了错误的反应键，就会第一时间发现错误，经常会对自己发牢骚。为了提高反应时间的精度，同时记录（EMG），并使用肌电出现时刻作为叠加的反应出现时刻，若将错误反应和正确反应的ERPs进行重和对比可发现，在错误反应试次下，比正确反应试次多出现了一个早期负波，头皮分布的最大波幅点位于额叶中部，称之为错误相关负波（ERN）。于1990年被法尔肯施泰因（Falkenstein）等人首次发现，当时被称作错误负波（Ne），后来因为在观察到的错误相关负波之后又观察到了一个正波，命名为错误正波（Pe）。与错误正波揭示人类行为目的、决策等社会心理作用相似，错误相关负波作为重要ERPs成分近年来颇受重视。关于ERPs与行为错误的关系研究发现，当反应速度比反应准确度更胜一筹时或者误差范围很大时，错误相关负波的幅度会更高。而且由于失误操作而产生的负波与正确操作产生的负波两者存在分叉点，分叉点时间位于肌电反应时附近。各项生理指标表明，人的认知处理系统可以根据需要监视和修整自己的行为，并且错误相关负波表示错误检测系统的活动。研究发现，人类错误相关负波出现于青年时期，伴随认知控制能力的发展而增大，错误相关负波不仅包括对错误本身的检测或觉察，也包括更高级的对错误的评价乃至决策。错误正波峰值出现在顶叶，与正确反应引起的P300的头皮分布位置相同。错误相关负波代表是否监测到自身错误而不反映结果正误与否，属于元监测，而错误正波代表操作错误后的行为加工或后期错误处理。

当被试获得的反馈信息是活动结果不正确时，会在额叶中部Fcz附近，观察到一个波幅较大的ERPs负成分，波峰通常在反馈信息消失后300ms左右时间段呈现，称之为反馈负波（FN）。目前多数研究人员都认可，FN出现的必然要素是被试的期待，FN的大小决定于对反馈评估是否与期望值一致的觉知，与期望的绝对值或反馈评估的绝对值无关。FN反映的是个体主观期盼结果与实际反馈评价的重叠程度，是一个客观存在指标，是主观内心变化的数据化形态。FN产生于前带状回。额—中央部N2又被叫作前部N2，具体是存在于额叶和中央部的峰值最大的N2成分，对认知控制过程中具有反馈作用。Oddball实验范式结果发现，靶刺激引起的顶部P300和颞枕部N2在实验中比非靶刺激大，不受靶刺激的物理属性变化的影响。前部N2对知觉刺激的偏离程度敏捷有效。视觉N2包含额—中心成分，涉及行为抑制、反应竞争、偏差监控有关的认知控制。

## 四、研究方法

### （一）文献法

文献分析法首要是指在研究过程中搜集、筛选、整合文献，通过对文献的学习内化，构成对客观事实科学认识的方式。依据论文研究目标，利用中国知网、Web of Science等途径，搜集国内外相关文献资料，其中包含认知控制、主动性认知控制与反应性认知控制等相关文献，并着重阅读相关书籍，包括《生理心理学》《教育心理学》《事件相关电位原理与技术》等，对相关研究内容和成果进行汇总整理，较为全面地把握国内外有关认知控制领域的研究成果，掌握近年来的发展趋势，为本研究构架的设计提供了总体思路，奠定了理论根基。据此进行了文献综述的撰写，为后续的研究划定方向。

### （二）心理实验法

心理实验法是指以目标为导向，规范或创造所需条件，诱发个体形成某种定向心理活动，以便进行测量和数据采集的一种科学方法，主要包含实验室实验法和自然实验法两种。本研究中主要采用实验室实验法，选取某大学四个年级共150名高海拔地区大学生为被试，比例为4∶4∶4∶3。借助E-prime 3.0实验设计软件编写四个实验程序，分别为，高海拔地区大学生主动性与反应性控制权衡的研究实验、奖励对高海拔地区大学生认知控制的影响实验、注意力集中程度对高海拔地区大学生认知控制的影响及语境转换对高海拔地区大学生认知控制的影响实验。其中高海拔地区大学生主动性与反应性控制权衡的研究实验结合脑电仪器的使用，严格控制实验室噪音等实验条件，尽力创造维持相同的实验环境，研究高海拔地区大学生认知控制机制的特点和规律。

## 五、问题提出与假设

### （一）问题提出

认知控制过程是工作记忆的重要功能组成部分，它协助个体内部机制完成多项任务活动，例如选择有关主动记忆保护的信息，以便信息存储，防止无关信息源的干扰，及时更新到合适的节点，从而设计和影响其他认知系统，例如感知、注意、记忆和行动等。无论是个体之间的反应速度，还是个体内部的跨时间和任务情况，影响工作记忆的认知控制能力都有很大的不同。事实上，个体认知控制功能既强大又脆弱，大多数情况下，如果一个人主观地要求，认知控制总是首选，但反射性行为会根据环境进行辅助控制。为了说明其中的变化与矛盾，布雷弗（Braver）等人（1997）提出了有关工作记忆的认知控制理论。理论的核心是认知控制机制分为主动性认知控制与反应性认知控制。两种模式在许多方面是分离的，例如计算属性、神经基质、时间动力学和信息处理的后果等，但二者又共同作用、相互协调，能够灵活地适应特定任务需求，强调与任务相关的行为，有利于处理与任务相关的信息，限制其他具有竞争性地干扰信息源，避免习惯性的或其他的信息引发的错误反应。

布雷弗（Braver，2007）肯定了认知控制中前额叶皮层的功效。假定认知控制中心的前额叶皮层的作用是由前额叶皮层的独特生理价值实现的，它可以表现出上下文信息并积极维持。上下文信息可以通过负责任务性能的脑区来处理。目标表达是影响计划和约束行动的信息形式。研究者们认为，在前额叶皮层，通过局部迭代连接，上下文的主动维持是稳定且持续的神经活动模式。中脑多巴胺体系调节了前部脑区活性的主动性维持。通过在前额叶皮层输入信息，活跃地维持与任务相关的上下文。这种调节被认为是在前额叶皮层中，脑多巴胺释放的阶段性相位导致的，诱发了前额叶皮质中神经元的神经调节，可以更新来自其他脑区的信息输入并主动维持。在缺少外部信息持续输入过程的情况下，大脑中的多巴胺活性在前额叶皮质中持续时间很短，并且在停止外部输入后立即消除。重要的是，中脑多巴胺系统在强化学习中也起着重要的作用。由于这种学习效果，中脑多巴胺系统可以自行组织主动拓展适宜的信号通道，以开发合适的时机，因此，可以适当更新和维护上下文信息。各个系统使用简略的学习原理来动态配置并调整机体行为。研究表明，前额叶皮质和中脑多巴胺在简略的工作存储器任务中生成适当的认知控制行动。

主动性控制意味着积极地使用主动战略来维持上下文信息线索，并提供给前额叶皮层区域，以有效地应对下一个事件，实现在认知任务中高效抵制错误倾向。其过程是，机体积极保持前额叶的皮质表现，而且，它可以用作自上而下的信息源，这些信息与任务执行有关。这种模式将影响信息处理的许多方面，如感知流畅性、方向性选择、参数设置、行动顺序以及特定区域中存储量的调整。认知控制的上下文信息预先产生，在这种情况下，上下文信息必须被前额叶皮质顺利编码，为了完成控制，必须在延迟期间保持活跃。基于多巴胺前额叶皮质相互作用模型，进一步假设了多巴胺活性依赖性编码和持续保持的这种特定模式。特别是当线索刺激被提示时，必须有多巴胺活性被强烈激活，这个信息才可以与前额叶适当地结合。相反，为了确保在延迟时段期间适当地保持信息而不干扰或衰落，多巴胺活性的水平必须相对低。

主动性认知控制不是唯一可用的机制，当其功能不能满足个体需求时，还有一个备用的系统，即反应性认知控制。反应性认知控制是在某个必要事件发生之后而不是之前进行的。在此事件之前，系统保持相对稳定，因此更受自下而上信息输入的影响。此外，反应性控制机制只会根据需要采用"适时"原则，而不是经常出现在重要事件面前。最后，当控制依赖于使用上下文的信息时，这些信息只是通过反应控制机制临时被激活，存留时间很短。因此，在必须重复同一上下文的情况下，需要不断完全重新激活信息。在反应性控制中，语境表征仅在必要的时候短暂的出现。前额叶皮层的活动呈现暂时的而不是持续的特点，且只出现在那些直接需要使用上下文来调节适当表征的事件中。在反应控制条件下没有多巴胺介入的信号，多巴胺无法持续释放，在这种情况下，前额皮质只能被短暂的激活，并且只有在上下文表征和探测刺激有足够强的关联的情况下才会产生大范围激活。

高海拔地区大学生作为社会新时代、新思想的主流群体、国家重点培育的高级专业技术人才。高海拔地区大学生接受的是针对性的专业知识，并开始接触更广泛的非课本知识，这对个体认知控制能力的要求更加严格。个体在大学期间获得独立性并培养成熟的社会目标，采用的认知控制策略也不尽相同。

ERPs检测证实认知控制功能的主要神经基础是大脑颞叶皮质，在认知加工过程中不可缺少顶枕叶皮质的参与，个体认知控制功能通过大脑多个皮质功能区相互合作来实现。

最早从孩童时期就开始出现认知控制能力的表现，从孩童时期持续发展到青少年时期，整个发展历程包括如工作记忆、阻碍、灵活性等多种结构层次，表现出许多不同高层次的功能如监视、计划等。认知系统的发展状况影响认知功能，因为它受多方面诱导性因素的影响，从而调节个体应用认知控制的水平。高海拔地区大学生神经机制基本发育完善，但缺乏社会经验，易被外界环境干扰因素左右，认知控制能力呈现不同水平。研究高海拔地区大学生的认知控制现状及影响因素对培养正确的认知控制策略，增强反应敏捷性，提高应对能力，更好的学习技术，为国家培育新世纪人才具有可实施性。

（二）问题假设

根据研究目的和研究内容，研究提出以下假设：

**假设一：** 假设高海拔地区大学生群体间的认知控制能力不存在统计学意义上的差异。

**假设二：** 假设奖励条件刺激影响高海拔地区大学生认知控制权衡，并显著作用于主动性控制，具体表现为AX–CPT基础范式绩效的提高。

**假设三：** 假设注意力集中程度高的个体主动性控制能力显著高于注意力集中程度低的个体，反应性控制能力则相反。

**假设四：** 假设语境转换情境影响高海拔地区大学生的认知控制水平，具体表现为语境随机转换程度高的高海拔地区大学生主动性控制表现好。

## 第三节　高海拔地区大学生认知控制权衡的实验研究

### 一、实验方法

（一）实验被试

被试随机选自某大学，包括本科四个年级学生共30名，其中男女比例接近。全部被试惯常使用手都为右手，视力正常或矫正视力正常，身体状况健康。全部被试参与本实验都遵循自愿的原则，在实验前对被试状态进行评估，符合条件后需签署知情同意书。实验完成后，将凭借每名被试最后的实际任务表现成绩给付对应的金钱奖励。实验共剔除两名被试，一名被试行为数据不规范，一名被试脑电数据显示异常，获得共28名被试数据。

## （二）实验材料

实验采纳AX-CPT基础范式。实验流程设计及呈现通过E-prime 3.0心理实验设计软件结合电极帽实现，使用SPSS 25.0对实验数据进行统计分析处理。在AX-CPT基础范式中，任务包含注视点、空屏、线索刺激、空屏延迟阶段和探测刺激和反应空屏共六个阶段。其中线索刺激包含字母A或B，探测刺激由字母X或Y构成，字母两两组合，共有四种情况，其中AX序列为靶反应，占总体次数70%，AY、BX和BY序列为非靶反应，各占10%。其中实验材料的英文字母均采用大写Times New Roman字体，颜色为黑色、字号为48号，在灰色屏幕中央单个呈现。保持实验环境的安静与整洁，实验程序在一台像素为1366×768，15.6英寸彩色显示器华硕笔记本电脑中呈现，屏幕刷新频率为60Hz，所有材料通过E-prime 3.0软件呈现实验程序并记录被试反应。

## （三）实验目的

考察高海拔地区大学生主动性控制与反应性控制的基本特点和普遍状况，以及探寻在高海拔地区大学生群体中是否存在两种认知控制选择的显著差异性。

## （四）实验设计

AX-CPT基础范式采用4种字母顺序AX、AY、BX和BY的单因素被试内实验设计。其中自变量为字母顺序，因变量为AX-CPT基础范式实验绩效（AY与BX试次的错误率与反应时）和ERPs数据（P300、N200、朝向波、识别电位、错误相关负波和错误正波的平均波幅）。

## （五）实验假设

**假设一**：高海拔地区大学生的主动性控制与反应性控制不存在显著差异。
**假设二**：高海拔地区大学生的认知控制权衡倾向于采取主动性控制。

## （六）实验程序

首先，向受试者介绍任务并告知受试者，接下来将进行认知控制相关实验，实验数据仅用于研究和分析，不会影响受试者的教育和生活。提前让被试用手指感受脑电膏注射器的锋利度，确保不会伤害到头皮，告知脑电膏只具有导电作用，不会对机体造成副作用，消除被试顾虑。整个实验流程通过E-prime 3.0软件来给被试显现刺激，整个实验过程中，要求被试维持端坐但舒服的姿势。

在AX-CPT基本范式实验中，首先呈现一个"+"注视500ms，然后呈现一个300ms的空白屏幕，之后呈现一个300ms的提示刺激A或B，随后呈现一个4900ms的空白屏幕，再呈现一个300ms的X或Y，反应屏幕持续时间不限，受试者按键后刺激消失，实验的任务是要求被试在发现刺激出现时启动按键反应，对靶刺激用右手按字母"J"，非靶向反应左手按字母"F"，在被试按键反应后进入下一试次，实验的单个试次如图7-3-1所示。

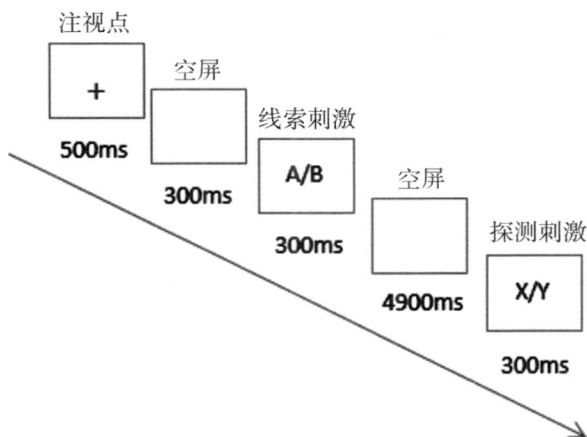

图7-3-1　AX-CPT基础范式实验流程图

## （七）EEG记录与预处理

脑电信号由德国脑产品（Brain Products）公司的Recorder和Analyzer软件进行采集和分析，采用国际标准10—20系统，用64导电帽记录EEG，以左右乳突

（TP9和TP10）为参考通道。头皮和电极之间的阻抗保持在5kw以下。数据通过0.016Hz和100Hz之间的条形滤波器过滤，并以500Hz的采样速度数字化。

Analyzer 2.0用于数据的预处理，预处理过程包括变换、滤波、伪影去除、独立分量校正组件、基线校正等接受的是0.1至30Hz的相位数字滤波。marker出现前200ms作为基线，分析时程为基线和marker出现后800ms选择自动滤波软件来平滑波形。除伪迹时在软件中设置要自动筛除的波幅范围，在此次实验中，设定筛除大于±100uV的波。选择独立成分分析（ICA）校正对受试者的眼动误差进行校正。实验中每个被试在四种条件下迭代次数不少于250次，确保排除明显带有肌电、漂移的脑电后的波形平均值正常可用。根据总平均波形图并参照前人的研究，选取具有代表性的头皮中线位置上的6个电极点Fz、Pz、Oz、Cz、CPz和FCz，对6种N450、朝向波、N1、P2、P300和识别电位等脑电成分的平均波幅进行统计分析。

分别对脑电数据进行主要点位和试次类型的重复测量方差分析。数据统计指标采用Greenhouse–Geisser法校正P值（df>1），当P<0.05时为统计学显著性差异。

## 二、实验结果

### （一）行为数据结果

高海拔地区大学生主动性与反应性控制权衡的研究实验中反应时与错误率的描述性统计具体见表7-3-1。

在反应时上，对实验结果进行4个试次类型，AX试次、BX试次、AY试次、BY试次的单因素重复测量方差分析，结果表明，试次类型的主效应 $F(3, 28) = 4.78$，$P = 0.01$，统计学意义上显著。成对对比可知，试次类型AY的反应时统计学意义上长于类型BX试次、AX试次和BY试次，用时最长。试次类型AX反应时统计学意义上久于类型BX试次和BY试次，试次类型BY反应用时显著低于AX试次、AY试次和BX试次，用时最短。线索刺激为字母A时，被试反应时统计学意义上久于线索刺激为字母B的状况。

在错误率上，对实验结果进行4个试次类型，AX试次、BX试次、AY试次、BY试次的单因素重复测量方差分析，数据表明，试次类型的主效应明显，$F_{(3, 28)} = 5.959$，$P = 0.001$。成对对比后发现，试次类型AY错误率在统计学意义上高于类型AX试次与BY试次，试次类型BY错误率统计学意义上低于类型BX试次与AY试次。非认知控制（AX、BY）条件下试次错误率低于认知控制（AY、BX）条件下。具体见表7-3-1。

表7-3-1  高海拔地区大学生主动性与反应性控制权衡的
研究实验反应时和错误率（$M \pm SD$）

| 任务类型 | 反应时（ms） | 错误率（%） |
|---|---|---|
| AX | 412.50 ± 148.39 | 0.07 ± 0.17 |
| BX | 369.58 ± 149.16 | 0.17 ± 0.20 |
| AY | 496.46 ± 141.65 | 0.21 ± 0.15 |
| BY | 363.65 ± 138.76 | 0.07 ± 0.12 |

（二）脑电数据结果

高海拔地区大学生主动性与反应性控制权衡的研究实验中主要点位脑平均波幅值具体见表7-3-2。

对高海拔地区大学生主动性与反应性控制权衡的研究实验中的平均波峰值进行上进行6（主要点位：Fz、FCz、Cz、CPz、Pz和Oz）×4（试次类型：AX试次、BX试次、AY试次、BY试次）的两因素重复测量方差分析，结果显示，主要点位的主效应不显著，$F_{(5, 26)} = 1.926$，$P = 0.10$。成对比较结果发现，主要点位Pz处平均波峰值显著高于点位CPz。主效应分析后结果得，$F_{(3, 26)} = 0.75$，$P = 0.53$，表示试次类型不存在主效应。具体见表7-3-2。

表7-3-2　高海拔地区大学生主动性与反应性控制权衡的研究实验主要点位
脑平均波幅值（$M \pm SD$）

| 任务类型 | Fz | FCz | Cz | CPz | Pz | Oz |
|---|---|---|---|---|---|---|
| AX | −0.46 ± 1.42 | 0.06 ± 1.04 | 0.17 ± 0.73 | 0.57 ± 1.07 | 0.62 ± 1.33 | 0.23 ± 1.06 |
| BX | −0.91 ± 1.48 | 0.10 ± 1.19 | −1.07 ± 1.57 | −0.60 ± 1.38 | −0.12 ± 1.58 | 0.01 ± 1.31 |
| AY | 0.22 ± 2.22 | −0.07 ± 0.86 | 0.58 ± 2.04 | 0.46 ± 2.05 | 0.58 ± 1.88 | 0.03 ± 0.88 |
| BY | −0.42 ± 1.99 | 0.19 ± 0.82 | −0.71 ± 1.78 | −0.41 ± 1.14 | −0.22 ± 0.98 | 0.16 ± 0.92 |

　　在高海拔地区大学生主动性与反应性控制权衡的研究实验中，对平均波峰值进行6（波段类型：N450、朝向波、N1、P2、P300、识别电位）×4（试次类型：AX试次、BX试次、AY试次、BY试次）的两因素重复测量方差分析，结果显示，试次类型具有显著的主效应，$F_{(3, 26)} = 27.13$，$P = 0.00$。两两对照可得，试次类型AY平均波峰值显著高于类型BX试次和BY试次，平均波峰值最高。试次类型AX反应时显著高于试次类型BX，线索刺激为A时，被试平均波峰值显著大于线索刺激为B时，具体见表7-3-3。

表7-3-3　高海拔地区大学生主动性与反应性控制权衡的研究实验
主要成分脑平均波幅值（$M \pm SD$）

| 任务类型 | N450 | 朝向波 | N1 | P2 | P300 | 识别电位 |
|---|---|---|---|---|---|---|
| AX | 0.84 ± 0.90 | −0.30 ± 0.65 | 0.67 ± 0.42 | −0.23 ± 0.18 | −0.52 ± 1.89 | −0.69 ± 0.46 |
| BX | 0.28 ± 0.23 | −0.08 ± 0.98 | 0.24 ± 0.74 | −1.64 ± 0.51 | −2.30 ± 1.50 | −0.79 ± 0.55 |
| AY | 2.68 ± 1.86 | −0.90 ± 0.81 | 0.65 ± 0.47 | −0.32 ± 0.43 | −1.31 ± 1.46 | −0.96 ± 0.61 |
| BY | 0.11 ± 0.12 | −0.44 ± 0.76 | 0.62 ± 0.57 | −0.25 ± 0.36 | −2.47 ± 2.13 | −0.43 ± 0.55 |

　　结合脑电图可以对实验结果有更直观的认识，分别对AX试次、BX试次、AY试次、BY试次四种试次下的脑区的ERPs进行叠加平均，得到32个主要点位的平均脑波形分布图，具体见图7-3-2。对四种试次下的波形图进行对比可发现，在AX试次下，峰值跨度大，脑区活跃性强，在BY试次下，波形平缓，脑区各点位未显著激活。

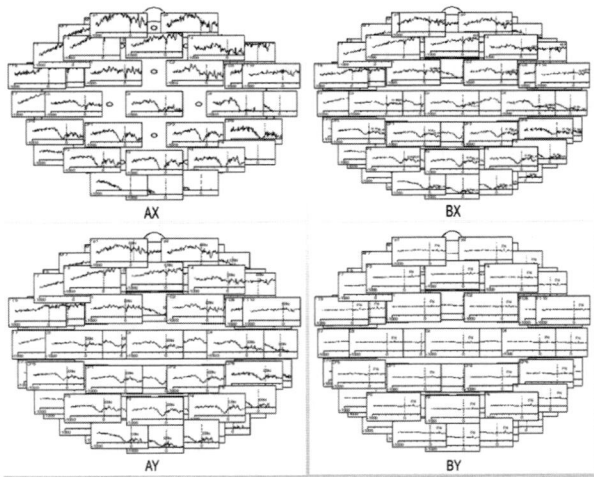

图7-3-2 AX、BX、AY、BY四种试次类型的主要点位脑平均电波分布

选取FZ点位进行AX、BX、AY、BY四种实验试次下P300波的差异性比较，如图7-3-3，BX试次、AY试次与BY试次三种小概率试次类型的峰值都要更负于AX试次，其中BY试次下，P300峰值最小。与线索刺激为A时的情况进行对比可知，线索刺激为B时产生的波峰跨度更大。BX试次引发的P300峰值要早于AY试次，AX试次最早。

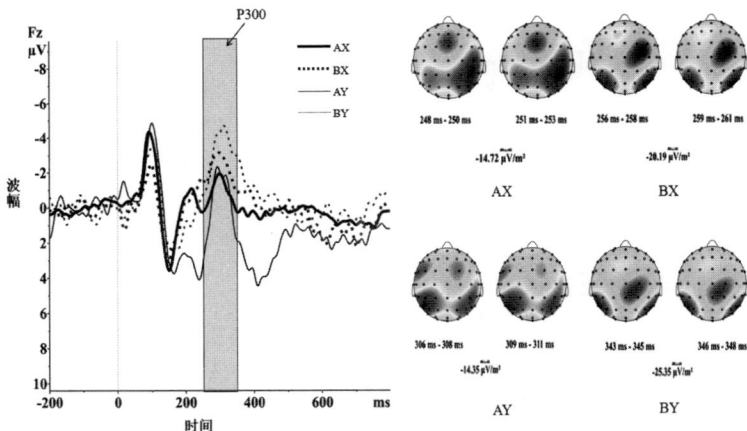

图7-3-3 Fz点位下AX、BX、AY、BY的P300波形与时程对比差异图

脑地形图可以根据颜色来判断脑区活跃度，其中，暖色表示脑区较活跃，冷色代表脑区活跃度不高。如图7-3-4所示，AX试次下，全脑区激活度不大，

活跃期维持时长较短，BX试次下有-1125ms—-1038ms时段额叶区的激活，也存在明显的全脑激活状态，激活时间早于AY试次，AY试次激活时间主要集中在360ms—560ms的晚期，激活的脑区集中在顶枕叶区，BY试次于早期有额叶的激活，与BX试次出现时间一致，说明此阶段的线索刺激产生作用，中期则呈现出顶叶的激活状态。

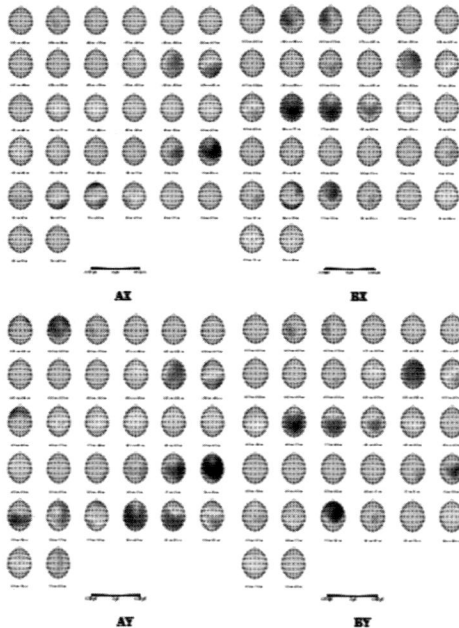

图7-3-4　AX、BX、AY、BY试次平均脑地形图

### 三、分析与讨论

研究从双重认知控制机制的角度出发，采用AX-CPT范式将主动性与反应性认知控制区分开来，进而探索高海拔地区大学生认知控制的现状及个体间的差异程度，结合代表性ERPs数据分析被试实验过程中认知控制情况。

对高海拔地区大学生主动性与反应性控制权衡的研究实验的行为数据进行分析，发现不同任务类型在反应时与错误率上存在的差异明显。如表7-3-1，四个试次中，AY试次的反应时最长，平均时长接近500ms，且AY试次错误率最高，这说明线索刺激严重阻碍了被试的按键反应，说明被试注意到线索信息并做好了注意力准备，未优先采取反应性认知控制。因为，对于AY序列，如果被试加强反应性控制，即关注到探测刺激是Y，为非靶刺激，则被试可以淡化线索刺激A对被试的加工干扰，抑制由线索刺激产生的错误反应倾向，转而增强对即时出现的探测刺激的表征，做出正确认知反馈。与之类似，BX试次同属非靶刺激，但也容易引导被试做出靶反应，与被试的认知形成冲突，被试必须加强认知控制才能有效克服这种错误倾向的行为冲突。在本次实验中，被试在BX试次用时显著少于AY试次，说明被试加强了主动性认知控制，强化表现能力，对前面出现的字母B，积极维护，省略后期检测刺激的处理，从而减少了反应用时，且错误率不高，有效抑制检测刺激X引起的按"J"键的反应趋势。综合来看，本次高海拔地区大学生被试在四个试次上的表现与预期基本吻合，个体之间不存在显著差异，都倾向于采取主动性认知控制，具体表现为，在认知控制相关试次中，被试的BX试次的反应时与错误率成绩显著优于AY试次成绩。在非认知试次中，BY试次反应时最短，错误率最低，因为无论采取主动性认知控制还是反应性认知控制，都应该将此试次判断为非靶反应，不存在认知冲突。

对高海拔地区大学生主动性与反应性控制权衡的研究实验的ERPs数据进行深层次剖析。N450是判断个体在实验过程中处理冲突的有效神经指标，同时与冲突监视有关。在AX、AY试次下，N450峰值大，BX、BY试次下峰值低。这说明只有在线索刺激为A时，被试会对探测刺激做出预判，更倾向于AX组合，而探测刺激为Y时，实际刺激与预期产生冲突，导致AY试次的N450峰值更大。而线索刺激为B时，无论后期探测刺激为何种字母，都应该做出非靶反应行为，不存在刺激冲突，所以，BX、BY试次下的N450峰值低。换一个角度来讲，BX试次下，被试采纳了主动性认知控制策略，可有效抑制反应冲突。

根据实验设计自身特点，线索刺激与探测刺激需要先后间隔出现。观察实验中脑波形图发现，在间隔期间-1300ms—300ms处发生脑电波负性偏转现象，在Cz点处最为明显，峰值最大。说明被试及时关注到线索刺激的呈现，并且已做好判断探测刺激的准备，验证了此刻被试的主动性认知控制机制被激活。由于本次实验单个试次时长受限，无法捕捉统计到晚期成分期待波（E波）的数据，所以此处只统计到另一早期成分即朝向波（O波），即-150ms—0ms处的脑电波形图段。朝向波在额叶点位处的变现明显。现有文献指出，朝向波与朝向反应有关，对后期出现的探测刺激反应更加敏锐，容易消解线索刺激引发的机体反射。实验结果中，BX类型下错误试次的脑电波中，朝向波峰值较明显，这验证了已有结论。因为伴随性负波不是单一成分，而是与个体注意等多种心理因素相关的复合成分，后期实验中可以进一步研究探讨注意与认知控制的脑电关系。

由行为数据表7-3-1可知，与标准刺激AX试次相比，被试对偏差刺激BX、AY的反应时呈现显著延迟，这表明被试在实验过程中被成功激发抑制加工，结合抑制过程中的各阶段脑电波图可以更直观地观察到被试的认知加工特点。与AX刺激相比，BX和AY刺激后50—120ms，N1—P2复合物更为明显，结果表明BX和AY引起的N1波振幅，P2波振幅小于AX引起的，同时BX和AY的潜伏期低于AX。N1—P2复合成分代表的是被试对偏离预期目标刺激的一种觉知与反馈。在本实验中，如图7-3-1，被试平均潜伏期短，被试较快注意到了偏差刺激BX或AY的出现，同时消耗了更多注意资源，行为数据上就体现为更长的反应时间，AY试次用时约500ms，远高于其他试次，说明被试的预期字母与实际出现字母不符，产生偏离预期的觉知，进一步验证了被试主动性认知控制的存在，这也是为了之后监控系统做出监测，调整行为，抑制错误倾向打下基础。

P300被认为与认知有关，且只与试次呈现概率有关，在本实验中，AX试次呈现比例最大为70%，其余三种试次各为10%，AX试次的高比例设置是为了促使被试形成AX的靶反应行为倾向，BX、AY、BY试次处的P300峰值显著小于AX处，说明本次实验设计的目标已达成。同时，P300还可以反映被试对刺激的注意状态是否被激活，P300成分波幅的差异性表明被试在实验过程中意识到非靶反应，四个试次的波幅值存在差异，表明被试实验过程中形成了认知冲突，启动了认知控制系统。P300还可以反映被试认知监控系统的状态，在本研究中，BX、AY试次出现概率低，加工速度慢于AX，同时BX、AY冲突试次易引发错误倾向，相较于BY试次，需要调动更多的认知资源，对行为反应进行认知监控，导致加工速度慢于BY，反应用时变长。这说明在大学生中，认知控制普遍存在，个体间不存在显著的水平差异。

与诱发P300成分的条件相似，与刺激概率相关的另一成分为识别电位，不同之处在于，前者只与刺激出现的概率大小有关，无关乎刺激是否被识别，后者相反，对刺激呈现概率不敏感，只与刺激是否被识别相联系。因为识别电位成分通常用来揭示被试对呈现刺激的辨识程度，如表7-3-3所示，识别电位于BX、AY处的波幅值显著小于AX试次，说明被试对四种试次刺激进行了区别加工，意识到与靶反应存在不一致。认知控制的重要作用之一就是帮助个体对正在做的事情与应该做的事情进行重合度判断，如出现差异，个体要及时调整行为，纠正错误，这就是认知控制系统的认知监控。如图7-3-3所示，在本实验中，识别电位峰值出现在200ms附近，波幅不大，说明被试将呈现的字母组合与AX进行对比并发现了其冲突，而且意识到呈现刺激为小概率事件，对刺激的识别在整个认知控制过程中起到了举足轻重作用，通过识别电位成分的存在可以验证被试认知监控的水平，高海拔地区大学生在此次试验中广泛应用认知控制。

四种试次类型下的脑地形图可以发现，不同试次下的脑激活区及激活时间显著不同，AX试次下，总得激活时长较短，主要集中在-1125ms— -950ms时间段，激活脑区主要分布在顶叶与枕叶。BX试次下，主要激活时间从-1125ms持续到-513ms，其中在-882ms—688ms期间，整个大脑皮层被高度激活，此时个体处于兴奋状态，执行主动性认知控制。AY试次下，大脑全面被激活的时间在晚期，主要集中在-382ms—537ms，枕叶区被持续激活，此时个体主要倾向于反应性认知控制。对比BX与AY试次的激活时间，可以发现，主动性认知控制主要通过对早期线索刺激的识别与信息激活来实现，反应性认知控制则通过对晚期探测线索的判断来规避错误反应，两者的启动时间存在差异性。对比BX与AY试次的激活脑区，整个大脑皮层都参与执行，其中枕叶区被显著激活，枕叶与视觉信息的处理、工作记忆与语言处理密切相关，由此可见，认知控制需要全脑的参与，与多种注意、记忆等认知活动共同作用。在BY试次中，大脑主要激活时间从-1125ms持续到-600ms，顶枕叶区被激活，较之AX试次，说明同样非认知试次下，BX被激活时间更久，消耗的认知资源也更大。结合激活时间段与脑区可知，高海拔地区大学生被试倾向于在BX试次采用主动性认知控制，AY试次采用反应性认知控制。

实验过程中经常出现被试按错键的情况，大多数情况下，被试会即刻发现并懊悔，说明被试行动操作先于抑制控制。在此情况下，采用脑电数据可以将被试思维活动进行量化。在错误的试次类型下，已经实现利用错误相关负波的波形数据化度量与解释被试的心理过程的畅想。需要明确的是，错误相关负波代表的是被试对自己错误按键行为的觉知与监控，并非代表被试一定按键错误。也就是说，只有被试意识到自己错了才会出现，与实际正误情况必然联系。现有文献显示，错误相关负波最大峰值位于额叶部位，侧方面证明，个体的错误觉知机制位于额叶。个体意识到错误后，会对之后的行为做出调整，以确保后面的正确率。当受试者接收到行为结果的负反馈信息时，会诱发脑电负分量，其振幅在中额叶（FCz）附近达到最大值，这就是反馈负波（FN），其波峰出现在反馈信息出现后200ms左右，在认知控制过程中，从反馈信息获得调整选取策略的加工是十分重要的一步，被试会通过对"我做对了""哎呀，做错了"等反馈信息以及"获得奖励""没有奖励"的反应结果，意识到下一步要控制反应速度或者提高准确率，以及采取何种认知策略才能最大可能保证速度的同时降低错误率。目前多数研究者对以下观点达成一致，即被试对行为的预期是FN出现的必然因素。当被试的主观预期与反馈评价处于同等状态时，FN峰值大；反之，当被试的主观预期与反馈评价存在出入时，FN峰值小。FN峰值与预期程度大小或者与反馈评价无直接关系。FN反映的是主观预测结果与反馈评价信息的契合程度，是一个反馈主观内心活动的量化性指标。在实验中，无论采用主动性认知控制还是反应性认知控制，BY试次都是最不容易选择错误的刺激组合，但被试依旧存在BY试次的错误按键，正是验证了上述情况，FN虽然无法认知佐证认知控制类型，但却是认知策略选择的前提条件，是认知控制机制存在的有效证明。

通过对与认知控制相关的多个脑电成分进行分析可知，脑电数据结果支持前面行为数据的结果，也就是说，高海拔地区大学生在进行认知控制实验时，倾向于采取主动性认知控制的策略，这与前人的研究结果是一致的，青年人更多采取主动性认知控制的策略。

## 第四节　奖励对高海拔地区大学生认知控制的影响

### 一、实验方法

#### （一）被试

被试随机选自高海拔地区某大学，包括本科四个年级学生共30名，其中男女比例接近。全部被试惯常使用手都为右手，视力正常或矫正视力正常，身体状况健康。全部被试参与本实验都遵循自愿的原则，在实验前对被试状态进行评估，符合条件后需签署知情同意书。实验完成后，将凭借每名被试最后的实际任务表现成绩给付对应的现金奖励。实验共剔除5名被试，两名被试行为数据不规范，三名被试脑电数据显示异常，获得共25名被试数据。

#### （二）实验材料

实验操作选用奖励版AX–CPT基础范式，具体来说就是在AX–CPT基础范式上添加奖励条件与线索。任务开始之前，与奖励相关的线索信息随机呈现在电脑屏幕中央，提示被试本试次是否有奖励，并在完成单次AX–CPT基础范式任务之后，通过具体数值反馈告知被试是否获得奖励。实验材料在高海拔地区大学生主动性与反应性控制权衡的研究实验基础上增加2个线索刺激，包括"↑、丨"两种可能，字体为黑色38号Times New Roman，出现比例各占50%。实验程序在一台华硕笔记本电脑中呈现（像素为1366×768，15.6英寸彩色显示器，屏幕刷新频率设置为60Hz），实验流程设计及呈现通过E–prime 3.0心理实验设计软件实现，同时记录被试行为反应，使用SPSS 25.0软件对实验数据进行统计分析处理。

#### （三）实验目的

考察奖励对高海拔地区大学生认知控制是否存在影响。

#### （四）实验设计

本实验采纳2（奖励条件：基线、奖励）×4（试次类型：AX试次、AY试次、BX试次、BY试次）的被试内实验设计。其中自变量设定为奖励条件和试次类型，因变量为AX–CPT基础范式实验绩效，用AY与BX试次的错误率与反应时来评判。

（五）实验假设

假设：与基线情况对比，被试在奖励条件下进行AX-CPT基础范式任务，BX试次的错误率或反应时存在减小趋势或者AY试次的错误率或反应时存在增大趋势，这说明奖励的存在促进被试对主动性认知控制的选择。

（六）实验程序

首先，确保被试知悉实验任务，主试大声宣读指导语，向被试保证接下来所获取的来自于实验的所有数据只在后续分析中使用，不作违规之用，确保被试个人信息的安全性。之后，告知被试认真参与整个实验流程，全部材料呈现通过E-prime 3.0软件进行。实验过程中请被试维持端坐但舒适的状态，本实验设定为基线部分和奖励部分两种。两部分的实验程序保持一致，仅在奖励线索处做出区别，基线部分中被试不被告知有奖励条件设置的存在，只被要求尽快高效率的实现目标。奖励部分则在实验前提醒被试，每一试次最早看到的符号是奖励线索。"↑"预示本试次实验有物质奖励，"｜"预示本试次实验无奖励，被试最终获得的报酬多少依赖于自身实验的成绩表现。基线的设定以便于验证奖励是否存在激励效应。

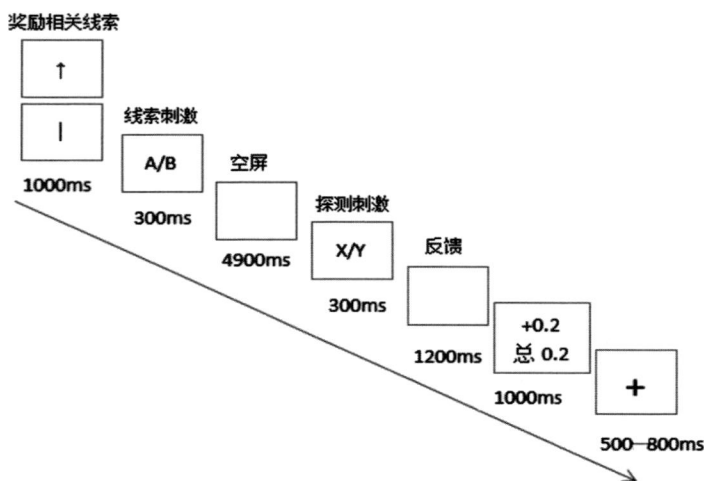

图7-4-1　奖励版AX-CPT范式实验流程图

在本实验当中，实验一开始屏幕先出现符号"↑"或符号"丨"作为奖励的相关线索刺激持续1000ms，之后开始呈现AX-CPT基础范式序列，实验流程完全与高海拔地区大学生主动性与反应性控制权衡的研究实验相同，具体实验流程见图7-4-1。

## 二、实验结果

奖励对高海拔地区大学生认知控制的影响实验中反应时与错误率的描述性统计具体如下见表7-4-1。

在反应时上对实验结果进行4（试次类型：AX试次、BX试次、AY试次、BY试次）×2（奖励条件：基线、奖励）的两因素重复测量方差分析，数据显示，试次类型存在明显主效应，进行主效应分析可得$F_{(3, 25)} = 62.77$，$P = 0.00$。对数据进行成对比较，试次类型AY反应时显著高于AX试次、BX试次和BY试次，用时最久。试次类型AX反应时统计学意义上高于BX试次和BY试次。试次类型BX反应时用时显著少于AX试次反应用时和AY试次反应用时，用时最短。对奖励条件进行主效应分析知，$F_{(1, 25)} = 0.414$，$P = 0.526$，故不进行主效应分析，具体见表7-4-1。

表7-4-1 奖励对高海拔地区大学生认知控制的影响实验反应时（$M \pm SD$）

| 任务类型 | 反应时（ms） | |
|---|---|---|
| | 基线 | 奖励 |
| AX | 569.77 ± 79.88 | 548.89 ± 131.06 |
| BX | 532.24 ± 167.23 | 504.27 ± 122.68 |
| AY | 715.34 ± 111.29 | 710.07 ± 143.88 |
| BY | 539.42 ± 131.27 | 524.06 ± 148.32 |

在错误率上对数据结果进行4（试次类型：AX试次、BX试次、AY试次、BY试次）×2（奖励条件：基线、奖励）的两因素重复测量方差分析，可以发现，试次类型的主效应显著，$F_{(3, 25)} = 21.698$，$P = 0.00$。进一步两两对照分析，任务类型BX错误率统计学意义上高于AX试次、AY试次和BY试次，错

误率最高。试次类型AX错误率统计学意义上低于BX试次和AY试次。试次类型BY错误率显著低于BX试次错误率和AY试次错误率，错误率排名最低。非认知控制（AX、BY）任务试次下错误率高于认知控制（AY、BX）。奖励条件存在明显主效应，$F(1, 25) = 13.13$，$P = 0.001$，通过两两比较可发现，基线条件下的错误率明显高于奖励条件下的错误率。任务类型与奖励条件不存在显著交互效应，$F(3, 25) = 1.65$，$P > 0.05$。具体见表7-4-2。

表7-4-2　奖励对高海拔地区大学生认知控制的影响实验错误率（$M \pm SD$）

| 任务类型 | 错误率（%） | |
| --- | --- | --- |
| | 基线 | 奖励 |
| AX | 0.10 ± 0.19 | 0.02 ± 0.02 |
| BX | 0.25 ± 0.17 | 0.14 ± 0.11 |
| AY | 0.15 ± 0.15 | 0.08 ± 0.09 |
| BY | 0.05 ± 0.10 | 0.03 ± 0.06 |

### 三、分析与讨论

本实验通过设计基线与奖励两组对照实验，以验证奖励对个体认知控制的总体作用方向，分别对两种背景下的反应时与错误率进行四个试次的比较分析，观察BX试次下的主动性认知控制与AY试次下反应性认知控制的数据对比。

与基线条件相比，奖励条件下四种实验类型的反应时长均更小，但是统计学上没有呈现显著差异。在错误率的数据结果上，奖励条件下AX试次、BX试次、AY试次和BY试次的错误率与基线条件下AX试次、BX试次、AY试次和BY试次的错误率存在统计学意义的差异。与先前研究结果相似。在AY实验类型下，有奖励的试次反应用时更短，同时该试次的正确率更高一些。结合之前相关的研究结论，对此结果做出相应解释，首先，被试在奖励条件下更高程度唤醒反应机制，个体执行能力得到较大程度的发挥，体现在AY与BX的认知控制相关试次上反应时与错误率的成绩表现更佳。其次，奖赏动机的存在调动了个体反应积极性，体现在个体的冲动性显著提高，较之基线条件下的反应试次，四种实验类型反应用时缩短。

实验结果证实，金钱等奖励条件会促使被试在认知任务中倾向选择一种更加积极主动的方法来应对实验，这便是主动性认知控制的一种形式表现，在奖励版AX-CPT范式任务中，AY试次和BX试次是判断辨别主动性认知控制与反应性认知控制权衡倾向的确定指标。在奖励任务中，被试为了获得更大的报酬奖励，会调动更大的意志努力，在奖励线索出现的时候，能动加大对于前文信息的加工与维持，使其尽可能长时间地在意识层面被激活，一直到探测刺激出现之前，被试都会保持这种需要意识参与的高度认知活动准备状态，也就是主动性认知控制的意识状态。

## 第五节　注意对高海拔地区大学生认知控制的影响

### 一、实验方法

#### （一）被试

被试随机选自高海拔地区某大学，包括本科四个年级学生，共30名，其中男女比例1：1。被试惯常使用手全部为右手，视力正常或矫正视力正常，身体状况健康。全部被试参与本实验都遵循自愿的原则，在实验前对被试状态进行评估，符合条件后需签署知情同意书。

#### （二）实验材料

实验操作采用纸质版数字划消任务与AX-CPT基础范式，实验程序编写及呈现通过E-prime 3.0心理实验设计软件结合纸质版问卷实现，使用SPSS 25.0对实验行为数据实行统计学的分析处理。数字划消实验是一项传统的注意力测试，材料由大量无规则阿拉伯数字组成，一般有五个小测试，每个测试有不同的要求。一个测试计时三分钟。五个测试需要不间断进行测验，难度水平顺次提高。每次测试中被删除的数字个数占总数字个数的比例分别为3%、3%、1.5%、3%和1.5%，被删除数字的总体分布是概率相同又位置不规则的。将所有被试数字划消成绩从高到低进行排列，前百分之五十划归为注意力水平高集中组，后百分之五十划归为注意力水平低集中组。

完成数字划消实验后，继续进行AX-CPT基础范式，实验流程完全同高海拔地区大学生主动性与反应性控制权衡的研究实验。主试确保维持实验环境的安静整洁，实验程序在一台华硕品牌，像素为1366×768，15.6英寸彩色显示器的笔记本电脑中呈现，屏幕刷新频率设置为60Hz，完整材料通过E-prime 3.0软件呈现，按顺序完成实验程序并记录被试反应。

（三）实验目的

考察个体注意力集中水平与认知控制的关系。

（四）实验设计

本实验采用2（注意力水平：高集中和低集中）×4（试次类型：AX试次、AY试次、BX试次、BY试次）的被试间设计。自变量为注意力水平和字母顺序。因变量选取被试实际AX-CPT基础范式绩效，以AY试次与BX试次的错误率与反应时做参照。

（五）实验假设

**假设一：** 个体注意力低集中水平的个体AY试次错误率显著低于高集中水平个体，说明注意力低度集中个体的反应性控制占优势。

**假设二：** 个体注意力高集中水平的个体BX试次错误率显著低于低集中水平个体，反应时间显著短，说明注意力高度集中个体的主动性控制占优势。

（六）实验程序

对实验中全部被试逐个施测，实验全程在心理学实验室完成。首先，被试阅读实验注意事项并填写个人人口统计学信息，之后由主试介绍本次实验任务，同时保证此次实验收集到的实验数据只用于实验分析，不会影响他们的正常生活，要求被试参与具体的实验过程，通过纸质问卷和E-Prime 3.0软件相结合的方式。被试在整个实验历程中需要维持端坐但舒适的坐姿。本实验先后进行两个任务，数字划消实验之后是同高海拔地区大学生主动性与反应性控制权衡的研究实验相同的AX-CPT基础范式。

数字划消实验中，主试介绍测验任务，要求被试仔细按顺序阅读A4纸上的数字，然后按要求将规定数字划去。第一页划掉数字5，第二页划掉数字5

左边相邻数字，第三页划掉数字5前一位的数字8，第四页划掉夹在5和8中间的所有数字，第五页划掉夹在5和8中间的所有偶数字，每页限时三分钟，超时不可继续作答，部分测题如图7-5-1。主试将试卷回收计分，被试进行第二部分实验。

```
7 8 1 8 1 7 6 5 2 6 7 8 3 1 6 2 4 7 8 6 2 4 7 6 3 0 2
4 6 8 2 3 5 6 7 9 2 7 4 1 3 6 5 3 4 5 6 7 9 7 4 6 5 4
7 8 5 2 1 6 7 4 2 6 7 5 4 9 8 6 8 7 9 4 6 9 7 6 1 2
4 6 9 8 7 6 4 1 6 5 7 4 2 4 9 8 6 7 5 6 4 9 7 6 2 5 3
5 6 4 3 5 1 6 7 8 4 6 0 8 3 4 6 4 0 7 6 8 4 6 8 7 6 4
4 8 9 2 6 8 5 6 7 9 6 3 8 7 1 6 7 8 7 4 9 6 7 9 8 7 6
1 6 8 5 2 4 1 6 3 8 9 6 5 2 3 6 4 9 6 7 9 6 9 1 6 2 8
5 4 8 7 9 1 6 5 2 3 4 7 9 2 5 6 2 7 7 9 8 9 7 8 5 6 8
4 6 7 9 7 6 8 2 1 6 9 1 1 5 7 4 6 8 7 9 5 2 3 4 1 6 0
```

图7-5-1　数字划消实验测题（部分）

## 二、实验结果

注意对高海拔地区大学生认知控制的影响实验中反应时与错误率的描述性统计具体见表7-5-1。

在反应时上对数据结果进行4（试次类型：AX试次、BX试次、AY试次、BY试次）×2（注意力水平：高集中、低集中）的两因素被试间重复测量方差分析，结果证明，试次类型的主效应显著，$F(3, 30) = 86.11$，$P = 0.00$。成对对比可知，试次类型AY反应时统计学意义上高于AX试次、BX试次和BY试次，反应时用时最长。试次类型AX反应时显著久于BX试次和BY试次大约100毫秒。试次类型BY的反应时在统计学意义上低于AX试次、BX试次和AY试次，反应时用时最短。试次类型BX反应时统计学意义上低于AX试次和AY试次，线索刺激为字母A时，被试反应时统计学意义上大于线索刺激为字母B时。注意力集中高水平组在统计学意义上与注意力集中低水平组存有显著差异，进行注意力的主效应分析可得$F(1, 30) = 436.14$，$P = 0$，注意力水平高集中组AX试次、BX试次、AY试次和BY试次下的反应时显著低于注意力水平低集中组的AX试次、BX试次、AY试次和BY试次。试次类型与注意力集中水平的交互效应值$F(3, 30) = 1.50$，$P > 0.05$，故不存在交互效应。具体见表7-5-1。

表7-5-1　注意对高海拔地区大学生认知控制的影响实验反应时（$M \pm SD$）

| 任务类型 | 反应时（ms） | |
| --- | --- | --- |
| | 高集中 | 低集中 |
| AX | 426.86 ± 51.55 | 443.40 ± 153.57 |
| BX | 362.58 ± 68.15 | 415.90 ± 144.40 |
| AY | 510.40 ± 78.56 | 535.66 ± 172.66 |
| BY | 347.41 ± 76.50 | 396.13 ± 132.85 |

在错误率上对行为数据进行4（试次类型：AX试次、BX试次、AY试次、BY试次）×2（注意力水平：高集中、低集中）的两因素被试间重复测量方差分析，结果表明，试次类型的主效应值$F(3, 30) = 4.35$，$P = 0.01$。两两对照结果可知，试次类型AY错误率显著高于BX试次和BY试次，AY试次错误率最高。试次类型BY错误率显著低于BX试次和AY试次，BY试次错误率最低。线索刺激为字母A的任务试次下错误率高于线索刺激为字母B的任务试次。注意力水平高集中组与注意力水平低集中组不具有统计学意义上的差异，效应值$F(1, 30) = 0.04$，$P > 0.05$，注意力水平高集中组被试的错误率与注意力水平低集中组的被试不存在统计学意义上的显著差异。具体见表7-5-2。

表7-5-2　注意对高海拔地区大学生认知控制的影响实验错误率（$M \pm SD$）

| 任务类型 | 错误率（%） | |
| --- | --- | --- |
| | 高集中 | 低集中 |
| AX | 0.09 ± 0.22 | 0.14 ± 0.29 |
| BX | 0.05 ± 0.03 | 0.12 ± 0.17 |
| AY | 0.25 ± 0.14 | 0.10 ± 0.06 |
| BY | 0.03 ± 0.28 | 0.04 ± 0.06 |

## 三、分析与讨论

通过比较被试不同注意力集中水平来探究注意集中程度对认知控制能力所产生的影响，及对认知控制的两种模式产生的方向作用。

注意对高海拔地区大学生认知控制的影响实验结果显示，不同试次类型之间依旧存在显著于线索刺激为字母B时的试次。说明被试强化了对线索刺激的表征，倾向于对探测刺激做出冲突反应，表现为AY试次的反应时与错误率高于BX试次，在认知控制试次中呈现出良好的行为表现，其中主动性认知控制行为表现更佳。在反应时上，低注意力集中水平的被试在反应时上显著高于高注意力集中水平的被试，在错误率上，虽然统计学上未检测出两组具有显著差异，低注意力集中水平的被试在反应时上皆低于高注意力集中水平的被试。

数字划消实验是用来测试被试注意集中能力的常用方法之一，同时在测验过程中，也对被试进行了短暂高效的注意力集中训练，帮助被试进一步维持重要信息，规避外界干扰因素。基于个体有限的认知加工系统，数字划消实验的练习有利于被试对外界信息进行识别判断与选择，根据对任务刺激的综合分析，选取自上而下或自下而上的认知加工方式，实现有效信息的强调与无关干扰的抑制，从而实现更佳的认知控制行为表现。考虑到记忆基于注意且与认知控制生理机制的高度重合性，由此推测，数字划消实验在完成过程中激活了个体的工作记忆系统，触发了相应脑区与脑机制的兴奋性，进入高级心理处理的通道，提高了被试对于线索刺激的维持性，大大提高了被试对于AY与BX认知试次的反应正确率。这与之前研究保持一致。

从生理角度来讲，主动性认知控制是由于多巴胺介导的门控信号的存在保证了多巴胺的持续分泌，引发大脑持续处于被激活状态，从而实现对上下文信息的不断提取与解读，这个提取与解读的过程就是意识参与的过程，信息初次进入意识通道，被加工处理后留下重要信息，之后由于多巴胺的存在，意识不断被唤醒，重复对已有信息进行筛查，这是在主动性控制过程中意识的重要性，反之，当注意力不集中，缺乏对环境信息的提取能力时，认知系统倾向于采取要求并不严格的反应性认知控制以适应后期的信息变化。

## 第六节　语境转换对高海拔地区
## 大学生认知控制的影响

### 一、实验方法

#### （一）被试

在高海拔地区某大学随机选取本科四个年级学生共70名。筛选保留下符合要求的被试共32名，被试要求为非英语专业、母语为汉语且第二语言为英语的高海拔地区大学生。被试CET4成绩大于等于450分，CET6成绩不足500分，被试的英语水平划定为中等熟练程度。16名被试进行全程汉语或全程英语的单语转换实验，16名被试进行英语汉语随机交替出现的双语转换。后因双语组排除6名数据无效者，获取被试数据共计26份。其余条件要求同高海拔地区大学生主动性与反应性控制权衡的研究实验。

#### （二）实验材料

实验操作采纳自创的语境转换版AX-CPT范式。语境转换版AX-CPT范式是由语境转换数字命名任务与AX-CPT基础范式结合设计的，实验程序编写及呈现通过E-prime 3.0软件实行，利用SPSS 25.0对实验行为数据进行统计学的分析处理。

语境转换数字命名任务包括2种线索颜色块（绿色用汉语，红色用英语）和阿拉伯数字1~9，采用黑色36号Times New Roman字体，在灰色屏幕中央单个呈现。

AX-CPT基础范式同高海拔地区大学生主动性与反应性控制权衡的研究实验，保持实验环境安静整洁，实验程序在一台像素为1366×768，15.6英寸彩色显示器华硕笔记本电脑中呈现，屏幕刷新频率为60Hz，全部材料通过E-prime 3.0软件呈现，实验全程记录被试行为数据反应。

#### （三）实验目的

考察语境转换对高海拔地区大学生认知控制是否存在影响。

## （四）实验设计

本实验采用语境转换版的AX-CPT基础范式，所有组被试需要完成单语命名或英汉转换双语命名中的一种语境转换情境下的认知控制实验。实验关键点在于试图探究不同语境转换条件下高海拔地区大学生主动性认知控制与反应性认知控制是否产生了即时性影响，着重分析被试认知控制任务中的错误率和反应时的变化趋势。设定语境转换情境和字母顺序为自变量。因变量选择语境转换版AX-CPT范式实验绩效，具体参照AY试次与BX试次的错误率与反应时表现。

## （五）实验假设

**假设一：**相较于汉语或英语单语情境，语境转换条件下的高海拔地区大学生主动性控制任务绩效显著优异，说明语境转换对主动性控制具有促进作用。

**假设二：**语境转换可以即时性地提高被试认知控制实验任务绩效，说明认知控制成分与语境转换情境存在相互关系，个体认知控制能力具备可塑性。

## （六）实验程序

首先，告知被试具体实验要求，主试大声朗读指导语，提示被试接下来进行的是认知控制相关实验，实验过程中收集到的所有实验数据仅用作研究分析，不作他用。其次，让被试参加具体实验流程：采用E-prime3.0软件进行视觉呈现。实验全程请被试保持端坐且舒服的坐姿。主试负责维持实验环境的安静整洁。本实验采用语境转换版AX-CPT范式。

如图7-6-1，实验分成两个阶段，第一阶段中，告知被试连续用同一种或者随机交替使用两种语言以完成数字转换命名任务，即要求被试依照呈现的线索颜色矩形来命名1～9随机出现的阿拉伯数字，出现绿色矩形时，选择汉语命名数字，呈现红色矩形时，选择英语命名数字。转换命名条件共存在持续汉语命名、持续英语命名和汉英交替转换命名三种情境。正式实验时，被试需要随机顺序完成一种语境命名。对于持续汉语命名组和持续英语命名条件来讲，实验一开始，在空白屏幕上始终展示同种颜色矩形提示，维持1000ms时长，紧接着就是需要被命名的随机1～9阿拉伯数字，时间同样设定为1000ms，数字消除后预留500ms时长的反应白屏。在单语情境下，被试所有试次都采用同一种语言对数字进行命名，在汉英转换情境下，被试需要依据随机变换的矩形颜色对数字进行转换命名。数字转换命名实验重复进行128试次，之后进入第二阶段，实验流程重复高海拔地区大学生主动性与反应性控制权衡的研究中AX—CPT基础实验范式。

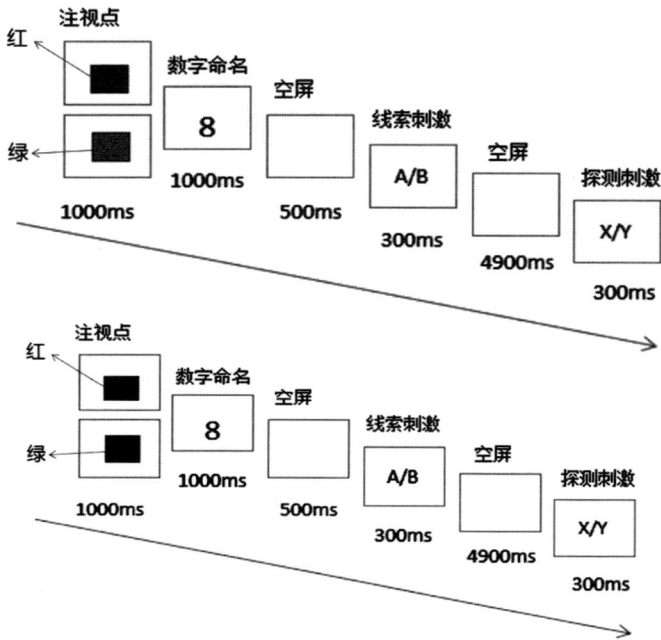

图7-6-1　语境转换版AX-CPT范式实验流程图

## 二、实验结果

语境转换对高海拔地区大学生认知控制的影响，实验中反应时与错误率的描述性统计具体见表7-6-1。

在反应时上对数据结果进行4（试次类型：AX试次、BX试次、AY试次、BY试次）×2（语境转换：单语、双语）的两因素被试间重复测量方差分析，试次类型的主效应值$F_{(3, 26)} = 15.86$，$p < 0.05$，说明存在试次类型的主效应。两两对照可知，试次类型AY反应时显著高于AX试次、BX试次和BY试次，AY试次反应时用时最长。非认知控制（AX、BY）任务试次下反

应时，在统计学意义上显著低于认知控制（AY、BX）试次。单语组与双语组之间具有显著差异，单语组反应用时更久，$F(1, 26) = 371.67$，$P = 0.00$。具体见表7-6-1。

表7-6-1 语境转换对高海拔地区大学生认知控制的影响实验反应时（$M \pm SD$）

| 任务类型 | 反应时（ms） | |
| --- | --- | --- |
| | 单语 | 双语 |
| AX | 479.21 ± 113.42 | 192.69 ± 39.72 |
| BX | 561.59 ± 141.77 | 223.28 ± 92.71 |
| AY | 725.43 ± 147.73 | 259.48 ± 69.32 |
| BY | 515.33 ± 166.29 | 219.69 ± 73.59 |

在错误率上对实验结果进行4（试次类型：AX试次、BX试次、AY试次、BY试次）×2（语境转换：单语、双语）的两因素被试间重复测量方差分析，数据显示，试次类型的主效应存在统计学意义上的显著，其效应值$F(3, 26) = 6.91$，$P = 0.00$。两两对照可得，试次类型AX错误率显著低于BX试次和AY试次，AX试次错误率最低。试次类型BY错误率统计学意义上低于BX试次和AY试次。试次类型BX错误率统计学意义上高于BY试次。非认知控制（AX、BY）任务试次下错误率统计学意义上低于认知控制（AY、BX）试次。单语组与双语组之间具有显著差异，单语组错误率更高，$F(1, 26) = 21.45$，$P = 0.00$。试次类型与语境转换间的交互效应值$F(3, 26) = 2.04$，$P > 0.05$。具体见表7-6-2。

表7-6-2 语境转换对高海拔地区大学生认知控制的影响实验错误率（$M \pm SD$）

| 任务类型 | 错误率 | |
| --- | --- | --- |
| | 单语 | 双语 |
| AX | 0.13 ± 0.25 | 0.06 ± 0.10 |
| BX | 0.36 ± 0.38 | 0.13 ± 0.16 |
| AY | 0.25 ± 0.22 | 0.17 ± 0.18 |
| BY | 0.13 ± 0.27 | 0.09 ± 0.17 |

## 三、分析与讨论

通过创设不同的语言背景环境，比较被试不同语境转换条件下认知控制能力的现状，探索语言机制与认知控制两种模式的影响与作用。

实验结果显示，在不同语境转换背景下，试次类型间具有明显差别。非认知控制（AX、BY）任务试次下反应时与错误率均显著低于认知控制（AY、BX）试次，说明认知控制试次下，被试产生了更高的认知负担，需要更丰富的认知资源或采用更有效的认知控制策略。在语境随机转换条件下，被试的认知控制实验反应时与错误率的成绩优于单语条件下，这与先前研究结果保持一致。分析原因，双语随机转换情境下的被试被激发出更高水平的反应抑制控制能力，反应抑制是认知控制机制中的重要成分之一，帮助被试对外界的干扰信息进行有效的抵制，维持对必要信息的延续保存，调动认知灵活性，以达到最终的正确行为选择。

无论双语者还是单语者在任务过程中都依赖与对上下文信息的解读。然而，双语者对于语境随机转换中的语言冲突形成了更行之有效的模式与速度，在认知控制实验中，双语者被试对抑制冲突具有更大的优势与能力。

在此实验中，语境转换实验的被试在线索刺激呈现字母B后，有效抑制住探测刺激对个体的目标唤醒，无论探测刺激是否为目标X，被试都会忽视字母的呈现，减少不必要的注意能量的浪费，直接对左右键进行选择。同时，语境转换实验的被试能对线索刺激的呈现达到更久的保持和记忆，相对单语实验的被试，对线索刺激的短时记忆存储更持久，进一步缩短了线索刺激与探测刺激之间呈现的时间间隔，在探测刺激出现后，双语转换实验被试有对线索刺激更为清晰的记忆，便于被试对线索刺激与探测刺激的组合做出快速准确的判断。先前有研究表明，语境转换行为对言语类的转换任务存在积极的促进作用，分析原因，本实验的实验材料由四个字母两两组合，同属于个体的言语机制，在先前的双语转换实验中被预先启动，从而实现个体对实验任务更高效的完成。

从资源利用与消耗的角度分析，语境转换任务下的被试具有转换消耗优势，实现资源的合理分配与使用，整个认知控制过程中，将认知资源进行调整，保证对个体监控的持续进行，及时对外界信息做出统筹安排，进一步完成反应任务。从生理机制的特殊性分析，语境转换分离于语言功能，需要认知控制机制的参与，相反，语境转换机制的激活带动了认知控制机制的兴奋性，引发额上回、前辅助运动区、壳核和左右侧顶上小叶等脑区的回应，导致大脑结构的细微重构，进一步巩固完善了认知控制机制。

# 第七节　结　论

通过四个实验结合脑电数据探讨了高海拔地区大学生的认知控制能力总体状况，及分别在奖励条件，注意力集中状态和语境随机转换条件下的认知控制水平与主动性与控制性认知控制之间的权衡，总结得出以下结论。

高海拔地区大学生主动性与反应性控制权衡实验的研究结果发现，高海拔地区大学生间的认知控制模式不存在显著选择差异，在实验过程中，都体现了认知控制机制的参与。相较于AY试次多采用反应性认知控制，总体在BX试次类型上成绩表现更佳，归因于在实验过程中采取主动性认知控制，减少了认知冲突，用时更短，正确率更高。结合P300、N450、识别电位等代表性ERPs波，通过它们出现的时间早晚，持续时间长短，以及出现峰值的主要脑区点位等特点，发现高海拔地区大学生在实验过程中不同试次采用不同认知控制模式，总体更倾向于采取主动性认知控制加工策略。

奖励对大学生认知控制的影响实验数据证明，大学生被试的AY试次反应时与错误率在基线和奖励两种条件下均小于BX试次，这表明被试更偏向于主动性控制。与基线相比，在奖励条件下被试完成AX-CPT范式任务时，BX和AY的反应时与错误率均减小，表明奖励提高了被试认知控制能力总水平，其中个体在认知活动中表现为倾向于采取主动性认知控制。

注意对高海拔地区大学生认知控制的影响实验结果发现，不同注意力集中水平的被试都呈现出，AY试次反应时与错误率均小于BX试次，这说明被试更偏向于主动性控制。与注意力水平高集中的被试相比，注意力水平低集中的被试完成AX-CPT范式任务时，BX和AY的反应时与错误率更高，表明注意力集中水平高的被试其认知控制能力水平也更高，在注意参与的认知实验过程中，被试倾向于采取主动性认知控制。

语境转换对高海拔地区大学生认知控制的影响实验结果发现，三种语境随机转换条件下的高海拔地区大学生都表现出AY试次反应时与错误率均小于BX试次，这说明被试更偏向于主动性控制。与双语转换情境下的被试相比，单语情境下的被试完成AX-CPT范式任务时，BX、AY的反应时更高，表明双语转换情景有利于即时性提高被试的认知控制能力水平，对于主动性认知控制的作用更显著。

# 第八章　奖励对高海拔地区学生
# 认知控制影响的心理机制研究

## 第一节　认知控制

认知能力通常由认知控制（cognitive control）这种高级心理功能所调节。认知控制是在信息加工过程中，动态性的调控认知和行为，以完成特定任务的心理过程。根据双重认知控制理论（Dual mechanisms of cognitive control account，DMC），认知控制可分为主动性控制（proactive control）和反应性控制（reactive control）。主动性控制指在进行认知加工之前，预测冲突的出现，不断激活和主动维持目标相关信息，形成反应准备。反应性控制指在任务中监测到冲突后，再次激活先前的线索信息，及时处理冲突。主动性控制和反应性控制是两种各自分离的系统，都能在认知任务中发挥作用。个体可根据具体的反应情境和自身情况对认知控制进行权衡，形成最有利于当前任务表现的控制模式。

研究认知控制权衡通常采用AX型持续性操作任务（AX-continuous performance text，AX-CPT）范式，反映个体在进行认知任务时，更加偏好对线索刺激的持续激活还是对探测刺激的反应修正，即主动性控制和反应性控制的权衡。该范式依据BX试次和AY试次的指标，得出个体倾向采用哪种认知控制策略。当BX试次比AY试次的反应时小、正确率高，表示主动性控制。当BX试次比AY试次的反应时大、正确率低，表示反应性控制。

认知控制是高级认知功能，是影响其他认知能力的潜在因素。当然，认知控制也受到奖励等非认知因素的影响。奖励诱发动机，促使个体付出更多的认知努力。奖励的心理机制主要是指强化，在个体从事某项活动时，给予其特定刺激以增加反应频率的过程。行为主义研究提出，在教育过程中有效实施奖励，对于塑造个体的良好行为起到指导作用。其中，正性强化是典型的奖励教育方式，个体在完成某任务后获得额外的奖励更有利于改善行为和认知表现。多数研究表明，奖励不仅是行为的内驱力，还能促进认知心理活动，在认知控制中发挥重要作用。奖励通过影响个体的注意选择加工，增强目标刺激表征，进而调节认知控制权衡，提高主动性控制。总之，奖励是成功进行认知控制的推动力，探究奖励在认知控制中的加工过程，有利于理解人类的适应性行为，对个体的生存与发展具有十分重要的意义。

为揭示奖励加工和认知控制权衡的脑机制提供了窗口。国外关于认知控制权衡的ERP研究表明，位于前额区的N200成分反映了冲突监控能力；位于中—顶区的P300成分和额中央区的CNV成分，分别反映认知资源分配和任务准备预期。奖励加工的ERP研究表明，中—顶区P300成分也表示奖励诱发的动机水平，负责协调注意资源的分配；动机越强，对目标刺激的注意程度越高，P300平均波幅也就越大。

认知控制的研究以生源地为高海拔地区的大学生为主要研究对象，采用AX-CPT范式，结合事件相关电位技术，进一步探究奖励对高海拔地区大学生认知控制的影响。

## 一、研究目的及意义

### （一）研究目的

借助事件相关电位技术，从行为表现和生理机制两方面，探讨奖励对高海拔地区大学生认知控制的影响。首先，以低海拔地区大学生为对照，探究高海拔地区大学生认知控制的基本表现。之后，操纵有、无奖励的线索条件，考察奖励条件是否能够诱发高海拔地区大学生的奖励动机，提高主动性控制。本研究拟探讨的问题如下：

（1）探究高海拔地区大学生认知控制的基本表现。

（2）探究奖励对高海拔地区大学生认知控制的影响。

（二）研究意义

1. 理论意义

结合目前研究现状，吸收现有的理论成果，以不同海拔地区的大学生为研究对象，采用行为实验和脑电实验相结合的方法，进一步探究奖励对认知控制产生的影响。丰富了奖励如何作用于认知控制的实证研究，有助于我们更加清楚的认识奖励与认知控制的关系以及海拔对认知控制的影响，为进一步了解奖励的加工机制和认知控制的时间进程提供了帮助。

2. 实践意义

进一步探讨奖励如何对高海拔地区大学生的认知控制产生影响，为高原教育实践中遵循心理学原理、根据学生的大脑认知特点实施相应教学方法提供启发。倡导高效运用奖励，教师可以根据高海拔地区学生的认知控制特点和认知能力，制定合理有效的奖励措施，把握奖励实施的频率和程度，发挥奖励指导行为、促进认知的最大价值，以保证教育教学的科学性和有效性。同时，为加强高海拔地区人们的认知功能保护，提出针对性的脑力提升干预策略提供启示。

**二、研究假设**

高海拔地区通常位于高原。由于地势高，空气中的压强大，导致含氧量较低。其地理环境特点主要表现为空气稀薄、寒冷干燥。特殊环境医学一直重点关注高原环境对世居生存的个体认知能力的影响，认为长期生活在低氧环境中，反应速度、记忆能力、思维判断、感觉能力等都会受到一定程度的损伤。

心理学领域曾对急进高海拔地区的平原人或移居高海拔的人群进行了基本认知能力的探讨，并得出了急性低氧暴露会损伤认知能力的结论。大量研究表明，长期生活在低海拔地区的人，在首次进入高海拔地区，导致认知损伤的最低海拔高度为3000米。随着急性低氧暴露时间增加，认知受损的范围更广、程度更深。有关高原反应的研究指出，大部分人来到海拔3000米以下的高度，在相应时间范围内（海拔每升高1000米，需要11.4天的适应时间）都可以得到适应；一旦进入极高海拔地区（海拔4500米以上），则由个体差异决定能否适应。

近年来，高原脑科学逐渐受到研究者的关注，如何防范和预防高原低氧引起的认知能力改变是亟须解决的紧要问题。从高原教育的角度出发，探究高海拔地区学生的认知特点，有利于高原教育的顺利开展，并为高原学生大脑认知保护提供相应的启发。

高海拔世居者由于从小到大都生活在海拔较高的地区，长期缺氧属于慢性低氧暴露，主要导致基础认知能力的损伤（注意力降低、反应时间增加、工作记忆减退等）。目前，鲜有研究探讨高海拔世居者的高级认知能力如何受到慢性低氧影响。认知控制作为调节基本认知能力的高级心理枢纽，在信息加工过程中起着核心作用。高海拔是否会影响认知控制还不明确。因此，本研究将进一步探讨高海拔对世居大学生认知控制的影响，并探讨奖励在高海拔大学生认知控制中所起的作用。

（一）不同海拔组大学生的认知控制存在差异

在主动性控制的表现不同。与低海拔组（＜500米）相比，高海拔1、2组（1500米—2500米、2501米—3500米）在BX试次的反应时大、正确率小、N200波幅大、P300波幅小。高海拔组随着海拔高度增加，主动性控制逐渐降低。与高海拔1组（1500米—2500米）相比，高海拔2组（2501米—3500米）在BX试次的反应时大、正确率小，N200波幅大、P300波幅小。

（二）奖励影响高海拔组大学生的认知控制

提高主动性控制。有奖励时，BX试次比AY试次的反应时小、正确率大、N200波幅大、P300波幅小。不同高海拔组在有奖励时存在主动性控制的差异。高海拔2组（2501米—3500米）比高海拔1组（1500米—2500米）在有奖励时的BX试次反应时大、正确率小，N200波幅大、P300波幅小。

**三、研究创新**

采用ERP技术，探究奖励对高海拔地区大学生认知控制的影响。

（一）研究内容

前人研究着重探讨记忆力、注意力等一般认知能力是否会受到高海拔的影响，本研究在此基础上力图进一步探讨高海拔如何影响个体的高级心理功能——认知控制。结合DMC理论，探究高海拔地区大学生的双重认知控制表现。

（二）研究对象

区别于以往研究中的大学生被试群体，本研究根据大学生的生源地海拔高度，将其分为低海拔组和高海拔组。以往研究探讨海拔影响认知能力，往往选取高海拔移居人群作为实验组与平原人群做对比研究，考察的多是急性低氧暴露对认知的影响。本研究选取的对象是高海拔世居大学生群体（一出生就生活在高海拔地区，从未去过低海拔或平原地区的大一新生），探讨慢性低氧暴露如何影响认知控制。

（三）实验设计

本研究将AX-CPT范式设计成"黄金矿工"游戏任务，让被试在玩游戏挣金币的背景下去完成实验，增加实验过程的趣味性，提高被试参与实验的积极性，最大限度地缓解认知疲劳。

（四）实验技术

目前，未曾有研究探讨海拔如何影响认知控制权衡，以往研究大多只在行为实验上探讨海拔对基本认知能力的影响。本研究运用事件相关电位技术，从海拔如何影响认知控制加工的时间进程方面进行深入探究。

# 第二节 认知控制与奖励

## 一、核心概念界定

（一）认知控制

认知控制是认知加工的重要心理资源，维持各项认知活动，评价个体的执行功能。实际上就是发现个体如何参与并协调高级认知加工的过程。认知控制是指根据任务目标对心理过程进行调控的高级认知功能，是个体为更高层次目标服务时进行协调的过程，在成长发展过程中发挥着重要的调节作用。

认知控制包含五部分内容，分别是选择性注意、抑制控制、工作记忆、冲突解决、认知灵活性，每个成分都遵循其特有的变化规律。认知控制具有监测、控制、转换这三种基本功能，三者相互独立，特征分明。监测功能负责对认知冲突或反应错误等情况进行评价和监测；控制功能是认知控制的核心功能，通过选择性地分配注意力，提高靶刺激的加工效率，降低无关刺激的干扰；转换功能是根据目标要求建构、执行并完成新的反应任务的过程。

认知控制过程的优点是可以提高选择性注意力、工作记忆和其他各种依赖于目标信息的有意识任务的表现。具有选择性的集中注意力和抑制分心的能力，帮助人们完成明确的、目标驱动的任务。但是，更强的认知控制会阻碍任务的表现，并且还会受到动机、情绪等因素的调节。

总之，认知控制相当于我们身体的管理部门，负责协调认知活动和行为表现，在日常生活中有着举足轻重的作用。

### （二）AX型持续性操作任务范式

托德·S. 布雷弗（Todd S. Braver，2007）在连续性操作测验的基础上加以修正，提出了AX型持续性操作任务（AX-CPT），用于研究认知控制权衡，有效区分主动性控制和反应性控制。

该范式由线索刺激、空白屏和探测刺激，三个基础部分组成。线索刺激为字母"A""B"，探测刺激为字母"X""Y"。其中，"A""X"为目标刺激，"B""Y"为非目标刺激。这两种刺激的组合，可以形成AX、AY、BX、BY四种试次类型。AX试次的呈现比例为70%，AY、BX、BY的呈现比例为30%（各10%）。该试次比例的设置，为了在字母"A"或"X"激发出更大的目标刺激反应偏好，从而在AY和BX试次产生认知冲突。当AY试次出现时，加强反应性控制。能够减轻线索刺激"A"引发的目标倾向，增进加工随后出现的探测刺激"Y"。当BX试次出现时，提高主动性控制。在容易引发目标倾向的探测刺激"X"呈现前，通过主动保持线索刺激"B"的表征来避免认知冲突。

范式任务要求对AX试次做出目标反应，对其余三种试次（AY、BX、BY）做非目标反应。行为指标是四种试次类型的反应时和正确率。当BX试次比AY试次的反应时小、正确率高，表示主动性控制。当BX试次比AY试次的反应时大、正确率低，表示反应性控制。

## 二、基本理论

### （一）双重认知控制理论

布雷弗（2007）将认知控制分为主动性控制和反应性控制。主动性控制是指在认知任务进行前，不断激活和维持目标刺激信息，提前做好准备来阻止反应冲突。它是一种初期的选择性加工，属于线索驱动。信息加工形式为自上而下。主动性控制的优势在于计划和行为可以不断调整，促进目标的成功完成。它的缺点是，由于需要持续的目标维护，在反应前占用了较多的心理资源，会造成强烈的资源消耗。

反应性控制是指检测到冲突出现后，再次激活先前的线索刺激以解决冲突。它是一种晚期纠正加工，属于探测驱动。信息加工形式为自下而上。反应性控制策略具有消耗资源少、效率高的优点，即能够合理分配认知资源，使目标任务更有效的执行。它的缺点是，依赖于触发事件本身，需要目标的反复激活而不是持续维持。如果这些事件不够突出或有区别，就不会驱动重新激活。

总之，主动控制能够提前预测冲突的发生，反应性控制能够即时解决已经出现的冲突。主动性控制和反应性控制是不同的加工系统，被试可以依据任务情境，合理选择偏向哪一种控制策略。

### （二）大脑偏侧化理论

大脑偏侧化是指大脑的认知功能由某一半球负责执行，大脑各区域在任务状态时的脑活动存在差异，使得脑神经组织也呈现两种不同的模式，两半球相互依存与渗透。正常心理功能的神经机制是在大脑半球偏侧化的基础上，左、右半球功能联合发挥作用的。

大脑左、右半球在执行任务时，各自具备独特的认知加工优势，并且两个半球是互相补充的。大脑半球的偏侧优势主要表现在大脑皮层上，在某些因素的影响下，相关脑区的半球偏侧优势会发生变化。了解认知控制的大脑偏侧优势，有助于进一步认识高级认知加工的大脑结构，也有助于发现不同海拔大学生认知控制功能的差异性脑机制。

（三）奖励与认知控制的行为和神经机制研究

研究表明，奖励能够提高认知控制，并且奖励作用的发挥可以脱离个体的意识状态。徐雷和王丽君等人（2014）采用奖励版AX-CPT范式，探究阈下奖励的认知控制权衡。结果发现，阈下奖励也能提高主动性控制。汤秋银（2017）采用奖励版Stroop范式，操纵了前后出现的颜色词性质和试次比例，从冲突适应（反应性控制）和冲突预期（主动性控制）角度，探讨认知控制在无意识奖励条件下如何表现。结果发现，阈下奖励同时提高了个体的主动性和反应性认知控制。因此，奖励对认知控制的促进作用并非依赖于个体的意识状态，无意识条件的奖励也能提高认知控制表现。

根据任务关联条件，奖励可分为绩效奖励和非绩效奖励。国内研究发现，绩效奖励和非绩效奖励都使被试偏向主动性控制。而国外研究者弗罗贝尔和德赖斯巴赫（Fröber & Dreisbach，2014）认为，只有绩效奖励能够提高主动性控制，非绩效奖励降低主动性控制、提高了反应性控制。该研究首次证明了不同奖励条件会在认知控制权衡上表现出相互分离的作用。之后，他们的研究进一步发现，绩效奖励的动机效应和非绩效奖励的情绪效应，并且绩效奖励的作用大于非绩效奖励。

萨文和布雷弗（Savine & Braver，2010）采用任务切换范式，发现了绩效奖励在认知控制加工中的大脑机制。奖励动机可以提高任务转换绩效，增强对任务信息的编码和维护，优化主动性控制的表现。功能性核磁共振成像结果表明，在左背外侧PFC中任务相关线索的激活特别强，可能意味着奖励和任务信息的整合，从而实现最佳任务绩效。而后又有近红外研究证明，当采用主动性控制策略时，大脑前额叶皮层得到持续性激活。奖励功能的发挥与中脑多巴胺系统密切相关，多巴胺是奖赏加工的重要神经递质。多项磁共振成像研究揭示了，奖励通过将多巴胺能信号发送到额—顶叶控制网络进而影响认知控制，从而积极维护目标信息的表征。

奖励的特点表明，在实验设置中，奖励可分为金钱奖励和社会性奖励。大多数研究为了保证实验的生态效度，均采用金钱奖励的形式。例如，夏尤和吉尔施（Chaillou & Giersch，2017）等人借助ERP技术，采用AX-CPT范式，探究了金钱奖励如何对认知控制发挥作用。结果发现，奖励条件下BX序列的反应时更小，脑电成分CNV和P3a振幅更大。该研究证明，主动性控制和反应性控制是以单独的模式存在，两种认知控制都能被奖励优化，以最佳状态执行当前任务。安那和克里斯蒂安（Anna & Christian，2012）等人采用数字辨别任务，通过改变金钱奖励来调节动机，考察认知表现与奖励动机的关系。结果发现，与非奖励条件相比，奖励条件下目标刺激的反应时间更快，与动机有关的P200、P300成分的平均波幅更大。说明金钱奖励提高了被试的动机水平，诱发了更强的神经活动。结合现实生活，社会性奖励普遍存在于学校和家庭教育中。有研究者探究了社会性奖励如何影响认知控制，发现社会性奖励同金钱奖励一样，都能提高主动性控制。

还有研究改变了被试群体，以青少年作为研究对象。试图发现奖励条件下，不同年龄群体的认知控制表现是否有差异。宫显阳（2017）采用有奖励的AX-CPT范式，探究了青少年的认知控制权衡。结果发现，奖励动机能够显著提高青少年的主动性控制。向玲和王美霞（2020）等人根据冲动特质水平，将青少年被试划分为低冲动特质组和高冲动特质组，采用AX-CPT范式，探究青少年的双重认知控制表现。结果发现，青少年的冲动特质水平取决于主动性控制。说明具有维持信息表征功能的主动性控制对抑制冲动行为起到不可忽视的作用。因此，无论是以大学生还是青少年作为研究对象，均得出奖励能调节认知控制权衡，提高主动性控制的结论。

还有研究采用认知控制的其他范式，探究了奖励条件对认知控制的影响。设置奖励条件的目的是引发被试的奖励预期或奖励动机。金伯利和杰西卡（Kimberly & Jessica，2016）等人借助fMRI技术，采用Flanker范式，探讨了奖励预期在认知控制中的作用。结果表明，不同时间条件下的奖励预期能够调节长时间和阶段性的多巴胺能的反应，进而对认知控制产生不同程度的影响。波尔曼·斯特凡（Pollmann Stefan，2021）等人借助事件相关电位技术，采用面孔—词Stroop范式探究了奖励期望认知冲突控制的影响。结果发现，与无奖励条件阶段相比，奖励条件诱发了更大的P300和CNV振幅。说明奖励动机影响冲突控制，通过动态控制调节，更好地进行冲突解决。还有研究采用停止信号范式，探究了奖赏信号对认知控制的影响。结果表明，奖励通过及时监测目标刺激，促进了认知抑制功能的表现，并且注意资源的分配会影响奖励对目标信号监测的作用。

总之，奖励能够持续激活前额叶脑区，调节认知控制权衡。阈上和阈下奖励、金币和社会奖励均能提高主动性控制，促进认知任务绩效。从奖励条件来看，绩效奖励的动机效应能够提高主动性控制，非绩效奖励的情绪效应能够提高反应性控制。因此，要根据研究目的合理设置奖励刺激。

## 第三节　高海拔地区学生认知控制

### 一、高海拔地区大学生认知控制权衡的 ERP 研究

（一）实验目的和假设

从行为和认知神经层面探讨高海拔地区大学生的认知控制表现。以低海拔组为对照组，高海拔组为实验组，比较不同海拔组大学生的认知控制表现；并考察认知控制是否受海拔高度的影响，随着海拔升高，认知控制能力逐渐降低。

假设不同海拔组大学生的认知控制存在差异，在主动性控制的表现不同。

与低海拔组（＜500米）相比，高海拔1、2组（1500米—2500米、2501米—3500米）在BX试次的反应时大、正确率小，N200波幅大、P300波幅小。

假设高海拔组随着海拔高度增加，主动性控制逐渐降低。与高海拔1组（1500米—2500米）相比，高海拔2组（2501米—3500米）在BX试次的反应时大、正确率小，N200波幅大、P300波幅小。

（二）实验方法

1. 实验被试

采用随机整群抽样方法，以Q大学一年级在校生为研究对象。根据生源地海拔高度将被试分为三组，分别是低海拔组、高海拔1组和高海拔2组。低海拔组来自海拔小于500米的地区，包括山东省、海南省、吉林省、福建省等地；高海拔1组来自海拔1500米—2500米地区，包括西宁市（乐都区）、民和县、

大通县、互助县等地；高海拔2组来自2501米—3500米地区，包括门源县、德令哈市、玉树市等地。其中，高海拔1、2组为实验组，低海拔组为对照组。

所有被试的年龄区间为18—20岁。低海拔组均出生并成长于低海拔地区（≥18年），高海拔组均出生并成长于高海拔地区（≥18年）。被试参与本实验均顺应自己的意向，符合条件者在知情同意书上签字。其他要求为右利手、视力正常、身心健康。

2.　实验材料

自编人口学信息调查表。登记被试的性别、年龄、生源地、户籍性质、联系方式等信息。

经典AX-CPT范式。由线索刺激、空白掩蔽、探测刺激组成。线索刺激为英文字母"A"或"B"（60号，Arial Black字体），探测刺激为英文字母"X"或"Y"（Arial Black字体）。线索和探测刺激可以组合为AX、AY、BX、BY四种试次类型。其中，AX为靶刺激，试次数量占70%；AY、BX、BY为非靶刺激，试次数量各占10%。组成每个序列的两个字母，单个顺次呈现在白色屏幕中央。要求第二个字母出现后，尽可能又快又准地进行按键反应。当靶刺激AX出现时，按"F"键；当非靶刺激AY、BX、BY出现时，按"J"键。

3.　实验设计

本实验是3（海拔分组：低海拔组、高海拔1组、高海拔2组）×2（试次类型：AY、BX）的两因素混合实验设计。自变量为海拔分组和试次类型，因变量为认知综合绩效（反应时、正确率）和ERP指标（N200、P300）。

4.　实验程序

在安静的脑电室进行实验。首先，主试为被试佩戴好电极帽，在各电极小孔处注入导电膏。要求被试双眼距离屏幕50厘米左右，以舒适的坐姿进行实验。接下来主试介绍实验任务，并告知被试研究数据仅用于论文写作。实验过程中要求被试在注意集中的状态下认真完成实验，当刺激出现时尽量避免不必要的眨眼和肢体动作。

任务开始后，屏幕中央的红十字注视点（500ms），提醒被试提高专注力，做好反应准备。之后分别呈现线索刺激（1000ms）、空白掩蔽

（1500ms）、探测刺激（1200ms），要求被试在探测刺激呈现后立即反应，如果超出1200ms仍未做出反应，将视为反应错误，自动跳为下一试次。被试做出反应后会呈现1500ms的正误反馈（如图8-3-1）。

　　整个实验分为练习和正式实验阶段。被试需先进行五个试次的练习实验，如果未熟悉实验规则，可按"Q"键继续练习；明白规则之后按"P"键进入正式实验，正式实验共150试次。其中，AX序列出现105次，AY、BX、BY序列各出现15次，试次类型的顺序随机排列。不同海拔组分别进行实验，整个实验一的总时长约为20分钟。

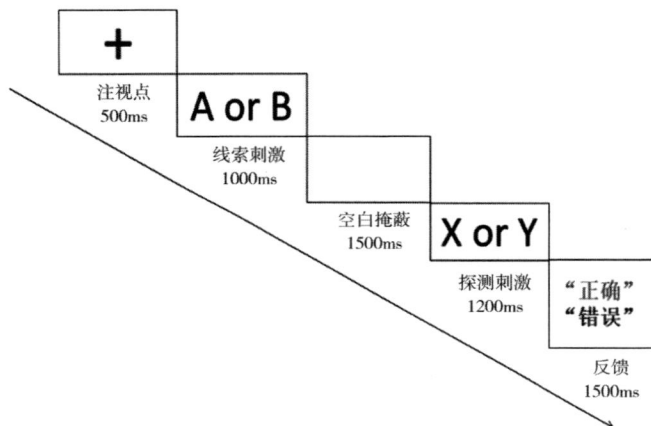

图8-3-1　经典AX-CPT范式程序

### 5. 脑电数据记录与预处理

　　实验仪器为Brain Products公司的脑电记录和分析系统。采用64导电极帽记录EEG。参考电极置于双侧乳突（TP9和TP10），接地点为AFz。同时记录水平眼电（HEOG）和垂直眼电（VEOG）。每个电极点的头皮电阻降到5kΩ以下。滤波带通为0.05Hz—80Hz，连续采样频率为500Hz。

　　采用大脑视觉分析仪2.2（Brain Vision Analyzer）离线分析软件，对EEG原始数据进行预处理。主要分为以下操作步骤：（1）滤波：滤除0.1—30Hz范围外的干扰信号。（2）去眼电：采用独立成分分析法，去除原始数据中的眨眼信号，选取一段相对平稳的数据作为参考依据。（3）去伪迹：去除心电、肌电以及其他伪迹信号的干扰。（4）分段：选取1000ms的分析时间窗（分析时程为目标刺激出现后800ms内），分别对AY和BX试次的数据进行分段。（5）基线校正：以刺激出现前200ms作为基线，对数据进行校正。（6）叠加平均：分别对不同海拔组的AY和BX试次进行叠加平均，并导出N200、P300成分的平均波幅。

本实验主要考察不同海拔组大学生的认知控制表现。参照以往研究并结合本实验目的，选取与认知控制相关的ERP成分：N200（200—300ms）和P300（300—450ms）的平均波幅进行统计分析。N200是位于前额区的负成分，表示对冲突的评估和监测能力；P300是位于中顶区的正成分，表示认知资源分配。依照认知控制生理机制的研究文献，在N200成分，选取Fz、Cz、FCz，3个电极点。左半球选取F1、F3、F5、C1、C3、C5、FC1、FC3、FC5，9个电极点。右半球区选取F2、F4、F6、C2、C4、C6、FC2、FC4、FC6，9个电极点。在P300成分，选取Pz、Cz、CPz，3个电极点。左半球区选取P1、P3、P5、C1、C3、C5、CP1、CP3、CP5，9个电极点。右半球区选取P2、P4、P6、C2、C4、C6、CP2、CP4、CP6，9个电极点。

运用SPSS25.0统计软件，分别对N200、P300成分的平均波幅，进行三因素重复测量方差分析（ANOVA）：（1）3（海拔分组：低海拔组、高海拔1组、高海拔2组）×2（试次类型：AY、BX）×3（电极点：FZ、CZ、FCZ\PZ、CZ、CPZ）；（2）3（海拔分组：低海拔组、高海拔1组、高海拔2组）×2（试次类型：AY、BX）×2（脑区：左半球、右半球）。组间变量为海拔分组，组内变量为试次类型、电极点、脑区。主效应显著时，采用Fisher最小显著差检验法（Fisher least significant difference，LSD）进一步做事后检验，显著阈值$\alpha = 0.05$；交互作用有差异，进一步做简单效应分析。当不满足球形检验假设时，采用Greenhouse–Geisser法校正 $P$ 值。

（三）实验结果

1．行为数据结果

（1）人口统计学资料

低海拔组（＜500米）、高海拔1组（1500米—2500米）和高海拔2组（2501米—3500米）各选取了20名被试，共60名。经统计分析，三组被试的年龄信息差异不显著（$P > 0.05$），可以进行比较研究。具体数据见表8-3-1。

表8-3-1　不同海拔组大学生人口学信息比较

| 分组 | $n$ | 年龄（$\bar{x} \pm s$） | $t$ | $P$ |
|---|---|---|---|---|
| 低海拔组（> 500 米） | 20 | 19.10 ± 0.72 | 0.03 | 0.97 |
| 高海拔 1 组（1500 米—2500 米） | 20 | 19.15 ± 0.67 | | |
| 高海拔 2 组（2501 米—3500 米） | 20 | 19.10 ± 0.74 | | |

（2）反应时

首先，剔除反应错误数据和反应时极端数据（< 100ms或 > 900ms）。之后对不同海拔组的试次类型反应时进行3（海拔分组：低海拔组、高海拔1组、高海拔2组）×2（试次类型：AY、BX）的两因素重复测量方差分析。结果显示：海拔分组的主效应显著，$F(2, 304) = 3.73$，$P < 0.05$，$\eta^2 = 0.02$；高海拔组的平均反应时显著大于低海拔组（478.41 ± 144.79 vs 448.97 ± 129.17）；高海拔1组的平均反应时显著大于高海拔2组（498.77 ± 151.33 vs 458.06 ± 138.25）。试次类型的主效应显著，$F(1, 304) = 758.43$，$P < 0.01$，$\eta^2 = 0.93$；AY试次的平均反应时显著大于BX试次（554.97 ± 123.91 vs 382.22 ± 155.24）。海拔分组和试次类型的交互作用显著，$F(2, 304) = 42.57$，$P < 0.01$，$\eta^2 = 0.22$；在BX试次，高海拔1组的平均反应时显著大于高海拔2组和低海拔组（426.76 ± 174.98 vs 373.18 ± 153.98 vs 346.73 ± 136.77）。不同海拔组在AY、BX试次类型下的平均反应时见表2。

（3）正确率

首先，剔除反应时极端（< 100ms或 > 900ms）的反应正确数据。之后对不同海拔组的试次类型平均正确率进行3（海拔分组：低海拔组、高海拔1组、高海拔2组）×2（试次类型：AY、BX）的两因素重复测量方差分析。结果显示：试次类型的主效应显著，$F(1, 343) = 19.35$，$P < 0.01$，$\eta^2 = 0.05$；BX试次的正确率大于AY试次。海拔分组的主效应不显著，交互作用无显著性差异。不同海拔组在AY、BX试次类型下的平均正确率见表8-3-2。

· 204 ·

表8-3-2　不同海拔组在AY、BX试次的平均反应时和正确率（M±SD）

| 组别 | $n$ | 试次类型 | 反应时 | 正确率 |
|---|---|---|---|---|
| 低海拔组（＜500米） | 20 | AY | 551.21 ± 121.56 | 0.88 ± 0.33 |
| | | BX | 346.73 ± 136.77 | 0.98 ± 0.13 |
| 高海拔1组（1500米—2500米） | 20 | AY | 570.78 ± 127.67 | 0.91 ± 0.28 |
| | | BX | 426.76 ± 174.98 | 0.99 ± 0.09 |
| 高海拔2组（2501米—3500米） | 20 | AY | 542.93 ± 122.51 | 0.96 ± 0.21 |
| | | BX | 373.18 ± 153.98 | 0.97 ± 0.16 |

2. 脑电数据结果

因个别被试脑电数据伪迹较多或叠加次数不够等问题，低海拔组（＜500米）剔除2人，高海拔1组（1500米—2500米）和高海拔2组（2501米—3500米）各剔除了1人，最终纳入被试56人。

（1）认知控制平均波幅

**N200**

在200—300ms时间窗口内，进行3（海拔分组：低海拔组、高海拔1组、高海拔2组）×2（试次类型：AY、BX）×3（电极点：Fz、Cz、FCz）的三因素重复测量方差分析。结果显示：海拔分组的主效应显著，$F(2, 59) = 3.60$，$P < 0.05$，$\eta^2 = 0.11$；高海拔1组的N200平均波幅大于低海拔组和高海拔2组（-0.53 ± 5.73 vs 1.21 ± 6.64 vs 4.31 ± 8.88）；试次类型的主效应显著，$F(1, 59) = 42.68$，$P < 0.01$，$\eta^2 = 0.42$；BX试次诱发的N200平均波幅大于AY试次（-1.41 ± 7.76 vs 4.84 ± 7.24）。电极点的主效应显著，$F(2, 118) = 23.74$，$P < 0.01$，$\eta^2 = 0.29$；Fz电极点诱发的N200平均波幅大于FCz、Cz电极点（0.75 ± 8.37 vs 1.47 ± 8.25 vs 2.93 ± 7.70）。试次类型和电极点的交互作用显著，$F(2, 118) = 3.78$，$P < 0.05$，$\eta^2 = 0.06$。在BX试次，Fz电极点诱发的N200平均波幅大于Cz电极点（-2.52 ± 7.97 vs 0.22 ± 7.38）。其他交互作用无显著性差异。

不同海拔组在AY、BX试次的N200平均波幅值见表3。不同海拔组在AY、BX试次的N200成分（Fz）平均波形图和地形图比较，分别如图8-3-2（a）、图8-3-2（b）、图8-3-2（c）所示。高海拔组在AY、BX试次的N200成分（Fz）波形图比较见图8-3-2（d）。

表8-3-3　不同海拔组在AY、BX试次的N200平均波幅值（$M \pm SD$）

| | 低海拔组<br>（＜500米） | | 高海拔1组<br>（1500米—2500米） | | 高海拔2组<br>（2501米—3500米） | |
| --- | --- | --- | --- | --- | --- | --- |
| | AY | BX | AY | BX | AY | BX |
| Fz | 3.59 ± 6.49 | −4.15 ± 7.56 | 1.78 ± 6.05 | −4.14 ± 4.78 | 6.52 ± 8.96 | 0.42 ± 9.99 |
| Cz | 5.31 ± 6.27 | 0.25 ± 6.43 | 3.13 ± 6.36 | −2.29 ± 5.37 | 8.34 ± 7.69 | 2.58 ± 9.13 |
| FCz | 4.68 ± 5.84 | −2.42 ± 7.22 | 2.30 ± 6.58 | −3.99 ± 5.50 | 7.46 ± 8.05 | 0.50 ± 9.91 |

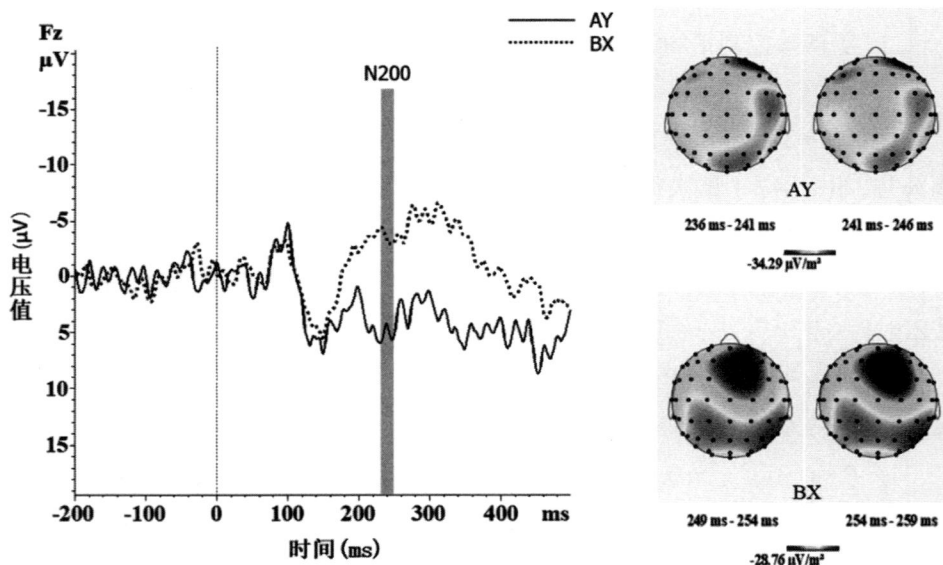

图8-3-2（a）　低海拔组（＜500米）在AY、BX试次的N200（Fz）
平均波幅波形图和地形图比较

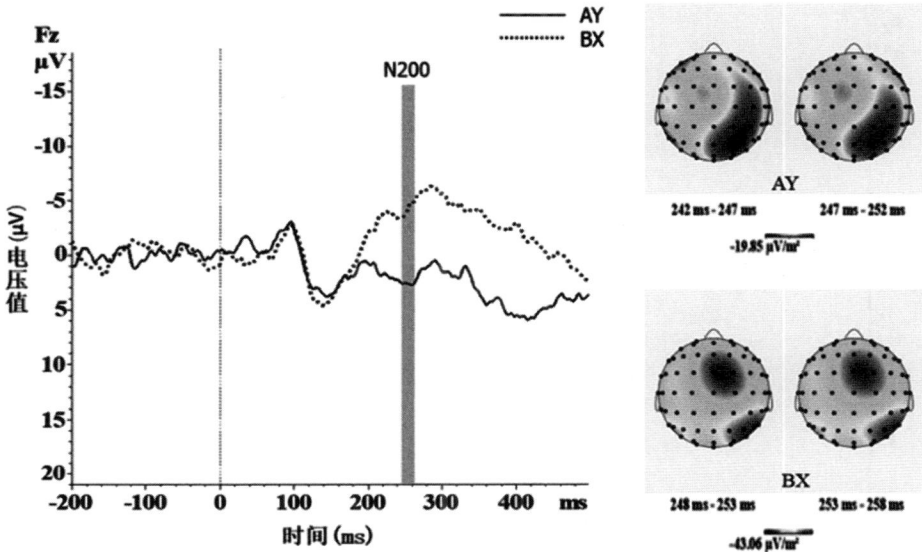

图8-3-2（b）　高海拔1组（1500米—2500米）在AY、BX试次的N200（Fz）
平均波幅波形图、地形图比较

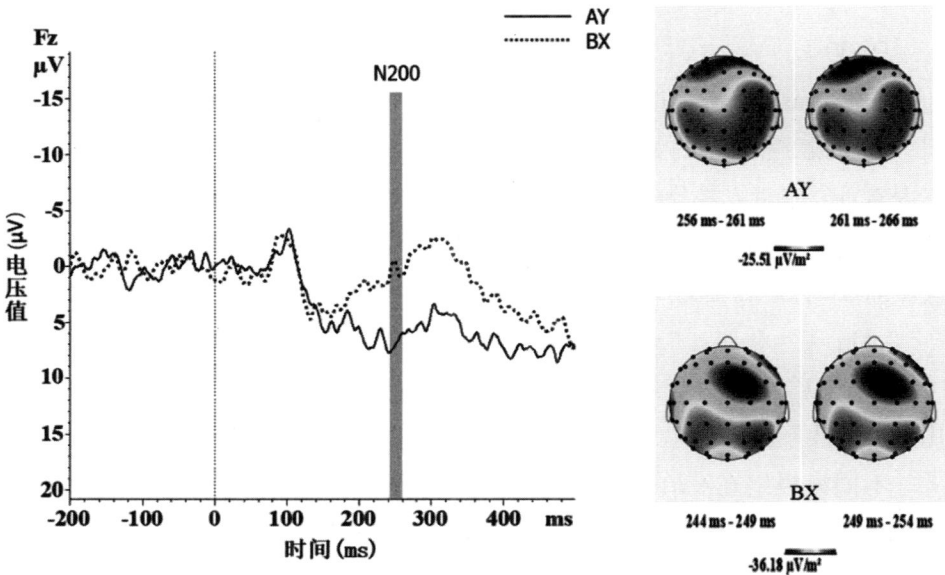

图8-3-2（c）　高海拔2组（2501米—3500米）在AY、BX试次的N200（Fz）
平均波幅波形图、地形图比较

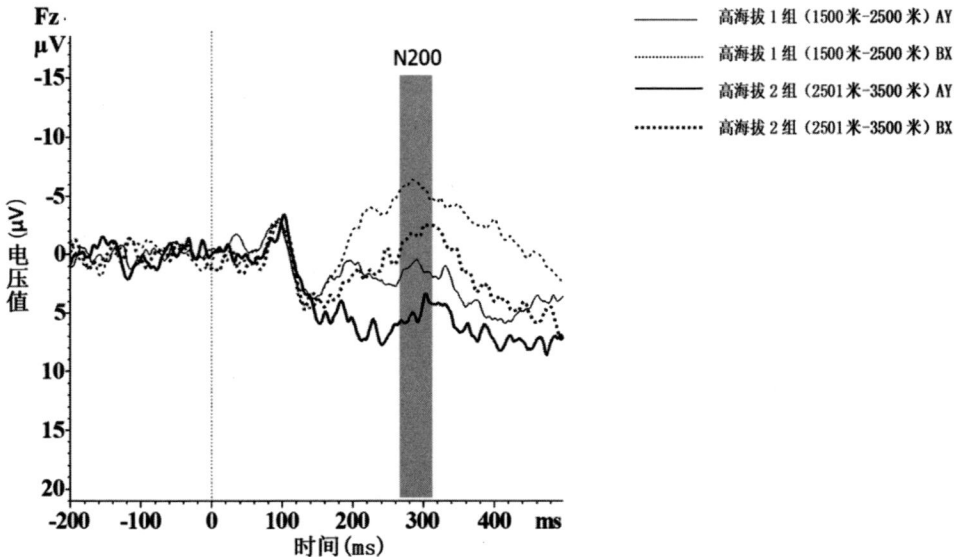

图8-3-2（d）　高海拔组（1500米—2500米、2501米—3500米）
在AY、BX试次的N200（Fz）平均波幅波形图比较

### P300

在300ms—450ms时间窗口内，进行3（海拔分组：低海拔组、高海拔1组、高海拔2组）×2（试次类型：AY、BX）×3（电极点：Pz、Cz、CPz）的三因素重复测量方差分析。结果显示：试次类型的主效应显著，$F_{(1, 59)} = 23.08$，$P < 0.01$，$\eta^2 = 0.28$；AY试次诱发的P300成分平均波幅值显著大于BX试次（6.69 ± 7.58 vs 1.08 ± 8.02）。电极点的主效应显著，$F_{(4, 236)} = 11.15$，$P < 0.01$，$\eta^2 = 0.16$；Pz、CPz电极点诱发的P300平均波幅显著大于Cz电极点（5.21 ± 6.94 vs 4.97 ± 7.87 vs 3.98 ± 8.39）。海拔高度的主效应不显著，交互作用无显著性差异。

不同海拔组在AY、BX试次的P300平均波幅值见表8-3-4，不同海拔组在AY、BX试次的P300成分（Pz）平均波幅波形图和地形图比较，分别如图8-3-3（a）、图8-3-3（b）、图8-3-3（c）所示。

表8-3-4　不同海拔组在AY、BX试次的P300平均波幅值（ $M \pm SD$ ）

| | 低海拔组<br>（ < 500 米 ） | | 高海拔 1 组<br>（ 1500—2500 米 ） | | 高海拔 2 组<br>（ 2501—3500 米 ） | |
| --- | --- | --- | --- | --- | --- | --- |
| | AY | BX | AY | BX | AY | BX |
| Pz | $7.99 \pm 6.89$ | $2.82 \pm 6.93$ | $6.42 \pm 4.34$ | $1.02 \pm 4.99$ | $8.81 \pm 6.54$ | $4.14 \pm 8.34$ |
| Cz | $5.90 \pm 8.23$ | $1.28 \pm 7.91$ | $5.79 \pm 6.81$ | $-0.93 \pm 6.97$ | $8.51 \pm 7.80$ | $3.12 \pm 9.47$ |
| CPz | $6.72 \pm 7.62$ | $1.99 \pm 7.79$ | $6.70 \pm 6.77$ | $0.71 \pm 6.51$ | $8.71 \pm 7.21$ | $4.71 \pm 8.86$ |

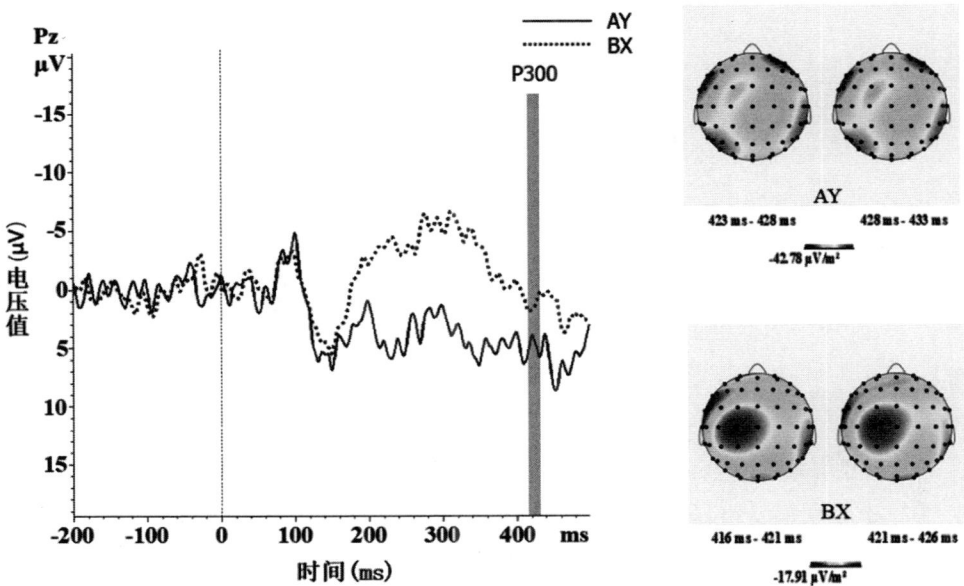

图8-3-3（a）　低海拔组（ < 500 米 ）在AY、BX试次的P300成分（Pz）
平均波幅波形图和地形图比较

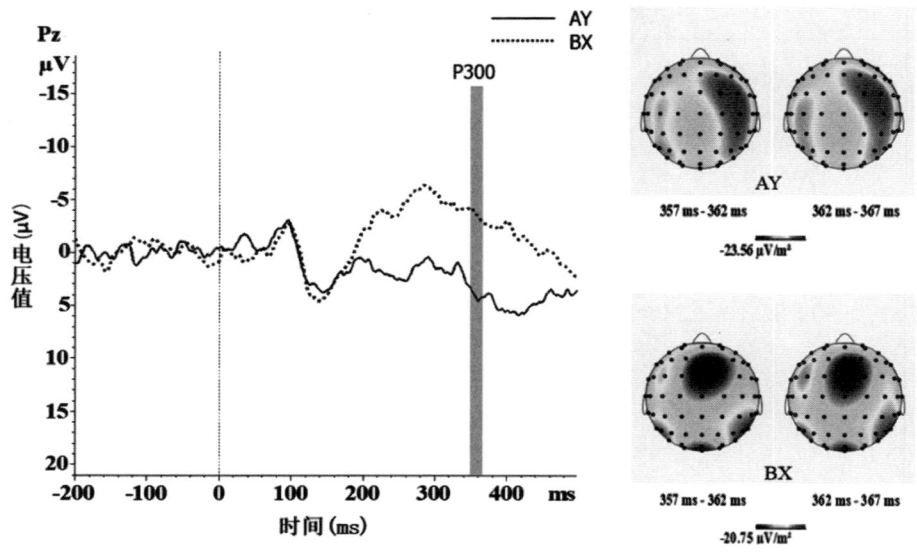

图8-3-3（b）　　高海拔1组（1500米—2500米）AY、BX试次在P300Pz
电极点的平均波幅波形图、地形图比较

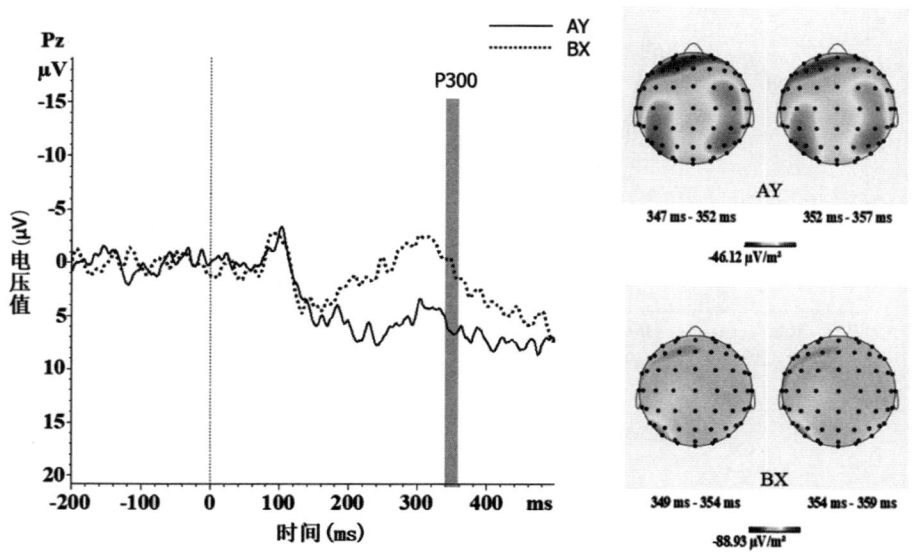

图8-3-3（c）　　高海拔2组（2501米—3500米）AY、BX试次在P300Pz
电极点的平均波幅波形图、地形图比较

（2）认知控制左、右半球平均波幅

**N200**

在200ms—300ms时间窗口内，进行3（海拔分组：低海拔组、高海拔1组、高海拔2组）×2（试次类型：AY、BX）×2（脑区：左半球、右半球）的三因素重复测量方差分析。结果显示：海拔分组的主效应显著，$F（2，555）=36.72$，$P<0.01$，$\eta^2=0.12$；高海拔1组诱发的N200平均波幅大于低海拔组和高海拔2组（$-0.01\pm4.85$ vs $1.78\pm5.55$ vs $4.17\pm7.66$）。试次类型的主效应显著，$F（1，555）=379.20$，$P<0.01$，$\eta^2=0.41$；BX试次诱发的N200平均波幅大于AY试次（$-0.49\pm6.82$ vs $4.53\pm6.05$）。脑区的主效应显著，$F（1，555）=10.88$，$P<0.01$，$\eta^2=0.02$；左半球诱发的N200平均波幅大于右半球（$1.78\pm6.44$ vs $2.27\pm6.42$）。试次类型和脑区的交互作用显著，$F（1，555）=11.82$，$P<0.01$，$\eta^2=0.02$；在AY试次，左半球诱发的N200平均波幅大于右半球（$4.03\pm6.22$ vs $5.03\pm5.87$，$P=0.01$）。海拔分组和脑区的交互作用边缘显著，$F（2，555）=2.76$，$P=0.06$，$\eta^2=0.01$；高海拔1组的左半球和右半球诱发的N200波幅大于低海拔组（$1.45\pm5.05$ vs $4.24\pm4.95$；$3.09\pm5.38$ vs $5.05\pm5.23$）；高海拔1组的右半球诱发的N200平均波幅大于高海拔2组（$3.09\pm5.38$ vs $6.87\pm6.27$）。其他交互效应无显著性差异。

不同海拔组在AY、BX试次的左、右半球N200平均波幅值见表8-3-5，不同海拔组在BX试次的左、右半球N200平均波幅波形图比较如图8-3-4所示。

表8-3-5　不同海拔组在AY、BX试次的左、右半球N200平均波幅比较（$M\pm SD$）

| | 低海拔组<br>（＜500米） | | 高海拔 1 组<br>（1500米—2500米） | | 高海拔 2 组<br>（2501米—3500米） | |
| --- | --- | --- | --- | --- | --- | --- |
| | AY | BX | AY | BX | AY | BX |
| 左半球 | $4.24\pm4.95$ | $-1.29\pm5.64$ | $1.45\pm5.05$ | $-2.10\pm3.83$ | $6.30\pm7.24$ | $1.78\pm8.71$ |
| 右半球 | $5.05\pm5.23$ | $-0.88\pm6.36$ | $3.09\pm5.38$ | $-2.45\pm4.94$ | $6.87\pm6.27$ | $1.69\pm8.40$ |

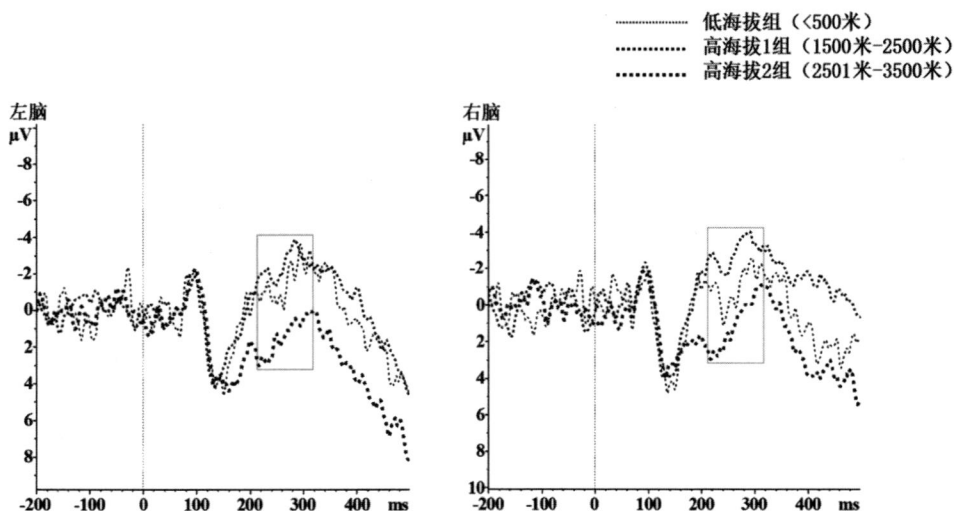

图8-3-4 不同海拔组在BX试次的左、右半球N200平均波幅波形图比较

### P300

在300ms—450ms时间窗口内，进行3（海拔分组：低海拔组、高海拔1组、高海拔2组）×2（试次类型：AY、BX）×2（脑区：左半球、右半球）的三因素重复测量方差分析。结果显示：海拔分组的主效应显著，$F_{(2, 741)}$ = 25.48，$P < 0.01$，$\eta^2 = 0.06$；高海拔1组诱发的P300平均波幅小于低海拔组和高海拔2组（2.34 ± 5.58 vs 3.67 ± 6.76 vs 5.25 ± 8.01）。试次类型的主效应显著，$F_{(1, 741)}$ = 241.02，$P < 0.01$，$\eta^2 = 0.25$；AY试次诱发的平均波幅大于BX试次（6.03 ± 6.74 vs 1.54 ± 7.28）。脑区的主效应不显著。海拔分组、试次类型和脑区的交互作用显著，$F_{(2, 741)}$ = 3.41，$P < 0.05$，$\eta^2 = 0.01$；在左半球，高海拔1组BX试次诱发的P300平均波幅均小于低海拔组和高海拔2组（2.75 ± 5.05 vs 3.53 ± 6.66 vs 5.30 ± 7.9）；在右半球，高海拔1组在BX试次诱发的P300波幅均小于高海拔2组（2.41 ± 6.12 vs 5.11 ± 8.12；3.09 ± 5.38 vs 5.05 ± 5.23）。其他交互效应无显著性差异。

不同海拔组在AY、BX试次的左、右半球P300成分平均波幅值比较见表8-3-6，不同海拔组在AY、BX试次的左、右半球P300成分平均波幅波形图比较如图8-3-5所示。

表8-3-6　不同海拔组在AY、BX试次的左、右半球P300平均波幅比较（M ± SD）

| | 低海拔组<br>（＜500 米） | | 高海拔 1 组<br>（1500 米—2500 米） | | 高海拔 2 组<br>（2501 米—3500 米） | |
|---|---|---|---|---|---|---|
| | AY | BX | AY | BX | AY | BX |
| 左半球 | 6.00 ± 6.75 | 1.05 ± 6.57 | 4.42 ± 5.64 | 0.13 ± 4.46 | 7.20 ± 6.92 | 3.57 ± 8.88 |
| 右半球 | 5.93 ± 6.92 | 1.70 ± 6.80 | 5.06 ± 6.40 | −0.24 ± 5.83 | 7.42 ± 7.22 | 2.80 ± 9.02 |

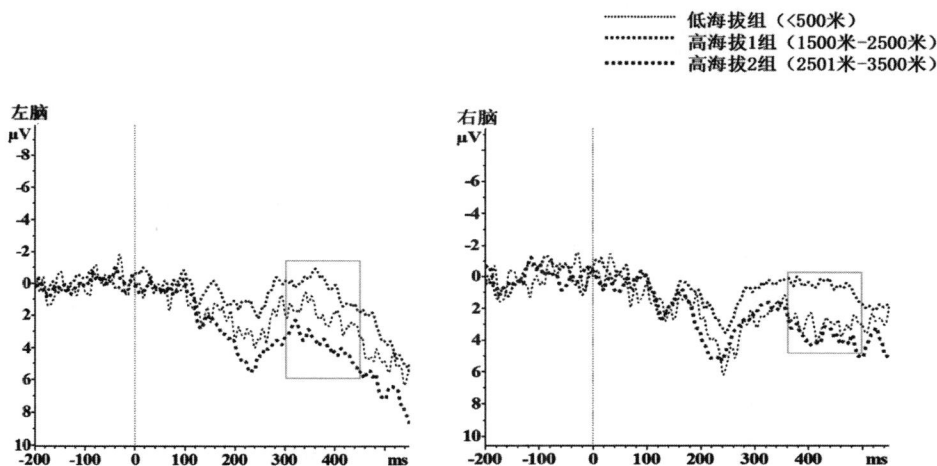

图8-3-5　不同海拔组在BX试次的左、右半球P300平均波幅波形图比较

## （四）分析与讨论

本研究采用AX-CPT范式，探究不同海拔对大学生主动性控制和反应性控制的影响。该范式中，试次类型AY和BX均能产生认知冲突。当AY试次的反应时降低，正确率提高，则表明个体偏向采用反应性控制进行认知加工。当BX试次的反应时降低，正确率提高，则表明个体偏向采用主动性控制进行认知加工。

事件相关电位技术，时间分辨率高，能够准确反映大脑进行刺激信息加工的时间进程。本实验的主要脑电指标为N200和P300。

N200是位于前额区200ms—300ms的负成分，与反应冲突、冲突监测和解决等过程有关。在进行认知控制权衡时，相比于AY试次，BX试次诱发了更大的N200平均波幅。反映了通过维持线索刺激"B"，解决认知冲突的激活程度更高，此时主动性控制发挥作用。反之，AY试次诱发了更大的N200平均波幅，反映了通过加工探测刺激"Y"，解决认知冲突的激活程度更高，此时反应性控制发挥作用。在进行不同海拔组的波幅比较时，N200波幅大，表示个体易受无关信息的干扰，难以抑制冲突；执行功能较差，导致大脑活动更大。

P300是位于中顶区300ms—450ms时间范围内的一种正成分，与注意、认知资源分配、期待等心理过程有关。相比于AY试次，BX试次诱发了更小的P300平均波幅。表示加工线索刺激"B"所需的认知资源量较少，自身具备充足的资源，心理负荷小，此时主动性控制提高。反之，AY试次诱发了更小的P300平均波幅，表示加工探测刺激"Y"的认知资源需求少，认知加工的资源存储量充足，心理负荷小，此时反应性控制提高。在进行不同海拔组的波幅比较时，P300波幅大，表示能合理进行资源分配，投入的认知资源量大，认知加工能力更高。

本研究采用事件相关电位技术，探讨不同海拔地区大学生对主动性控制还是反应性控制模式更偏好，并观察比较其进行认知控制加工时的大脑活动变化。

1. 不同海拔组大学生的认知控制权衡偏向主动性控制

本研究发现，不同海拔组的认知控制权衡无显著差异，均更倾向采用主动性控制策略。行为结果显示，BX试次反应时低于AY试次，正确率高于AY试次。说明不同海拔组通过维持线索刺激信息，进行对后续探测刺激的反应。该结果在大脑活动中也得到了证实。

脑电结果显示，在N200负成分上，BX试次较AY试次在Fz电极点诱发了更负的平均波幅。说明被试在进行BX试次任务时，产生了强烈的反应冲突，导致抑制线索刺激"B"的需求变大。此时加强主动性控制，持续维持线索，避免对BX试次做出错误的目标反应。在P300正成分上，AY试次较BX试次在CPz电极点诱发了更正的平均波幅。表示被试在进行BX试次任务时，加强了主动性控制，具备充足的认知资源加工线索刺激，心理负荷量小。

N200和P300的大脑活动均支持了，不同海拔组大学生为了更好地完成认知任务，采用主动性控制的结论。验证了BX试次反应时和正确率表现好于AY试次的行为结果。该结论与前人研究相似，多数关于大学生或健康成年人认知控制权衡的研究均表明主动性认知控制的表现优于反应性认知控制，而儿童、老年人或前额叶受损的病人才会表现出反应性控制偏向。

本研究并未发现不同海拔组在认知控制权衡上有明显差异。因此，说明认知控制权衡与海拔高度无关，可能与个体年龄（大脑发育程度、低氧暴露时间）或是否存在脑部病变有明显关系。高海拔不会影响个体的认知控制权衡转换，均倾向于采用主动性控制来进行认知加工，认知稳定性较好。

## 2. 高海拔降低了大学生的主动性控制能力

不同海拔地区的大学生存在主动性控制的差异。与低海拔相比，长期居住在高海拔地区的大学生主动性控制表现不足。

行为结果显示，在BX试次，高海拔1组（1500米—2500米）和高海拔2组（2501米—3500米）的平均反应时显著大于低海拔组。表明高海拔组对线索信息的保持能力更差，易受无关刺激的干扰，反应前不能更好地维持目标相关信息。在正确率上，不同海拔组都有较高的准确反应率，可能是该实验任务对于大学生这一年龄段的群体来说比较简单，致使正确率差异不显著。该结果与前人研究一致，验证了高海拔慢性低氧暴露确实影响了认知作业反应时。

脑电结果显示，在反映认知冲突监控的N200负成分上，高海拔1组（1500米—2500米）在Fz电极点诱发的平均波幅显著大于低海拔组（＜500米）。在反映认知资源分配的P300正成分上，不同海拔组在CPz点诱发的平均波幅差异不显著。表明高海拔1、2组（1500米—2500米、2501米—3500米）在前额叶区域激发了更大的认知冲突，执行功能较差，冲突解决过程困难。在进行自上而下的认知资源分配时比低海拔组做出了更多的认知努力。在认知控制加工过程中，主动性和反应性控制都需要消耗认知资源，当前可利用的认知资源不足时，认知控制能力就会受到影响。

本研究推测，长期生活于低氧环境中，可能会导致工作记忆等基本认知功能明显受到影响，使得主动性认知控制能力更弱。高海拔组由于自身认知控制能力较低，为了获得更好的认知表现，需要更多的心理能量来维持。认知资源的储备量与工作记忆容量有关。因此，工作记忆容量可能是认知控制的重要影响因素。并且工作记忆强的个体，更倾向于运用主动性控制。当认知任务高出工作记忆容量的限度，就会表现为主动性认知控制能力不足。

3. 1500米—2500米海拔高度对大学生主动性控制的影响大于2501米—3500米

本研究发现生活在中等偏高海拔地区的大学生，主动性认知控制能力更差，即高海拔低度缺氧对个体的主动性认知控制能力影响更大。高海拔1组（1500米—2500米）在主动性认知控制上反应更慢，抑制冲突更困难。而正确率和可用的认知资源与高海拔2组（2501米—3500米）相当。脑电结果显示，高海拔1组（1500米—2500米）在BX序列的反应时和诱发的N200成分平均波幅均显著大于高海拔2组（2501米—3500米），在正确率和P300成分平均波幅上却没有显著差异。资源分配模型认为，认知加工的可用资源有限，当前期任务占用了较多资源，就会导致后期任务的资源相应不足。被试在认知任务早期应对反应冲突的需求更大，消耗了更多的心理能量，但是后期没有更多可用的认知资源用来防止错误的目标反应，即高海拔1组（1500米—2500米）可能采用了保守的反应策略，为了保证更高的正确率而延长了反应时间，从而影响了主动性认知控制的表现。

本研究对象为高海拔世居者，并未发现认知能力随海拔升高而出现下降现象。该结果与研究假设以及前人研究并不一致。以往研究探讨的是高原移居者的认知能力差异，移居到更高海拔地区的人，大脑易受到缺氧的影响，认知能力更低。但也有与本研究相似的结论，认知控制的抑制功能在轻度缺氧地区受损更严重，更高海拔地区的世居者执行控制水平表现更好，这是一种缺氧的补偿机制。

本研究认为，长期暴露于高海拔缺氧环境下，机体为了维护内环境的稳态，会产生对低氧的代偿反应，弥补高级认知功能的损伤。脑中枢神经对氧气不足较为敏感。当空气中的含氧量降低，不能满足机体所需时，机体本身或机体内细胞会产生适应性反应，加快氧气在体内的运输，稳定内环境。从生理学方面来看，血红蛋白在运输氧气过程中，发挥的生理作用非同小可。随着海拔升高，血红蛋白的浓度也相应增加，这是一种对低氧环境产生习服的代偿机制，本质是促使机体更充分地摄取和利用氧气，维持生理功能所需。世居高海拔的个体，机体会通过生理活动发生缺氧的适应性改变，提高无氧代谢效率等，明显产生对高原低氧环境的习服。

研究推测，高海拔2组（2501米—3500米）大学生产生了明显的高原习服现象，对于高海拔低氧环境的适应性更强，促进了认知任务的表现。有研究表明，在高海拔地区生活的世居者，具有很强的高原低氧环境适应能力。这种能力与基因组变异有关，表现为血红蛋白的浓度更低，称为"遗传适应"。因此，从遗传学角度讲，或许高海拔世居者已经从基因上适应了缺氧环境。

4. 大脑左、右半球的信息加工能力影响认知控制

本研究发现，生长于不同海拔地区的大学生存在主动性控制能力的差异，高海拔1组（1500米—2500米）的主动性控制明显比低海拔组（<500米）和高海拔2组（1500米—2500米）表现差。但是这种认知差异是否在大脑左、右半球上有所体现还不明确。为此，对不同海拔组左、右半球的认知控制表现进行了探讨。

脑电结果发现，不同海拔组在左、右半球的认知冲突监测能力和认知资源分配能力存在显著性差异。反映自上而下冲突监测的N200结果显示，高海拔1组（1500米—2500米）在左半球（F1、F3、F5）和右半球（F2、F4、F6）诱发的N200平均波幅大于低海拔组。高海拔1组（1500米—2500米）在右半球（F2、F4、F6）诱发的N200平均波幅大于高海拔2组（2501米—3500米）。表明高海拔1组（1500米—2500米）在左、右半球前额区的认知冲突均大于低海拔组（<500米），高海拔1组（1500米—2500米）在右半球前额区的认知冲突大于高海拔2组（<500米）。该结果说明，高海拔1组（1500米—2500米）在左、右半球前额区的冲突监测能力不足，导致主动性控制能力较差。

反映认知资源分配的P300结果显示，高海拔1组（1500米—2500米）在左半球（CP1、CP3、CP5）诱发的P300平均波幅小于低海拔组（<500米），在右半球（CP2、CP4、CP6）诱发的P300平均波幅小于高海拔2组（2501米—3500米）。表明高海拔1组（1500米—2500米）进行主动性控制加工时，在左半球中顶区投入的认知资源少于低海拔组（<500米），在右半球中顶区投入的认知资源少于高海拔2组（2501米—3500米）。该结果说明，高海拔1组（1500米—2500米）在左、右半球中顶区进行主动性控制加工的认知资源不足。认知资源储备与工作记忆容量有关。高海拔1组（1500米—2500米）可能

存在较小的工作记忆容量，限制了认知加工过程。

因此，据脑电结果推测，长期暴露于高海拔低氧环境，可能会使认知控制的左、右半球功能降低。大脑左、右半球在信息加工时协同发挥作用，才能够完成更复杂的认知任务。高海拔1组（1500米—2500米）主动性控制能力低，体现在左、右半球的冲突监测和认知资源分配能力较弱，说明认知控制能力低，与大脑半球的整合能力较差和信息加工的协同性不足有关。

## 二、奖励对高海拔地区大学生认知控制影响的 ERP 研究

### （一）实验目的和假设

#### 1. 实验目的

从行为和认知神经层面探讨奖励对高海拔地区大学生认知控制的影响。考察不同高海拔组在奖励条件下的认知控制权衡；并探究奖励对不同高海拔组认知控制能力的影响。

#### 2. 实验假设

（1）奖励影响高海拔组大学生的认知控制，提高主动性控制。有奖励时，BX试次比AY试次的反应时小、正确率大，N200波幅大、P300波幅小。

（2）不同高海拔组在有奖励时存在主动性控制的差异。高海拔2组（2501米—3500米）比高海拔1组（1500米—2500米）在有奖励时的BX试次反应时大、正确率小，N200波幅大、P300波幅小。

### （二）实验方法

#### 1. 实验被试

以Q大学一年级在校生为研究对象。在实验一的基础上，仅将高海拔1组（＜500米）和高海拔2组（2501米—3500米）纳入研究进行比较。高海拔1组来自西宁市（乐都区）、民和县、大通县、互助县等地；高海拔2组来自门源县、德令哈市、玉树市等地。所有被试年龄在18岁到20岁之间，均出生并成长于高海拔地区（≥18年）。

2. 实验材料

自编人口学信息调查表。登记被试的性别、年龄、生源地、户籍性质、联系方式等信息。

奖励版AX-CPT范式。在经典AX-CPT范式的基础上加入了奖励条件和奖励反馈。该范式主要由线索刺激、空白掩蔽和探测刺激组成，线索刺激为英文字母"A"或"B"（60号，Arial Black字体），探测刺激为英文字母"X"或"Y"（60号，Arial Black字体）。线索和探测刺激可以组合为AX、AY、BX、BY四种试次类型。其中，AX为靶刺激，占70%；AY、BX、BY为非靶刺激，各占10%，组成每个序列的两个字母，单个顺次呈现在白色屏幕中央。当靶刺激AX出现时，按"F"键；当非靶刺激AY、BX、BY出现时，按"J"键。为了增加实验过程的趣味性，奖励版AX-CPT范式将以"黄金矿工游戏"的形式呈现。

3. 实验设计

2（海拔分组：高海拔1组、高海拔2组）×2（奖励条件：有奖励、无奖励）×2（试次类型：AY、BX）的三因素混合实验设计。自变量为海拔分组、奖励条件和试次类型，因变量为认知综合绩效（试次类型的反应时、正确率）和ERP指标（P300、CNV）。

4. 实验程序

实验前期准备工作和注意问题同实验一。被试最终获得的奖励金额由实验过程中的表现决定，随着实验的推进，被试可以及时知晓自己目前获得的奖励金额。

首先，我们告知被试接下来将完成一个黄金矿工的游戏任务。任务开始后，屏幕中央的红十字注视点（500ms），提醒被试提高专注力，做好反应准备。紧接着呈现奖励条件（1000ms），奖励条件为炸弹图片或金币图片，分别表示无奖励和有奖励阶段。当炸弹图片出现时，意味着在该试次反应正确或错误都不会得到奖励；当金币图片出现时，意味着在该试次反应正确会得到100金币奖励，反应错误无法获得奖励。奖励条件消失之后，分别呈现线索刺激（1000ms）、空白掩蔽（1500ms）、探测刺激（1200ms），要求被试在探测刺激呈现后立即反应，如果超过1200ms仍未做出反应，将视为反应错误自动跳为下一试次。按键反应之后会立即呈现奖励反馈（1500ms）：蓝色的"正确！金子图片＋100"或红色的"错误！石头图片＋0"。奖励反馈之后出现十字注视点迅速进入下一个试次（见图8-3-6）。

整个实验分为练习和正式实验阶段。被试需先进行五个试次的练习实验，如果未熟悉实验规则，可按"Q"键继续练习；明白规则之后按"P"键进入正式实验。正式实验分为奖励条件和无奖励，共160试次。其中，有奖励和无奖励各占50%试次（各80次），随机呈现。AX试次出现112次，AY、BX、BY试次各出现16次，试次类型的顺序随机排列。整个实验2的总时长约为15分钟。

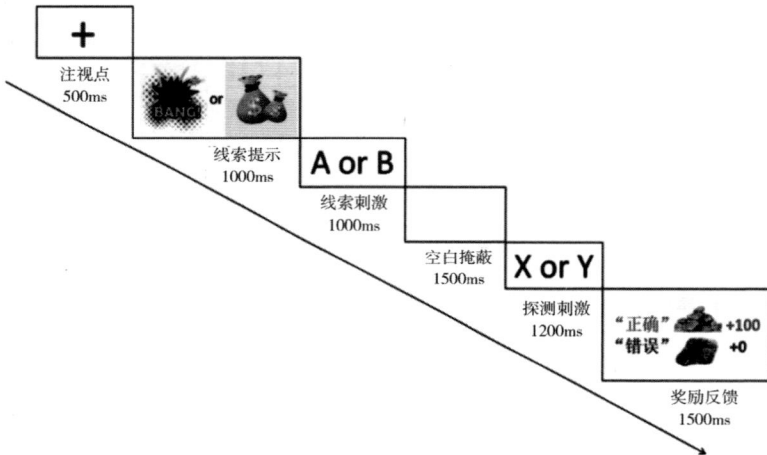

注视点
500ms

线索提示
1000ms

线索刺激
1000ms

空白掩蔽
1500ms

探测刺激
1200ms

奖励反馈
1500ms

图8-3-6　奖励版AX-CPT范式程序

5. 脑电数据记录与预处理

实验仪器为脑产品公司的脑电记录和分析系统。采用64导电极帽记录EEG。脑电参数设置同实验一。

采用脑视觉分析仪（Brain Vision Analyzer）2.2离线分析软件，对EEG原始数据进行预处理。主要分为以下操作步骤：（1）滤波：滤除0.1Hz—30Hz范围外的干扰信号。（2）去眼电：采用独立成分分析法，去除原始数据中的眨眼信号，选取一段相对平稳的数据作为参考依据。（3）去伪迹：去除心电、肌电以及其他伪迹信号的干扰。（4）分段：选取1200ms的分析时间窗（目标刺激出现后1000ms作为分析时程，刺激出现前200ms为基线），分别对有奖励和无奖励条件下的AY和BX试次进行分段。（5）基线校正：以刺激出现前200ms作为基线，对数据进行校正。（6）叠加平均：分别对不同海拔组，有奖励和无奖励的AY和BX试次进行叠加平均，并导出P300、CNV成分的平均波幅。

本实验主要考察奖励对高海拔地区大学生认知控制的影响。参照以往文献并结合研究目的，选取与奖励和认知控制相关的ERP成分：P300（300ms—450ms）、CNV（700ms—1000ms）的平均波幅进行统计分析。P300表示奖励动机，CNV表示奖励预期。依照以往关于奖励对认知控制影响的生理机制研究文献，选取Fz、Cz、FCz、Pz、CPz，5个电极点对中顶区P300成分进行分析。左半球区选取F1、F3、F5，C1、C3、C5，FC1、FC3、FC5，P1、P3、P5、CP1、CP3、CP5，15个电极点。右半球选取F2、F4、F6，C2、C4、C6、FC2、FC4、FC6，P2、P4、P6，CP2、CP4、CP6，15个电极点。选取Fz、Cz、FCz，3个电极点对前额区CNV成分进行分析。

运用SPSS25.0统计软件包，对P300、CNV成分的平均波幅，分别进行四因素重复测量方差分析：（1）2（海拔分组：高海拔1组、高海拔2组）×2（试次类型：AY、BX）×2（奖励条件：有奖励、无奖励）×5（电极点：Fz、Cz、FCz、Pz、CPz）。（2）2（海拔分组：高海拔1组、高海拔2组）×2（试次类型：AY、BX）×2（奖励条件：有奖励、无奖励）×3（电极点：Fz、Cz、FCz）。组间变量为海拔分组，组内变量为奖励条件、试次类型和电极点。当不满足球形检验假设时，采用Greenhouse-Geisser法校正P值，显著阈值$\alpha = 0.05$。

（三）实验结果

1. 行为数据结果

（1）人口统计学资料

高海拔1组（1500米—2500米）和高海拔2组（2501米—3500米）各有20名被试，共40名。两组被试的年龄信息差异不显著（$P > 0.05$），可以进行比较研究。具体数据见表8-3-7。

表8-3-7　不同海拔组大学生人口学信息比较

| 分组 | $n$ | 年龄（$\bar{x} \pm s$） | $t$ | $P$ |
|---|---|---|---|---|
| 高海拔1组（1500米—2500米） | 20 | 19.15 ± 0.67 | 0.04 | 0.84 |
| 高海拔2组（2501米—3500米） | 20 | 19.10 ± 0.85 | | |

（2）反应时

首先，剔除反应错误数据和反应时极端数据（ <100ms或>900ms）。在不同奖励条件下，对高海拔组的试次类型反应时进行2（海拔分组：高海拔1组、高海拔2组）×2（奖励条件：有奖励、无奖励）×2（试次类型：AY、BX）的三因素重复测量方差分析。结果显示：奖励条件的主效应显著，$F$（1，158）=10.75，$P<0.01$，$\eta^2 = 0.06$；有奖励的平均反应时显著小于无奖励（478.23 ± 140.79 vs 496.54 ± 132.63）。试次类型的主效应显著，$F$（1，158）=492.98，$P<0.01$，$\eta^2 = 0.76$；AY试次的平均反应时显著大于BX试次（565.74 ± 110.19 vs 409.03 ± 163.23）。海拔分组的主效应不显著。试次类型和海拔分组的交互作用显著，$F$（1，158）=21.30，$P<0.01$，$\eta^2 = 0.12$；高海拔1组的BX试次反应时显著大于高海拔2组（435.79 ± 181.36 vs 366.01 ± 144.26）。奖励条件、试次类型和海拔高度的交互作用显著，$F$（1，158）=8.53，$P<0.01$，$\eta^2 = 0.05$；高海拔1组和2组在有奖励时的BX试次反应时均显著小于无奖励，且高海拔2组在有奖励时的BX试次反应时小于高海拔1组（435.79 ± 181.36 vs 446.86 ± 177.31，366.01 ± 144.26 vs 387.44 ± 150.00）。其他交互作用不显著。高海拔组在不同奖励条件下的试次类型平均反应时见表8-3-8。

表8-3-8　高海拔组不同奖励条件的AY、BX试次平均反应时比较（$M \pm SD$）

| | | 有奖励 | 无奖励 |
|---|---|---|---|
| 高海拔1组（1500米—2500米） | AY | 546.05 ± 117.18 | 584.87 ± 106.01 |
| | BX | 435.79 ± 181.36 | 446.86 ± 177.31 |
| 高海拔2组（2501米—3500米） | AY | 565.05 ± 120.36 | 566.99 ± 97.21 |
| | BX | 366.01 ± 144.26 | 387.44 ± 150.00 |

（3）正确率

首先，剔除反应时极端（＜100ms或＞900ms）的反应正确数据。在不同奖励条件下，对高海拔组的试次类型正确率进行2（海拔分组：高海拔1组、高海拔2组）×2（奖励条件：有奖励、无奖励）×2（试次类型：AY、BX）的三因素重复测量方差分析。结果显示：奖励条件的主效应显著，$F$（1，162）=8.78，$P < 0.01$，$\eta^2 = 0.05$；有奖励的正确率高于无奖励（0.97±0.18 vs 0.93±0.26）。试次类型的主效应不显著。海拔分组的主效应不显著。试次类型和海拔分组的交互作用显著，$F$（1，162）=9.63，$P < 0.01$，$\eta^2 = 0.06$；高海拔1组在BX试次的正确率低于高海拔2组（0.96±0.19 vs 1±0.00）。试次类型、奖励条件和海拔分组的交互作用边缘显著，$F$（1，162）=3.66，$P = 0.06$，$\eta^2 = 0.02$；高海拔1组和2组在有奖励条件下的BX试次正确率均显著大于无奖励，且高海拔2组在有奖励时的BX试次正确率大于高海拔1组（0.96±0.19 vs 0.87±0.34，1±0.00 vs 0.94±0.28）。其他交互作用不显著。高海拔组在不同奖励条件条件下的试次类型平均正确率见表8-3-9。

表8-3-9　高海拔组不同奖励条件的AY、BX试次平均正确率比较（$M \pm SD$）

| | | 有奖励 | 无奖励 |
|---|---|---|---|
| 高海拔 1 组（1500 米—2500 米） | AY | 0.96 ± 0.19 | 0.95 ± 0.22 |
| | BX | 0.96 ± 0.19 | 0.87 ± 0.34 |
| 高海拔 2 组（2501 米—3500 米） | AY | 0.93 ± 0.26 | 0.89 ± 0.31 |
| | BX | 1 ± 0.00 | 0.94 ± 0.28 |

2. 脑电数据结果

因高海拔1组（1500米—2500米）和高海拔2组（2501米—3500米）各有1名被试的数据存在较多伪迹，故剔除，最终两组各有19名有效被试，共38名被试。

（1）奖励条件下的认知控制平均波幅

P300

在300ms—450ms时间窗口内，进行2（海拔分组：高海拔1组、高海拔2组）×2（奖励条件：有奖励、无奖励）×2（试次类型：AY、BX）×5（电极点：FZ、FCZ、PZ、CZ、CPZ）的四因素重复测量方差分析。结果显示：试次类型的主效应显著，$F（1，32）=22.32$，$P<0.01$，$\eta^2=0.41$；BX试次诱发的P300平均波幅值显著小于AY试次（$0.50\pm5.79$ vs $5.95\pm8.99$）。电极点的主效应显著，$F（4，128）=5.79$，$P<0.01$，$\eta^2=0.15$；Pz、CPz电极点诱发的平均波幅值显著大于Fz、FCz、Cz电极点（$4.16\pm5.56$ vs $4.04\pm6.41$ vs $1.75\pm9.26$ vs $2.88\pm8.34$ vs $3.29\pm7.39$）。奖励条件的主效应不显著，海拔分组的主效应不显著。

试次类型和海拔分组的交互作用边缘显著，$F（1，32）=4.16$，$P=0.05$，$\eta^2=0.12$；高海拔1组在AY试次的平均波幅值显著小于高海拔2组（$3.99\pm8.94$ vs $7.91\pm9.32$）。奖励条件和试次类型的交互作用边缘显著，$F（1，32）=3.40$，$P=0.07$，$\eta^2=0.08$；在有奖励和无奖励条件下，AY试次诱发的平均波幅值均显著大于BX试次，有奖励时AY试次诱发的波幅更大（$6.87\pm9.29$ vs $0.16\pm6.60$，$5.26\pm9.35$ vs $0.79\pm5.62$）。试次类型、电极点、奖励、海拔分组的交互作用显著，$F（4，128）=2.88$，$P<0.05$，$\eta^2=0.08$；在无奖励条件下，高海拔1组在AY试次Pz、Cz、CPz电极点上的平均波幅显著小于高海拔2组，且在CPz电极点差异最大（$2.30\pm7.82$ vs $8.72\pm6.48$）。

其他交互作用不显著。

表8-3-10　不同奖励条件下高海拔组在AY、BX试次的P300平均波幅值（$M\pm SD$）

| | | 高海拔1组（1500米—2500米） | | 高海拔2组（2501米—3500米） | |
|---|---|---|---|---|---|
| | | AY | BX | AY | BX |
| Fz | 有奖励 | $4.76\pm9.04$ | $-0.30\pm6.25$ | $4.36\pm12.28$ | $-1.73\pm8.64$ |
| | 无奖励 | $1.43\pm12.36$ | $-0.16\pm3.41$ | $8.12\pm11.29$ | $-2.45\pm10.82$ |
| FCz | 有奖励 | $6.57\pm9.49$ | $0.95\pm6.85$ | $6.36\pm11.52$ | $-1.48\pm8.07$ |
| | 无奖励 | $1.71\pm9.70$ | $0.59\pm3.83$ | $8.19\pm10.61$ | $0.13\pm6.63$ |
| Pz | 有奖励 | $5.59\pm6.73$ | $1.39\pm4.33$ | $10.16\pm8.26$ | $0.88\pm5.33$ |
| | 无奖励 | $2.86\pm8.18$ | $1.18\pm3.08$ | $8.15\pm5.13$ | $3.10\pm3.44$ |
| Cz | 有奖励 | $6.55\pm9.13$ | $1.52\pm6.97$ | $8.00\pm9.58$ | $-0.86\pm6.71$ |
| | 无奖励 | $1.54\pm8.10$ | $0.67\pm4.38$ | $7.76\pm8.57$ | $1.13\pm5.66$ |
| CPz | 有奖励 | $6.65\pm7.61$ | $1.64\pm5.62$ | $9.24\pm8.10$ | $0.09\pm6.51$ |
| | 无奖励 | $2.30\pm7.82$ | $1.49\pm5.14$ | $8.72\pm6.48$ | $2.20\pm4.03$ |

不同奖励条件下高海拔组在AY、BX试次的P300成分平均波幅值见表8-3-10，不同奖励条件下高海拔组在AY、BX试次的P300成分（Pz）波形图和地形图比较分别如图8-3-7（a）至图8-3-7（e）所示。

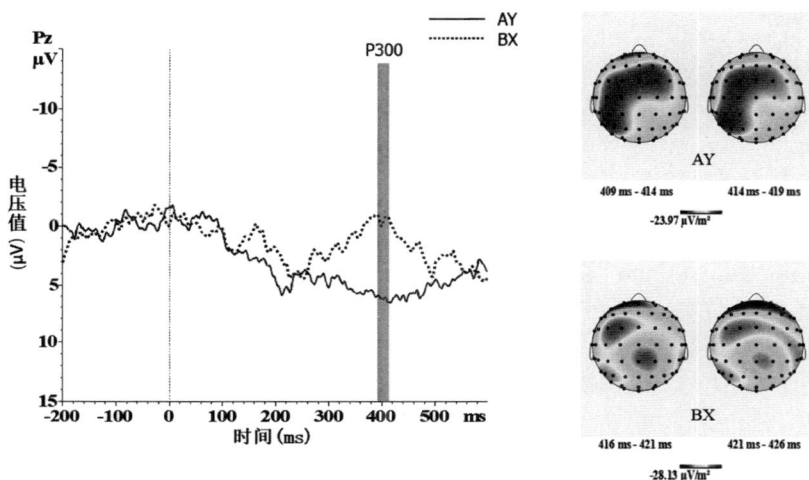

图8-3-7（a） 高海拔1组（1500米—2500米）有奖励时AY、BX试次的P300
平均波幅波形图比较

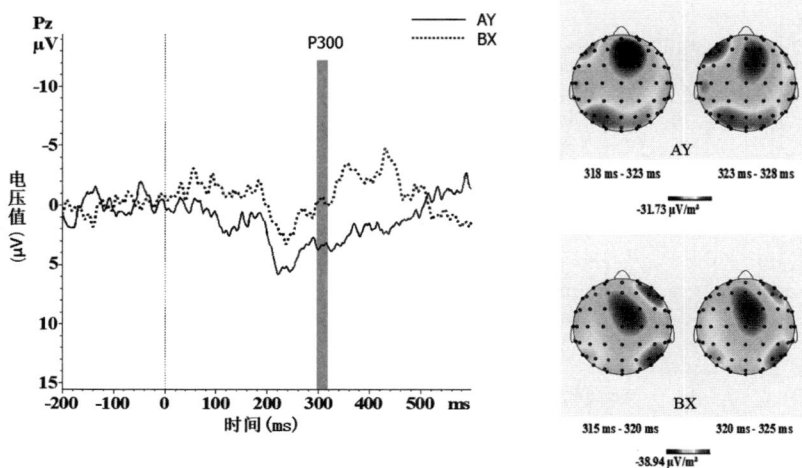

图8-3-7（b） 高海拔1组（1500米—2500米）无奖励时AY、BX试次的P300
平均波幅波形图比较

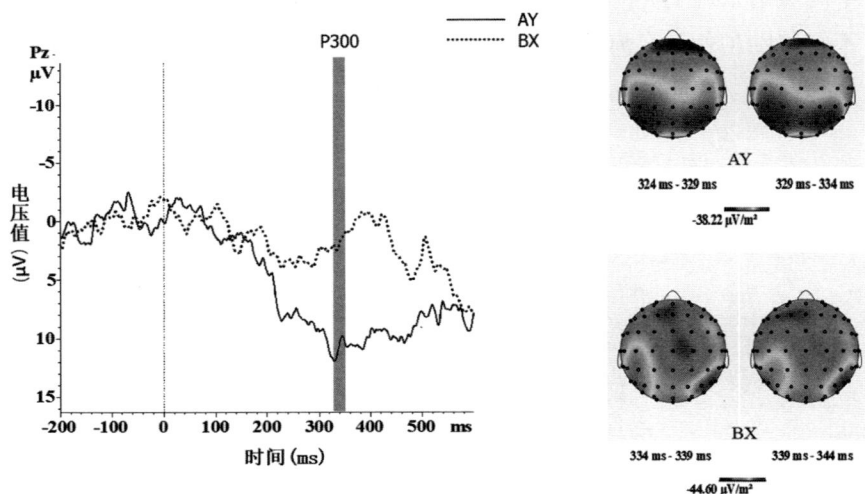

图8-3-7（c）　高海拔2组（2501米—3500米）有奖励时AY、BX试次的P300
平均波幅波形图比较

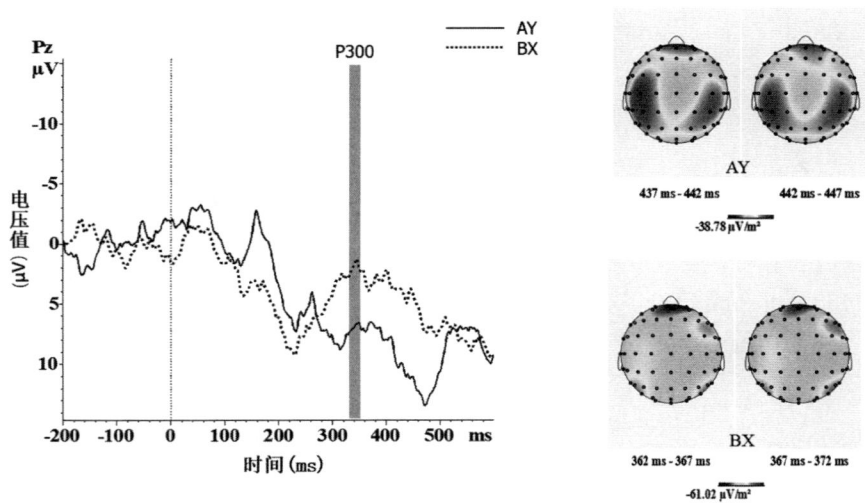

图8-3-7（d）　高海拔2组（2501米—3500米）无奖励时AY、BX试次的P300
平均波幅波形图比较

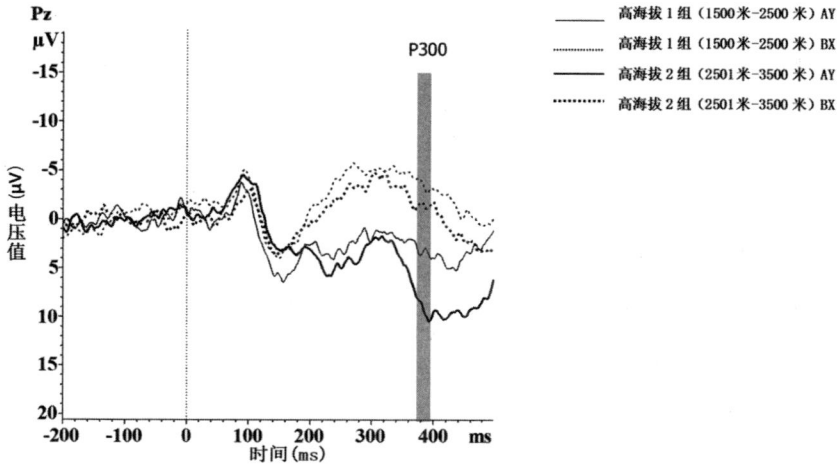

图8-3-7（e）　高海拔1、2组（1500米—2500米、2501米—3500米）
在有奖励时AY、BX试次的P300平均波幅波形图比较

## CNV

在550ms—700ms时间窗口内，进行2（奖励条件：有奖励、无奖励）×2（试次类型：AY、BX）×2（海拔分组：高海拔1组、高海拔2组）×3（电极点：Fz、FCz、Cz）的四因素重复测量方差分析。结果显示：电极点的主效应显著，$F（2，168）=3.51$，$P<0.05$，$\eta^2=0.04$；Fz电极点诱发的平均波幅值显著大于Cz、FCz电极点（2.4±15.67 vs 4.87±12.99 vs 4.19±13.54）。试次类型、海拔分组、奖励条件的主效应均不显著，交互作用不显著。不同奖励条件下高海拔组在AY、BX试次的CNV成分平均波幅值见表8-3-11。

表8-3-11　不同奖励条件下高海拔组在AY、BX试次的CNV平均波幅值（$M\pm SD$）

| | | 高海拔1组（1500米—2500米） | | 高海拔2组（2501米—3500米） | |
| --- | --- | --- | --- | --- | --- |
| | | AY | BX | AY | BX |
| Fz | 有奖励 | 2.45±10.32 | 3.87±11.68 | 4.06±12.98 | 6.07±15.21 |
| | 无奖励 | −1.80±6.63 | −0.16±3.41 | 1.02±26.68 | 4.58±19.70 |
| FCz | 有奖励 | 4.60±9.71 | 3.87±12.93 | 5.46±12.37 | 7.48±13.75 |
| | 无奖励 | −0.82±5.88 | 0.59±3.83 | −0.11±24.36 | 8.89±12.21 |
| Cz | 有奖励 | 4.65±9.17 | 2.78±16.30 | 6.67±11.25 | 8.85±12.07 |
| | 无奖励 | 0.18±4.60 | 0.67±4.38 | 0.21±22.90 | 9.62±10.26 |

（2）奖励条件下认知控制左、右半球平均波幅

在300ms—450ms时间窗口内，进行2（海拔分组：高海拔1组、高海拔2组）×2（奖励条件：有奖励、无奖励）×2（试次类型：AY、BX）×2（脑区：左半球、右半球）的三因素重复测量方差分析。结果显示：海拔分组的主效应显著，$F$（1，448）＝60.28，$P < 0.01$，$\eta^2 = 0.17$；高海拔1组诱发的P300平均波幅显著小于高海拔2组（1.53±9.04 vs 4.79±7.01）。试次类型的主效应显著，$F$（1，448）＝121.04，$P < 0.01$，$\eta^2 = 0.30$；AY试次诱发的平均波幅显著大于BX试次（5.52±7.48 vs 0.75±7.94）。脑区的主效应显著，$F$（1，448）＝7.63，$P < 0.01$，$\eta^2 = 0.026$；左半球诱发的平均波幅显著大于右半球（3.42±8.14 vs 2.27±8.95）。奖励条件的主效应显著，$F$（1，448）＝5.84，$P < 0.05$，$\eta^2 = 0.02$；有奖励的平均波幅显著大于无奖励（3.68±7.39 vs 2.65±8.66）。

奖励条件和海拔分组的交互作用显著，$F$（1，448）＝8.81，$P < 0.01$，$\eta^2 = 0.03$；有奖励和无奖励时，高海拔组之间均差异显著，高海拔1组的P300平均波幅均显著小于高海拔2组（2.80±7.00 vs 4.55±7.77，0.26±11.07 vs 5.03±6.24）脑区和海拔分组的交互作用显著，$F$（1，448）＝4.88，$P < 0.05$，$\eta^2 = 0.02$；高海拔组在左半球诱发的P300平均波幅均显著大于右半球，高海拔2组的左半球P300平均波幅大于高海拔1组（3.22±7.18 vs 1.94±7.31；4.85±5.94 vs 1.58±8.43）。试次类型和海拔分组的交互作用显著，$F$（1，448）＝4.04，$P < 0.05$，$\eta^2 = 0.01$；在AY、BX试次，高海拔组之间均差异显著，高海拔1组的P300平均波幅均显著小于高海拔2组（3.44±7.55 vs 7.60±7.40，−0.39±10.50 vs 1.88±5.38）。奖励条件和试次类型的交互作用显著，$F$（1，448）＝6.41，$P < 0.01$，$\eta^2 = 0.02$；在有奖励和无奖励条件下，AY、BX试次类型均差异显著，AY试次P300平均波幅均大于BX试次（6.60±7.70 vs 0.85±5.98，4.59±7.68 vs 0.71±10.28）。奖励条件、试次类型和海拔分组的交互作用显著，$F$（1，448）＝0.33，$P = 0.56$，$\eta^2 = 0.001$；在有奖励AY试次和无奖励AY、BX试次，高海拔组均差异显著。高海拔1组的平均波幅均小于高海拔2组，在无奖励AY试次差异最显著（1.80±7.84 vs 7.22±6.52）。其他交互效应不显著。

不同海拔组在不同奖励条件下AY、BX试次的左、右半球P300平均波幅值见表8-3-12，不同海拔组在AY、BX试次的左、右半球P300成分平均波幅波形图比较如图8-3-8（a）、图8-3-8（b）、图8-3-8（c）所示。

表8-3-12　不同奖励条件下高海拔1、2组AY、BX试次的左、右半球P300
平均波幅值（$M \pm SD$）

| | | | 左半球 | 右半球 |
|---|---|---|---|---|
| 有奖励 | 高海拔1组（1500米—2500米） | AY | 5.68 ± 6.99 | 4.49 ± 6.73 |
| | | BX | 0.25 ± 5.19 | 0.77 ± 7.35 |
| | 高海拔2组（2501米—3500米） | AY | 7.28 ± 8.17 | 0.74 ± 6.02 |
| | | BX | 1.77 ± 4.86 | −0.24 ± 5.83 |
| 无奖励 | 高海拔1组（1500米—2500米） | AY | 2.28 ± 7.23 | 1.31 ± 8.41 |
| | | BX | −1.90 ± 14.29 | −0.66 ± 12.43 |
| | 高海拔2组（2501米—3500米） | AY | 7.29 ± 6.40 | 6.80 ± 6.18 |
| | | BX | 3.07 ± 4.32 | 2.33 ± 5.54 |

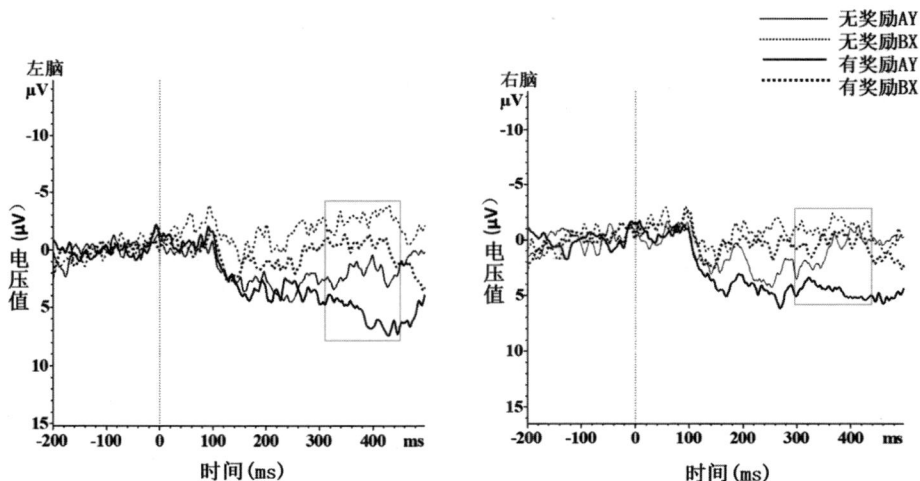

图8-3-8（a）　高海拔1组（1500米—2500米）在不同奖励条件下AY、BX试次的左、右半球P300平均波幅波形图比较

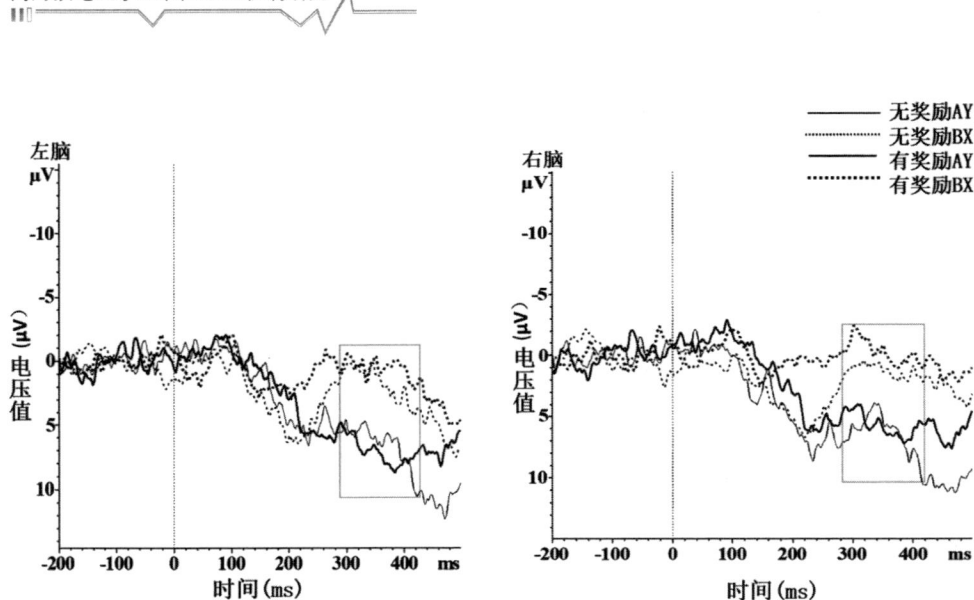

图8-3-8（b）　高海拔2组（2501米—3500米）在不同奖励条件下AY、BX试次的
左、右半球P300平均波幅波形图比较

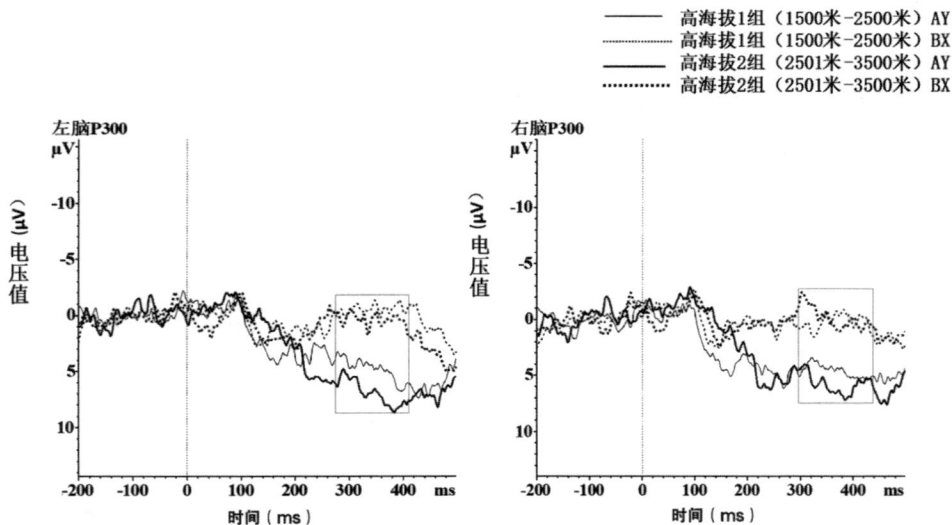

图8-3-8（c）　高海拔1、2组（1500米—2500米、2501米—3500米）在有奖励条件下
AY、BX试次的左、右半球P300平均波幅波形图比较

## （四）分析与讨论

实验1研究发现，来自不同海拔地区的大学生在认知控制表现上存在显著差异。与生长在低海拔地区的大学生相比，世居高海拔地区的大学生主动性控制能力稍有不足。基于以往关于高海拔低氧暴露对认知影响的研究结果，本研究认为，造成高海拔地区大学生认知控制能力表现较差的原因与缺氧环境对大脑发育的影响和个体心肺功能适应性有很大关系。然而，我们无法克服生存环境对机体带来的影响，但可以试图运用外部手段来弥补不足。

认知控制是一种高级认知能力，具有良好的可塑性，期望负荷等认知因素以及奖励动机等外部因素均能影响认知控制的表现。那么，高海拔地区大学生的认知控制能力是否能通过有效手段得到提高呢？以往研究给出了线索，奖励作为外部动机能够提高主动性认知控制。因此，本研究在实验1的基础上进一步从行为和认知层面探讨奖励对高海拔地区大学生双重认知控制权衡与表现的影响，并探索奖励加工是否存在脑半球的偏侧化差异。

1. 奖励线索的设置有效，通过提高被试的动机水平发挥促进作用

为了验证本研究中奖励设置的有效性，分析了有、无奖励（有奖励、无奖励）时的正误率和反应时指标。有两种情况均可提高被试的反应表现：一是由外在奖励导致的反应又快又准的现象；二是由害怕漏报导致的反应时减少、正确率下降（错误率增加）的现象。如果有奖励条件下的反应时和错误率小于无奖励，则表明被试反应表现的提高是奖励的促进作用；如果有奖励条件下的反应时和正确率小于无奖励，则表明奖励设置无效，被试反应表现的提高是害怕漏报采取的反应策略导致的。

本研究发现，实验程序中奖励条件的设置是有效的，奖励促使被试的任务表现得到提高。研究结果显示，奖励条件的反应时和正确率差异显著。有奖励的反应时小于无奖励、正确率大于无奖励，体现被试的反应又快又准。

研究中奖励的设置因素包括金钱奖励和奖励线索，分别属于奖励信号和奖励程序方面。奖励条件的研究表明，由奖励线索引发的不同程度的奖励预期能够对认知控制产生影响。同时，奖励条件也是一种操纵动机的手段，在刺激出现前告知被试刺激与奖励之间的关联性，有利于被试在任务中及时调整注意策

略。反应前的奖励线索提示既能够诱发被试的奖励预期，又能够增强获得奖励的动机强度。

本研究发现，奖励条件增强了被试的动机水平，动机相关脑区激活显著。脑电结果显示，有奖励诱发的P300平均波幅显著大于无奖励，且在Pz、CPz电极点诱发的平均波幅较大，而不同奖励条件诱发的CNV平均波幅差异不显著。有关动机的生理机制研究表明，有奖励的刺激会显著改变P300波幅，奖励在中顶区域会引发更大的波幅，波幅越大动机水平越高。P300成分是考察奖励动机的有效脑电指标。CNV成分也叫作反馈负波，表示任务准备预期，即被试对是否能获得奖励的心理预期强度。本研究通过奖励线索提示告知被试接下来的任务是否会获得奖励，结果表明，奖励通过增强动机发挥作用，而非诱发持续的奖励预期。

2. 奖励主要通过提升主动性控制，促进高海拔地区大学生的认知控制表现

本研究发现，奖励通过提升主动性控制，促进了被试对整体任务的反应，提高了认知控制绩效。有奖励时，高海拔1、2组（1500米—2500米、2501米—3500米）进行主动性控制加工的反应时加快，正确率提高。

行为结果显示，高海拔1、2组（1500米—2500米、2501米—3500米）在AY试次的反应时大于BX试次，正确率小于BX试次。在奖励条件下，BX试次反应时显著小于无奖励，正确率大于无奖励。脑电结果显示，有奖励比无奖励在Pz电极点诱发了更大的P300平均波幅。表明与奖励相互联系的刺激，能够使被试产生奖励动机。吸引更多注意资源，用于维持线索刺激，防止错误反应。奖励动机激发了被试的大脑准备状态，为更好地完成认知任务做了充足的准备。

3. 奖励条件下，高海拔地区大学生的认知控制在左半球表现更好

本研究发现，高海拔地区大学生主要由大脑左半球顶区加工奖励条件（有、无奖励），进而调节认知控制表现。脑电结果显示，高海拔1、2组（1500米—2500米、2501米—3500米）在左半球（P1、P3、P5）诱发的P300平均波幅显著大于右半球（P2、P4、P6）。高海拔2组（2501米—3500米）在左

半球（P1、P3、P5）诱发的P300平均波幅大于高海拔1组（1500米—2500米）。

脑电结果表明，有、无奖励时，高海拔地区大学生主要由大脑左半球顶区进行认知控制加工，高海拔2组（2501米—3500米）在大脑左半球顶区的认知控制表现更好。P300是奖励的脑电指标，反映奖励线索诱发的动机水平，波幅越大表示动机越强。该结果说明，高海拔1、2组（1500米—2500米、2501米—3500米）在大脑左半球顶区的动机水平高于右半球，有、无奖励的线索主要作用于左半球调节认知控制表现。高海拔2组（2501米—3500米）在左半球的动机水平高于高海拔1组（1500米—2500米），对有、无奖励的线索信息加工更强。

本研究认为，奖励可作为一种辅助的认知资源调节策略，对于认知提升所起的作用能够弥补认知能力不足导致的低绩效表现；当辅助的认知资源调节策略获取不充分，认知表现就会下降。注意是一种基础的心理活动，能调节认知资源分配，进行目标刺激的加工。注意网络的脑半球对称性研究曾表明，负责进行信息选择的注意定向功能存在左半球加工优势。因此，高海拔地区大学生在左半球加工有、无奖励的线索信息时，可能是通过提高对目标任务的注意选择定向完成的，即高海拔组左半球的注意选择性好于右半球，能够更好地加工奖励条件。结合注意机制进一步开展奖励加工的功能成像研究，有助于理解奖励脑半球加工的神经基础。

## 三、总讨论

本研究致力于高原认知保护和高原教育的可持续性发展，采用AX-CPT范式，对高海拔地区大学生的认知控制进行了事件相关电位研究。实验一以低海拔地区大学生为对照组，探究了高海拔地区大学生的认知控制权衡以及认知控制表现。实验二以不同海拔高度的高海拔组大学生为研究对象，进一步探究了奖励对高海拔地区大学生认知控制的影响。

### （一）高海拔影响认知控制

目前，医学领域对海拔如何影响高原世居人群生理健康的研究有所涉及，缺乏心理学领域对高海拔如何影响脑认知以及高级认知功能的探究。本研究发现，长期生活在高海拔低氧地区的大学生，认知控制能力较长期生活在低海拔富氧地区的大学生略有不足，但是其认知控制权衡的策略没有显著差异。说明高海拔低氧不影响认知控制权衡，但降低了主动性认知控制能力。

然而，本研究结果与前人研究不一致。结果表明，高海拔低度缺氧对大学生主动性认知控制能力的影响大于中度缺氧，并未发现随着海拔高度上升，认知能力不断降低的现象。说明海拔高度对认知控制能力的影响并非具有正相关性。究其原因，可能与不同的研究范式和研究对象的特点等因素有关。本研究对象为高海拔世居者，长期生活的地方海拔越高，在一定条件下机体代偿作用越强，对该环境的适应性越好，主动性认知控制能力并不会显著降低，反而表现为提高的现象。

虽然高海拔世居人群在认知功能方面存在适应性变化，但这种适应性能力可能只存在于相应的海拔高度内。个体的生理机能或许与认知能力也存在一定的关联性。缺氧对高海拔世居人群认知功能造成的影响可能并非呈线性变化关系，而是与其他因素存在更为广泛的交互作用。

研究既然发现了高海拔地区大学生的主动性认知控制能力较差，因此进一步探讨不同海拔组是否在认知加工的左、右半球上存在差异。本研究分析了不同海拔组进行认知控制时，大脑左、右半球的加工程度。发现低海拔组（＜500米）和高海拔1、2组（1500米—2500米、2501米—3500米）在冲突监测和认知资源分配上存在大脑左、右半球加工程度的显著性差异。因此推论，长期暴露于高海拔低氧环境，可能会使认知控制的左、右半球功能降低。高海拔1组（1500米—2500米）主动性控制能力低，与大脑半球的整合能力较差和信息加工的协同性不足有关。

认知控制能力的高低并不单纯受到高海拔低氧的影响，是由内部和外界多种因素相互作用的结果。大脑发育程度、认知风格、机体适应能力等都会导致认知能力存在个体差异。虽然，目前的研究成果未能形成一致的结论。但是，关于高原脑认知的研究结果为预防低氧对脑功能的损伤提供了一定的依据，提高了对高海拔世居者大脑保护的重视。

（二）奖励对高海拔地区大学生的认知控制具有促进作用

当施加外部奖励，高海拔地区大学生的认知控制能力有所提升，主要表现为主动性认知控制的提高。说明认知控制这种高级认知能力具有可弥补性，可以通过增加认知任务的动机水平，弥补认知控制能力的不足，从而提高任务表现。

　　然而本研究发现，认知控制能力较低的高海拔1组（1500米—2500米）大学生，在奖励条件下的表现仍然不如认知控制能力较高的高海拔2组（2501米—3500米），似乎可以说明，奖励能够发挥多大的效用，取决于基本的认知控制能力水平。奖励时两组高海拔组大学生的双重认知控制表现都有了明显提升，可以肯定奖励动机对于认知控制的调节作用是有效的。

　　大脑两半球研究结果表明，高海拔地区大学生主要由大脑左半球顶区加工奖励条件（有、无奖励），进而调节认知控制表现。高海拔2组（2501米—3500米）在大脑左半球顶区对有、无奖励的线索信息加工更强，认知控制表现更优。奖励线索诱发了更好地完成认知任务的动机，动机可能促进了目标刺激的注意定向能力，进而提高了认知控制表现。

　　总之，奖励动机能够显著提高认知任务的绩效表现，在伴随奖励的认知任务过程中，个体对有奖励的刺激反应更快，引发了更强动机水平，与奖励相关的顶叶区域激活程度更高。

## 四、结论

　　本研究通过两个实验探究了奖励对高海拔地区大学生认知控制的影响。得出以下结论。

　　第一，高海拔降低了大学生的主动性控制能力。但在不同高海拔地区，主动性控制能力不随海拔高度增加而降低。1500米—2500米海拔高度对大学生主动性控制的影响大于2501米—3500米。高海拔1、2组（1500米—2500米、2501米—3500米）比低海拔组（＜500米）在BX试次的反应时更大，在Fz电极点的N200平均波幅更大，在CPz电极点的P300平均波幅更小。高海拔1组（1500米—2500米）比高海拔2组在在BX试次的反应时更大，在Fz电极点的N200平均波幅更大，在CPz电极点的P300平均波幅更小。

　　第二，认知控制表现与大脑左、右半球的信息加工能力有关。高海拔1组（1500米—2500米）在大脑左、右半球的信息加工能力不足，导致认知控制表现降低。与低海拔组（＜500米）相比，高海拔1组（1500米—2500米）在左半球（F1、F3、F5）和右半球（F2、F4、F6）诱发的N200平均波幅较大，在左半球（CP1、CP3、CP5）诱发的P300平均波幅较小。与高海拔2组（2501米—3500米）相比，高海拔1组（1500米—2500米）在右半球（F2、F4、F6）诱发的N200平均波幅较大，在右半球（CP2、CP4、CP6）诱发的P300平均波幅较小。

第三，奖励能够有效调节认知控制，通过提高大学生的奖励动机发挥作用。奖励促进了高海拔地区大学生的主动性控制表现。奖励对主动性控制能力高的大学生诱发了更强的动机水平。有奖励时，BX试次比AY试次的反应时更小、正确率更大，在Pz电极点的P300波幅更小，在CNV波幅无显著性差异。高海拔1组（1500米—2500米）比高海拔2组（2501米—3500米）在有奖励时的BX试次反应时更小、正确率更大，在Pz电极点的P300波幅更小。

第四，高海拔地区大学生主要在左半球顶叶加工奖励线索信息，认知控制表现更好。高海拔1、2组（1500米—2500米、2501米—3500米）在左半球（P1、P3、P5）的P300平均波幅显著大于右半球（P2、P4、P6）。高海拔2组（2501米—3500米）在左半球（P1、P3、P5）的P300平均波幅大于高海拔1组（1500米—2500米）。

# 第四节　展　望

## 一、启示

奖励可以起到定向、引导、支持的作用，不能忽视奖励在教育领域的应用价值。奖励在教育中的运用应当以教育的根本目的为出发点，以增进学生身心发展为方向。需要明确的是，奖励的积极作用和消极作用并存，在教学过程中应当以精神奖励为主，辅以物质奖励，着重增强学生的内驱力。奖励的频率要适当，过于频繁的奖励可能会引发学生的浮躁心理，降低奖励的效用，适得其反。奖励的实施要遵循及时性、恒常性和适度性的原则，才能维持学生较高的积极性，真正发挥奖励的教学作用。应结合实际情况，根据学生的认知特点和个体差异，灵活运用奖励，提高奖励的教育指向性。

研究证明了奖励能够提高认知稳定性。然而教育过程中，培养学生的认知灵活性也至关重要。认知灵活性（反应性控制）在个体能力发展以及环境适应性方面发挥着至关重要的作用。教育的建构主义理论认为，认知灵活性是学生个体通过众多方式创建自己的知识体系，以便在情景发生时做出适应性反应。在学习过程中，认知灵活性越差，越不能将学到的知识灵活运用到新情景中，迁移能力差。在教学过程中，应根据认知的个体差异进行适当的认知灵活性训练，培养转换能力。

## 二、展望

第一，未来相关研究应扩大研究对象范围，进一步探究高海拔如何影响学前儿童、学龄儿童、青少年和老年群体的认知控制，为不同年龄阶段高海拔世居者的脑力提升干预提供启发。

第二，在选取样本过程中，尽量使样本具有代表性和同质性，尽可能选取平原地区的高校学生作为低海拔对照组，选取水平相当的、更高海拔地区的高校学生作为高海拔实验组，降低由取样带来的结果误差。

第三，在脑电时域分析的基础上，可以对研究结果进行频谱分析和溯源分析，结合多指标全面分析高海拔世居大学生的认知控制加工过程。进一步采用高空间分辨率的fMRI技术，深入探究高海拔世居大学生的认知控制和奖励加工脑机制。

# 附　录

## 心理学实验知情同意书

### 研究背景介绍:

欢迎您来参加我们的心理学研究！本研究将采用事件相关电位技术探讨您的认知控制过程，整个实验大概历时半小时。本研究已通过相关机构的伦理委员会审查。如果您同意参与此项研究，请详细阅读以下说明:

1. 研究目的

探究个体认知控制的生理机制。

2. 研究过程和方法

本研究借助E-prime程序呈现实验刺激，通过Brain Products脑电系统记录实验过程中的脑电波变化。进行实验之前需要清洁头皮，并佩戴电极帽。

3. 研究可能的受益

您的脑电波数据将会为我们的心理学研究做出很大的贡献，最终得出的研究结论会对社会产生积极影响。

4. 研究风险与不适

本研究是安全无风险的，研究中使用的脑电设备不存在射线和超声波，不会对您的身体以及心理产生任何伤害。

5. 隐私问题

我们遵从保密原则，您参与本次实验填写的个人资料以及数据信息绝不会被泄露给第三方，仅用作数据分析和论文撰写。为确保采集到的数据真实有效，请您务必提供真实的资料，认真完成本次实验。对于本研究的相关机密信息，您也必须遵守保密原则，不能将某些信息泄露给第三方。

6. 费用和补偿

如果您因为参与研究而受到伤害，您可以获得相应的补偿，我们也会提供免费的治疗。

7. 自由退出

作为被试，您可以随时了解与本研究相关的信息资料和研究进展，自愿决定是否继续参与实验。参加过程中，无论是否发生伤害，您可以选择在任何时候通知研究者要求退出实验，您的数据将不纳入研究结果，您的权益也不会因此受到影响。

参与实验期间，如果因为您没有遵守研究计划，或者发生了与研究相关的损伤，以及出现其他任何紧急情况，研究者可以终止您继续参与的研究。如果责任在您，则研究者有权不支付您的补偿。

我已经仔细阅读了本知情同意书，并且研究者也将实验目的，内容，风险及受益情况向我做了详细的解释说明，对我询问的问题也给予了解答，我已经了解了此项实验，我自愿参与此项实验。

# 参考文献

[ 1 ] 蔡丹，李其维，邓赐平．数学学习困难初中生的中央执行系统特点[J]．心理科学，2011，34（2）．

[ 2 ] 蔡丹，李其维，邓赐平．数学学业不良初中生的工作记忆特点：领域普遍性还是特殊性？[J]．心理学报，2013，45（2）．

[ 3 ] 曹立人，李永梅．不规则几何图形识别中的信息取样优先序[J]．心理学报，2003，35（1）．

[ 4 ] 陈安涛．认知控制基本功能的神经机制[J]．生理学报，2019，71（1）．

[ 5 ] 陈彩琦，付桂芳，金志成等．认知过程中的捆绑问题——认知神经科学的研究[J]．心理科学，2004，27（3）．

[ 6 ] 陈彩琦，刘志华，金志成．视觉选择性注意脑机制研究进展[J]．应用心理学，2002，8（3）．

[ 7 ] 陈彩琦，刘志华，金志成．特征捆绑机制的理论模型[J]．心理科学进展，2003，11（6）．

[ 8 ] 陈彩琦．工作记忆的ERP研究[J]．华南师范大学学报（社会科学版），2004，2004（6）．

[ 9 ] 陈国鹏，张增修．学习不良学生的智商、个性和自我概念的研究[J]．心理科学，2001，2（6）．

[10] 陈海波，李淑华，王新德．早期帕金森病患者工作记忆障碍的临床特点[J]．中华医学杂志，2002，82（14）．

[11] 陈立，赵微．我国数学学习困难研究现状述评[J]．中国特殊教育，2013（8）．

[12] 陈天勇，韩布新，王金凤．工作记忆年老化研究进展[J]．心理科学，2003，26（1）．

[13] 陈天勇，韩布新，王金凤．工作记忆中央执行功能的特异性和可分离性[J]．心理学报，2002，34（6）．

[14] 陈天勇，李德明．执行功能可分离性及与年龄关系的潜变量分析[J]．心理学报，2005，37（2）．

[15] 程畅．基于认知风格差异的元认知策略培训在大学英语阅读中的应用[D]．沈阳：沈阳师范大学，2015．

[16] 程晓堂，郑敏．英语学习策略[M]．北京：外语教学与研究出版社，2002．

[17] 崔占玲，张积家．汉—英双语者言语理解中语码切换的机制——来自亚词汇水平的证据[J]．心理学报，2010，42（2）．

[18] 戴海琦，张锋，陈雪枫．心理与教育测量[M]．广州：暨南大学出版社，2006．

[19] 戴维．奖惩动机与奖惩背景对青少年认知控制权衡的影响[D]．昆明：云南师范大学，2018．

[20] 单西娇．不同认知方式个体视觉工作记忆容量的行为和ERP研究[D]．济南：山东师范大学，2011．

[21] 丁锦红，林仲贤，丁锦红等．图形颜色、形状及质地表征特性的研究[J]．心理学报，2000，32（3）．

[22] 丁锦红，林仲贤．记忆系统中图形不同特征的提取[J]．心理科学，2001，24（3）．

[23] 董小铷，张向楠，李丹等．红景天苷对低压低氧诱发大鼠脑损伤的保护作用[J]．细胞与分子免疫学杂志，2015，31（10）．

[24] 董效军．不同海拔高度对高原战士认知能力影响的ERP研究[D]．西安：中国人民解放军空军军医大学，2019．

[25] 杜建政，鲁忠义，刘国学．以产生式为单位的工作记忆容量研究[J]．心理科学，2001，24（4）．

[26] 范存莲，陈小义，冯星．儿童学习困难非智力因素研究[J]．临床儿科杂志，2003（05）．

[27] 范玲霞，齐森青，郭仁露等．奖励影响注意选择的认知加工机制[J]．心理科学进展，2014，22（10）．

[28] 范淑娴. 奖励对认知控制的影响：任务难度的调节作用[D]. 南昌：江西师范大学，2018.

[29] 方平，李英武. 情绪对决策的影响机制及实验范式的研究进展[J]. 心理科学，2005，28（5）.

[30] 方伟军，林杰才，金志成. 工作记忆中的注意焦点转换[J]. 心理科学进展，2007，15（1）.

[31] 付玉萍. 以汉语为第二语言的留学生高级阶段阅读眼动研究[D]. 北京：首都师范大学博士论文，2008.

[32] 甘诺，白晓东. 中学生学习策略发展水平性别差异的比较研究[J]. 上海教育科研，2004（10）.

[33] 宫显阳. 奖惩动机对青少年认知控制的影响与教育启示[D]. 天津：天津师范大学，2017.

[34] 谷莉，白学军，王芹. 奖惩对行为抑制及程序阶段中自主生理反应的影响[J]. 心理学报，2015，47（1）.

[35] 郭春彦. 工作记忆：一个备受关注的研究领域[J]. 心理科学进展，2007（1）.

[36] 郭丽月，严超，邓赐平. 数学能力的改善：针对工作记忆训练的元分析[J]. 心理科学进展，2018，26（9）.

[37] 郭文昀. 急性中等海拔高原暴露对认知能力影响的研究[D]. 重庆：第三军医大学，2016.

[38] 韩国玲. 高原低氧对人体认知功能影响的研究[J]. 高原医学杂志，2009，19（4）.

[39] 韩旭. 元认知策略对初中生英语阅读能力的影响研究[D]. 锦州：渤海大学硕士论文，2015.

[40] 何艮霞，张红雨，宣宾等. 注意偏侧化研究[J]. 安徽医科大学学报，2017，52（7）.

[41] 何旭，郭春彦. 视觉工作记忆的容量与资源分配[J]. 心理科学进展，2013，21（10）.

[42] 何竹峰. 基于数学语言，管窥高中生数学学习困难原因[J]. 数学教学通

讯，2014（30）.

[43] 贺淑红，马慧芳，马海林. 高海拔地区大学生情绪调节与自我控制能力的关系[J]. 国际精神病学杂志，2012（4）.

[44] 胡建华. 浅析高中生数学学习的困难[J]. 数学学习与研究，2011（1）.

[45] 黄炳芳，陈彩琦. 认知控制脑电成分N450的特征与心理功能[J]. 应用心理学，2019，25（3）.

[46] 黄丽，杨廷忠，季忠民. 正性负性情绪量表的中国人群适用性研究[J]. 中国心理卫生杂志，2003，17（1）.

[47] 黄敏儿，郭德俊. 情绪调节的实质[J]. 心理科学，2000（1）.

[48] 黄敏儿，郭德俊. 情绪调节方式及其发展趋势[J]. 应用心理学，2001，7（2）.

[49] 吉维忠，吴世政. 高原低氧环境诱导认知功能损害研究现况[J]. 中国高原医学与生物学杂志，2019，40（3）.

[50] 季星，张劲松. 事件相关电位N2在儿童执行功能研究中的应用[J]. 中国儿童保健杂志，2008（5）.

[51] 贾海艳，方平. 青少年情绪调节策略和父母教养方式的关系[J]. 心理科学，2004，27（5）.

[52] 蒋京川，刘华山. 成就目标定向与学习策略、学业成绩的关系研究综述[J]. 心理科学，2004，27（1）.

[53] 蒋军，陈雪飞，陈安涛. 情绪诱发方法及其新进展[J]. 西南师范大学学报（自然科学版），2011，36（1）.

[54] 蒋祖康. 学习策略与听力的关系——中国英语本科学生素质调查分报告之一[J]. 外语教学与研究，1994（1）.

[55] 焦彩珍，刘治宏. 初中数学学习困难学生的抑制控制能力缺陷[J]. 数学教育学报，2018，27（1）.

[56] 焦鲁，王瑞明，刘聪等. 语境转换影响双语认知优势的发展进程[J]. 心理与行为研究，2016，14（3）.

[57] 教育部高等教育司. 《大学英语课程教学要求》[M]. 北京：高等教育出版社，2012.

[58] 金珊. 激发学习动机培养创新型人才——以一种奖励教育的方式[J]. 教育教学论坛, 2014 (32).

[59] 赖宁丰. 高中生学习数学困难的成因及解决途径[J]. 福建中学数学, 2009 (03).

[60] 兰维, 高德胜. 略述国外关于强化、奖励和内在动机关系的研究[J]. 教育研究与实验, 1997 (02).

[61] 黎翠红, 何旭, 郭春彦. 多特征刺激在视觉工作记忆中的储存模式[J]. 心理学报, 2015, 47 (6).

[62] 李毕琴, Parmentier F R, 王爱君等. 视觉工作记忆负载对听觉偏差干扰效应的调控：来自不同外周提示线索的证据[J]. 心理学报, 2013, 45 (3).

[63] 李毕琴, 张明, 胡竹菁. 视觉工作记忆负载对偏差干扰调控ERP研究[J]. 心理学探新, 2014, 34 (4).

[64] 李斌. 高职学生高等数学学习困难原因及教学转化策略[J]. 宿州教育学院学报, 2011, 14 (3).

[65] 李慧. 非英语专业本科生元认知策略使用与其学术英语阅读水平的相关性研究[D]. 南昌：南昌大学硕士论文, 2016.

[66] 李静, 卢家楣. 不同情绪调节方式对记忆的影响[J]. 心理学报, 2007, 39 (6).

[67] 李军杰, 贾建平. 不同海拔居住人群急进高原认知水平与急性高原反应的调查[J]. 脑与神经疾病杂志, 2011, 19 (6).

[68] 李美华, 白学军. 执行功能中认知灵活性发展的研究进展[J]. 心理学探新, 2005 (02).

[69] 李美华, 沈德立. 论执行功能中认知灵活性与教育的契合[J]. 天津师范大学学报 (社会科学版), 2006 (1).

[70] 李美玲, 张力为, 屈子圆等. 心理疲劳对认知控制的影响及奖励的调节作用[J]. 体育科学, 2019, 39 (6).

[71] 李敏, 沈政, 黎海蒂. 前额叶与执行控制[[J]. 中国行为医学杂志, 2002, 11 (3).

[72] 李娜, 马伟娜. 习惯性情绪调节策略的研究概述[J]. 健康研究, 2011, 31

（5）.

[73] 李润泽，连浩敏，李寿欣等. 客体相似性对不同认知方式个体视觉工作记忆表征的影响[J]. 心理科学，2019，42（6）.

[74] 李寿欣，车晓玮，李彦佼等. 视觉工作记忆负载类型对注意选择的影响[J]. 心理学报，2019，51（5）.

[75] 李星. 不同熟练水平双语者双语抑制控制能力及其机制的实验研究[D]. 南京：南京师范大学，2007.

[76] 李璇子，佘生林，宗昆仑等. 首发精神分裂症患者的视觉工作记忆缺陷相关研究[J]. 诊断学理论与实践，2019，18（1）.

[77] 梁静，曾波涛，孟祥军. 首发抑郁症患者认知功能与事件相关电位P300研究[J]. 中国健康心理学杂志，2015，23（2）.

[78] 梁竹苑，许燕，蒋奖. 决策中个体差异研究现状述评[J]. 心理科学进展，2007，15（4）.

[79] 廖成菊，冯正直. 抑郁症情绪加工与认知控制的脑机制[J]. 心理科学进展，2010，18（2）.

[80] 刘阿娜. 情绪和内外倾人格类型对风险决策的影响[D]. 云南师范大学，2014.

[81] 刘聪，焦鲁，孙逊等. 语境转换对非熟练双语者不同认知控制成分的即时影响[J]. 心理学报，2016，48（5）.

[82] 刘磊. 论教育中的奖励[J]. 教育研究，2011，32（02）.

[83] 刘启刚，周立秋. 情绪调节的理论模型[J]. 辽宁师范大学学报（社会科学版），2011，34（2）.

[84] 刘绍龙. 外语听力等于声学信号的被动接收[J]. 现代外语，1994（3）.

[85] 刘晓平，王兆新，陈湘川等. 视觉工作记忆中的子系统[J]. 心理学报，2003，35（5）.

[86] 刘珣. 迈向21世纪的汉语作为第二语言教学[J]. 语言教学与研究，2000（1）.

[87] 刘志华，陈彩琦，金志成. 特征捆绑的3种多项式模型比较——位置不确定理论[J]. 华南师范大学学报（自然科学版），2003（2）.

[88] 刘志华，樊建华，金志成. 注意在视觉特征捆绑中的作用[J]. 应用心理学，2006，12（2）.

[89] 刘志华，金志成，陈卓铭. 顶叶在特征捆绑中的作用——对一例典型双侧顶叶损伤病人的研究[J]. 心理科学，2004，27（3）.

[90] 刘志华，金志成. 视觉特征捆绑的认知机制研究[J]. 心理科学，2006，29（3）.

[91] 刘志华. 视觉特征捆绑：基于时间邻近还是基于相同空间位置？[J]. 心理科学，2014（4）.

[92] 龙芳芳，李昱辰，陈晓宇等. 视觉工作记忆的巩固加工：时程、模式及机制[J]. 心理科学进展，2019，27（8）.

[93] 路瑶，张颖颖，陈宝国. 主动性控制在语境转换线索加工阶段的作用[J]. 心理与行为研究，2018，16（1）.

[94] 罗广丽. 缺氧暴露自发脑电波活动与心理旋转动态特征——EEG活动证据[D]. 广州：广州大学，2019.

[95] 马海林，莫婷，曾桐奥等. 长期高海拔暴露影响移居者空间工作记忆——来自时域和频域分析的证据[J]. 生理学报，2020，72（2）.

[96] 马海林，苏瑞，张得龙. 高海拔与运动[M]. 成都：西南交通大学出版社，2021.

[97] 马海林，张新娟，杨振涛. 长期高海拔暴露对移居者和世居者注意网络的影响[J]. 中国高原医学与生物学杂志，2017，38（4）.

[98] 马伟娜，姚雨佳，桑标. 认知重评和表达抑制两种情绪调节策略及其神经基础[J]. 华东师范大学学报（教育科学版），2010，28（4）.

[99] 孟昭兰. 情绪心理学[M]. 北京：北京大学出版社，2005.

[100] 齐玥，杨国春，付迪等. 认知控制发展神经科学：未来路径与布局[J]. 中国科学：生命科学，2021，51（6）.

[101] 齐基. 选择性注意与中央执行功能各子成分的相关研究[D]. 西安：西北大学，2011.

[102] 秦晓晴. 硕士研究生使用英语学习策略特点的实证研究[J]. 外语教学，1998（1）.

[103] 邱林，郑雪，王雁飞．积极情感消极情感量表（PANAS）的修订[J]．应用心理学，2008（3）．

[104] 任偲，蔡丹．执行功能训练对数学学习困难小学生数学能力的促进作用[J]．中国特殊教育，2019（6）．

[105] 沈德立．高效率学习的心理学研究[M]．北京：教育科学出版社，2006．

[106] 沈模卫，李杰，郎学明等．客体在视觉工作记忆中的储存机制[J]．心理学报，2007，39（5）．

[107] 史耀芳．二十世纪国内外学习策略研究概述[J]．心理科学，2001，24（5）．

[108] 疏德明．事件相关电位技术实验操作及注意事项[J]．实验技术与管理，2017，34（1）．

[109] 思延丽．基于特征、空间定向注意对视觉工作记忆表征的影响[D]．山东师范大学，2018．

[110] 孙逊，谢久书，王瑞明．双语语言转换的神经机制[J]．外语教学，2017，38（2）．

[111] 汤秋银．奖励与冲突预期对认知控制的影响[D]．深圳：深圳大学，2017．

[112] 唐丹丹，刘培朵，陈安涛．色—词Stroop任务中的冲突类型述评[J]．心理科学进展，2012，20（12）．

[113] 王诚俊，傅宏．情绪调节策略的有效性和适应性[J]．心理研究，2016，9（4）．

[114] 王恩国，刘昌．数学学习困难与工作记忆关系研究的现状与前瞻[J]．心理科学进展，2005（1）．

[115] 王恩国，赵国祥，刘昌，吕勇，沈德立．不同类型学习困难青少年存在不同类型的工作记忆缺陷[J]．科学通报，2008（14）．

[116] 王力，柳恒超，李中权等．情绪调节问卷中文版的信效度研究[J]．中国健康心理学杂志，2007，15（6）．

[117] 王立非，文秋芳．母语水平对二语写作的迁移：跨语言的理据与路径[J]．外语教学与研究，2004（3）．

[118] 王明月．记忆驱动注意捕获中认知控制的研究[D]．河北：河北师范大

学，2013.

[119] 王瑞明，杨静，李利. 第二语言学习[M]. 上海：华东师范大学出版社，2016.

[120] 王思思. 视觉工作记忆的储存和干扰抑制的神经机制[D]. 上海：华东师范大学，2019.

[121] 王甦，汪安圣. 认知心理学[M]. 北京：北京大学出版社，1992.

[122] 王晓芳，刘潇楠，罗新玉，周仁来. 数学障碍儿童抑制能力的发展性研究[J]. 中国特殊教育，2009（10）.

[123] 王晓丽，陈国鹏. 短时记忆研究的新进展[J]. 心理科学，2002，25.

[124] 王宴庆，陈安涛，胡学平等. 奖赏通过增强信号监测提升认知控制[J]. 心理学报，2019，51（1）.

[125] 王宴庆. 奖赏通过增强信号监测提升认知控制[D]. 重庆：西南大学，2019.

[126] 王一牛，罗跃嘉. 前额叶皮层损伤患者的情绪异常[J]. 心理科学进展，2004，12（2）.

[127] 王子祥，刘振亮，李岩松. 人脑眶额皮质表征奖赏信息的进展[J]. 心理科学，2019，42（5）.

[128] 韦新. 高原青年官兵认知功能的特征与事件相关电位研究[D]. 西安：第四军医大学，2015.

[129] 吴俊杰，刘欢欢，芦迪等. 语言控制和一般领域认知控制的脑机制的重合和分离[J]. 中国科学：生命科学，2018，48（3）.

[130] 吴文春，金志成. 视觉工作记忆中的储存单位——特征还是客体？[J]. 心理科学，2006（1）.

[131] 吴兴裕，李学义，王家同等. 模拟高原低氧对人的认知能力影响的研究[J]. 中国应用生理学杂志，2002（1）.

[132] 吴一安，刘润清. 中国英语本科学生素质调查报告[J]. 外语教学与研究，1993（1）.

[133] 向玲，范淑娴，陈家利等. 学习困难青少年认知控制特点研究[J]. 心理发展与教育，2018，34（4）.

[134] 向玲，王美霞，刘燕婷等．冲动特质对青少年认知控制的影响——基于双重认知控制理论[J]．心理学探新，2020，40（2）．

[135] 肖英霞．空间注意对工作记忆特征捆绑影响的ERP研究[D]．南京师范大学，2008．

[136] 谢和平，彭霁，周宗奎．注意引导和认知加工：眼动榜样样例的教学作用[J]．心理科学进展，2018，26（8）．

[137] 谢明初．数学学困生的转化[M]．上海：华东师范大学出版社，2009．

[138] 谢晓非，陆静怡．风险决策中的双参照点效应[J]．心理科学进展，2014，22（4）．

[139] 谢晓非，徐联仓．"风险"性质的探讨—— 一项联想测验[J]．心理科学，1995，18（6）．

[140] 辛涛，李茵，王雨晴．年级、学业成绩与学习策略关系的研究[J]．心理发展与教育，1998，14（4）．

[141] 徐雷，唐丹丹，陈安涛．主动性和反应性认知控制的权衡机制及影响因素[J]．心理科学进展，2012，20（7）．

[142] 徐雷，王丽君，赵远方等．阈下奖励调节认知控制的权衡[J]．心理学报，2014，46（4）．

[143] 徐雷．阈下奖励影响认知控制[D]．重庆：西南大学，2013．

[144] 徐伦，吴燕，赵彤等．模拟海拔3600m低氧环境对人的认知灵活性的影响[J]．中国应用生理学杂志，2014，30（2）．

[145] 徐敏．非英语专业学生元认知策略与英语阅读成绩相关性研究[D]．淮北：淮北师范大学硕士，2018．

[146] 许余龙．学习策略与英汉阅读能力的发展—— 一项基于香港国际阅读能力调查结果的研究[J]．外语教学与研究，2003，35（3）．

[147] 颜为玉．元认知策略培训对非英语专业学生英语阅读影响的研究[D]．兰州：西北师范大学硕士，2015．

[148] 燕智玲，李红．青少年奖赏加工过程：一项事件相关电位研究[J]．西南大学学报（自然科学版），2011，33（4）．

[149] 杨炯炯，周晓林，陈煊之．大脑执行功能障碍与相关疾病[J]．中华精神科

杂志，2002，35（2）.

[150] 杨柳. 高中生数学学习策略眼动分析[D]. 西宁：青海师范大学，2016.

[151] 杨治良，答会明. 英语学习策略量表在非英语专业高海拔地区大学生中的测量报告[J]. 心理科学，2006，29（4）.

[152] 杨治良. 风险决策过程中的内隐心理研究[D]. 上海：华东师范大学，2001.

[153] 叶超雄. 视觉工作记忆中特征绑定关系的记忆机制[J]. 心理学报，2015，47（7）.

[154] 余欣欣. 中学生学习策略发展的研究[J]. 广西师范大学学报（哲学社会科学版），2001，37（1）.

[155] 张达人，江雄，唐孝威. 视空间和听觉数字记忆的混合广度[J]. 心理学报，1997，29（3）.

[156] 张奠宙，杜玉祥. 数学差生问题研究[M]. 上海：华东师范大学出版社，2003.

[157] 张晶. 英语学习策略研究的发展趋势[J]. 东北农业大学学报（社会科学版），2007，5（2）.

[158] 张宽，朱玲玲，范明. 高原环境对人认知功能的影响[J]. 军事医学，2011，35（9）.

[159] 张丽锦，张臻峰. 动态测验对"数学学习困难"儿童的进一步甄别[J]. 心理学报，2014，46（8）.

[160] 张琳霓，蔡丹，任偲. 工作记忆训练及对数学能力的迁移作用[J]. 心理科学，2019，42（5）.

[161] 张敏，卢家楣，谭贤政等. 情绪调节策略对推理的影响[J]. 心理科学，2008，31（4）.

[162] 张明霞，王荣，李文斌等. 高原缺氧对药物转运体影响的研究进展[J]. 中国药理学通报，2018，34（3）.

[163] 张素婷，迟立忠，姚小毅. 情绪、情绪调节策略和人格特质对篮球运动员决策的影响[J]. 西南师范大学学报（自然科学版），2013，38（4）.

[164] 张英. 高原环境血红蛋白变化的若干研究[J]. 高原医学杂志，2008（2）.

[165] 章鹏. 奖惩线索调节认知控制权衡：来自行为和FNIRS的证据[D]. 天

津：天津师范大学，2016.

[166] 赵仑. ERPs实验教程[M]. 南京：东南大学出版社，2010.

[167] 赵瑞芳. 动机认知神经生理机制的研究[D]. 重庆：西南大学，2010.

[168] 赵鑫，周仁来. 工作记忆中央执行系统不同子功能评估方法[J]. 中国临床心理学杂志，2011，19（6）.

[169] 周刚强. 高中生数学学习困难的归因分析及对策研究[J]. 数学教学通讯，2002（08）.

[170] 周平艳，张红霞，范文勇等. 不同戒断期药物成瘾者注意控制能力的ERP研究[J]. 中国临床心理学杂志，2017，25（1）.

[171] 周启加. 英语听力学习策略对听力的影响——英语听力学习策略问卷调查及结果分析[J]. 解放军外国语学院学报，2000，23（3）.

[172] 周世杰，杨娟，张拉艳. 工作记忆、执行功能、加工速度与数学障碍儿童推理和心算能力的关系[J]. 中国临床心理学杂志，2006（6）.

[173] 周璇. 不同类型学习困难学生认知特征与学业自我概念的研究[D]. 上海：上海师范大学，2017.

[174] 朱玲玲，范明. 高原缺氧对人认知功能的影响及干预措施[J]. 中国药理学与毒理学杂志，2017，31（11）.

[175] 朱晓涵，周晨，齐海英等. 中国高海拔地区高中生认知水平与氧合血红蛋白含量变化的关系[J]. 中国高原医学与生物学杂志，2020，41（3）.

[176] 朱宇，江汶聪. 硕士生就业压力源、人格、情绪调节策略与负性情绪的关系[J]. 心理学探新，2011，31（5）.

[177] 庄锦英. 情绪与决策的关系[J]. 心理科学进展，2003，11（4）.

[178] 邹倩. 奖励价值的动态变化对认知控制的影响[D]. 重庆：西南大学，2017.

[179] 邹申. 关于考试科学属性的思考——兼谈高校英语专业四、八级考试大纲（2004年新版）的修订[J]. 中国外语，2006，3（2）.

[180] 左志宏，邓赐平，李其维. 两类数学学习困难小学儿童抑制控制水平的实验研究[J]. 应用心理学，2007（1）.

[181] 左智炜，乔鹏岗，邢旭东等. 正常人大脑皮层言语分区结构性不对称研

究[J]. 磁共振成像，2015，6（02）.

[182] Anderson, John R. *ACT: A simple theory of complex cognition*[J]. American Psychologist, 1996, 51（4）: 355–365.

[183] Ashby F G, Prinzmetal W, Ivry R, et al. *A formal theory of feature binding in object perception*[J]. Psychological Review, 1996, 103（1）: 165–192.

[184] Atkinson, William J. *Motives in fantasy, action, and society*[M]. Van Nostrand, 1958.

[185] Awh E, Anllo V L, Hillyard S A. *The role of spatial selective attention in working memory for locations: evidence from event related potentials*[J]. Journal of Cognitive Neuroseienee, 2000, 12: 840–847.

[186] Baddeley A D, Hitch G J. *Working memory*[M]. New York: Academic Press, 1974: 89.

[187] Baddeley A D. *Working memory*[M]. England: Oxford University Press. 1986: 49.

[188] Bechara A, Damasio H, Tranel D, et al. *The Iowa Gambling Task and the somatic marker hypothesis: some questions and answers*[J]. Trends in Cognitive Sciences, 2005, 9（4）: 159–162.

[189] Bell D E. *Regret in Decision Making under Uncertainty*[J]. Operations Research, 1982, 30（5）: 961–981.

[190] Bialystok, E. *The compatability of teaching and learning strategies*[J]. Linguistics, 1985, 6（3）: 255–262.

[191] Bonanno G A. *Emotion Self-regulation*[M]. Fracy J Mayne and George A Bonanno . Emotions. New York: Guilford press, 2001: 251–285.

[192] Braver Todd S. *The variable nature of cognitive control: a dual mechanisms framework*[J]. Trends in cognitive sciences, 2012, 16（2）.

[193] Brown Joshua W. *Beyond conflict monitoring: Cognitive control and the neural basis of thinking before you act*[J]. Current directions in psychological science, 2013, 22（3）.

[194] Buunk A P, Gibbons F X. *Social comparison: The end of a theory and*

*the emergence of a field*[J]. Organizational Behavior & Human Decision Processes, 2015, 102（1）: 3–21.

[195] Carroll J B. *Linguistic Abilities in Translators and Interpreters*[J]. New York: Regents Publishing Company Inc, 1977, 1–7.

[196] Chalfonte B L, Johnson M K. *Feature memory and binding in young and older adults*[J]. Memory & Cognition, 1996, 24（4）: 403–416.

[197] Charlotte Muscarella, Olivier Mairesse, Gethin Hughes, et al. *Behavioral and neural dynamics of cognitive control in the context of rumination*[J]. Neuropsychologia, 2020: 146.

[198] Check. *A Learning Patterns Perspective on Student Learning in Higher Education: State of the Art and Moving Forward*[J]. Educational Psychology Review. 2017, 7（29）: 269–299.

[199] Chiew Kimberly S, Stanek Jessica K, Adcock R Alison. *Reward Anticipation Dynamics during Cognitive Control and Episodic Encoding: Implications for Dopamine*[J]. Frontiers in human neuroscience, 2016, 10.

[200] Claire L. *Foster Kevin, Lost Worlds: Latin America and the Imagining of Empire*[J]. Journal of Latin American Studies, 2011, 42（4）: 608.

[201] Clare L. Blaukopf, Gregory J. DiGirolamo. *Reward, Context, and Human Behaviour*[J]. The Scientific World Journal, 2007, 7: 626–640.

[202] Cowan, N. *The magical number 4 in short–term memory: A reconsideration of mental storage capacity*[J]. Behavioral and Brain Sciences, 2001, 24: 87–185.

[203] Debbie M Yee, Todd S Braver. *Interactions of motivation and cognitive control*[J]. Current Opinion in Behavioral Sciences, 2018, 19.

[204] Deneve K M, Cooper H. *The happy personality: a meta–analysis of 137 personality traits and subjective well–being*[J]. Psychological Bulletin, 1998, 124（2）: 197.

[205] Duncan J. *Selective attention and the organization of visual information*[J]. Journal of Experimental Psychology: General, 1984, 113, 501–517.

[206] Duncan J. *Similarity between concurrent visual discriminations: dimensions*

*and objects*[J]. Perception & Psychophysics, 1993, 54（4）: 425–430.

[207] Ellis A E. *Immunization with bacterial antigens*: *furunculosis*[J]. Developments in Biological Standardization, 1997, 90（90）: 107.

[208] Ellis R. *The study of second language acquisition*[M]. Oxford: Oxford University Press, 1994.

[209] Eysenck H J. *The structure of human personality*[J]. Methuen, 1953.

[210] Forgas J P, Moylan S. *After the movies*: *Transient mood and social judgments*[J]. Personality & Social Psychology Bulletin, 1987, 13（4）: 467–477.

[211] Francesca Incagli, Vincenza Tarantino, Cristiano Crescentini, et al. *The Effects of 8–Week Mindfulness–Based Stress Reduction Program on Cognitive Control*: *an EEG Study*[J]. Mindfulness, 2020, 11（11）.

[212] Gagne E D, Rothkopf E Z. *Text organization and learning goals*[J]. Journal of Educational Psychology, 1975, 67: 445–450.

[213] Goldin P R, Mcrae K, Ramel W, et al. *The Neural Bases of Emotion Regulation*: *Reappraisal and Suppression of Negative Emotion*[J]. Biological Psychiatry, 2008, 63（6）: 577–586.

[214] Gratz K L, Roemer L. *Multidimensional Assessment of Emotion Regulation and Dysregulation*: *Development, Factor Structure, and Initial Validation of the Difficulties in Emotion Regulation Scale*[J]. Journal of Psychopathology & Behavioral Assessment, 2004, 26（1）: 41–54

[215] Gross J J. *Antecedent– and response–focused emotion regulation*: *Divergent consequences for experience, expression, and physiology*[J]. Journal of Personality & Social Psychology, 1998, 74（1）: 224–37.

[216] Heilman R M, Crişan L G, Houser D, et al. *Emotion regulation and decision making under risk and uncertainty*[J]. Emotion, 2010, 10（2）: 257.

[217] Horowitz T S, Wolfe J M. *Visual search has no memory*[J]. Nature, 1998, 394（6693）: 575–577.

[218] Humphreys G W, Cinel C, Wolfe J, et al. *Fractionating the binding process*:

*neuropsychological evidence distinguishing binding of form from binding of surface features*[J].  2000, 40（10）: 1569–1596.

[219] Isen A M, Patrick R.  *The effect of positive feelings on risk taking: When the chips are down*[J].  Organizational Behavior & Human Performance, 1983, 31（2）: 194–202.

[220] Jarvis G.  Fundamental Concepts of Language teaching.  H. H. Stern.  Oxford: Oxford University Press[J].  Studies in Second Language Acquisition, 1985, 7（2）: 251–253.

[221] Jia Yujie, Cui Lidan, Pollmann Stefan, et al.  *The interactive effects of reward expectation and emotional interference on cognitive conflict control: An ERP study*[J].  Physiology & Behavior, 2021, 234.

[222] Jiang Y, Olson I R, Chun M M.  *Organization of visual short–term memory*[J].  Journal of Experimental Psychology Learning Memory & Cognition, 2000, 26（3）: 683–702.

[223] Johnson E J, Tversky A.  *Affect, Generalization, and the Perception of Risk*[J].  Journal of Personality & Social Psychology, 1983, 45（1）: 20–31.

[224] Joshua W.  Brown.  *Beyond Conflict Monitoring: Cognitive Control and the Neural Basis of Thinking Before You Act*[J].  Current Directions in Psychological Science.  2013, 22（3）: 179–185.

[225] Kahneman D, Tversky A.  *Prospect theory: An analysis of decision under risk*[J].  Econometrica, 1979, 47（2）: 263–291.

[226] Kerstin Fröber, Gesine Dreisbach.  *The differential influences of positive affect, random reward, and performance–contingent reward on cognitive control*[J].  Cognitive, Affective, & Behavioral Neuroscience, 2014, 14（2）.

[227] Kerstin Fröber, Roland Pfister, Gesine Dreisbach.  *Increasing reward prospect promotes cognitive flexibility: Direct evidence from voluntary task switching with double registration*[J].  Quarterly Journal of Experimental Psychology, 2019, 72（8）.

[228] Loomes G, Sugden R.  *Disappointment and Dynamic Consistency in Choice*

*under Uncertainty*[J]. Review of Economic Studies, 1986, 53（2）: 271-282.

[229] Macintyre P D, Noels K A. *Using social-psychological variables to predict the use of language learning strategies*[J]. Foreign Language Annals, 1996, 29（3）, 373-386.

[230] Marewski J N, Schooler L J. *Cognitive niches*: *An ecological model of strategy selection*[J]. Psychological Review, 2011, 18（3）: 393-437.

[231] Masoura E V. *Establishing the Link between Working Memory Function and Learning Disabilities*[J]. Learning Disabilities: A Contemporary Journal, 2006, 4（2）: 29-41.

[232] Mckeachie W J. *Research on college teaching*: *The historical background*[J]. Journal of Educational Psychology, 1990, 82（2）: 189-200.

[233] Mellers Barbara, Schwartz Alan, Ritov Ilana. *Emotion-based choice*[J]. Journal of Experimental Psychology General, 1999, 128（3）: 332-345.

[234] Moore S R, Smith R E, Gonzalez R. *Personality and Judgment Heuristics*: *Contextual and Individual Difference Interactions in Social Judgment*[J]. Personality & Social Psychology Bulletin, 1997, 23（1）: 76-83.

[235] Oxford R. L. *Language Learning Strategies*: *What Every Teacher Should Know*[M]. New York: Newbury House, 1996.

[236] Prinzmetal W, Presti D E, Posner M I. *Does attention affect visual feature integration?* [J]. Journal of Experimental Psychology Human Perception & Performance, 1986, 12（3）: 361.

[237] Prinzmetal W. *Visual Feature Integration in a World of Objects*[J]. Current Directions in Psychological Science, 1995, 4（3）: 90-94.

[238] Larsen R J. *Toward a Science of Mood Regulation*[J]. Psychological Inquiry, 2000, 11（3）: 129-141.

[239] Reynolds B, Schiffbauer R. *Measuring state changes in human delay discounting*: *an experiential discounting task*[J]. Behavioural Processes, 2004, 67（3）: 343-356.

[240] Ritov I, Baron J. *Reluctance to vaccinate*: *Omission bias and ambiguity*[J].

Journal of Behavioral Decision Making, 1990, 3（4）: 263–277.

[241] Rossi–Arnaud C, Pieroni L, Baddeley A. *Symmetry and binding in visuo–spatial working memory*[J]. Neuroscience, 2006, 139（1）: 393–400.

[242] Rubin. J. *What the "Good Language Learner" Can Teach Us*[J]. Tesol Quarterly, 1975, 9（1）: 41–51.

[243] Rudell A. P, Hua J. *The recognition potential and word priming*. Int J Neurosci, 1996, 87（3, 4）: 225–240.

[244] Salovey P, Mayer J D, Goldman S L, et al. *Emotional attention, clarity, and repair: Exploring emotional intelligence using the Trait Meta–Mood Scale*[J]. J. W. pennebaker Emotion Disclosure & Health, 1995: 125–154.

[245] Savine Adam. C, Braver Todd S. *Motivated cognitive control: reward incentives modulate preparatory neural activity during task–switching*[J].The Journal of neuroscience : the official journal of the Society for Neuroscience, 2010, 30（31）.

[246] Sieveka E. *Concepts and applications of finite element analysis*[J]. Finite Elements in Analysis & Design, 1985, 1（3）: 287–288.

[247] Stefurak D L, Boynton R M. *Independence of memory for categorically different colors and shapes*[J]. Perception & Psychophysics, 1986, 39（3）: 164–174.

[248] Stern H. *Fundamental concepts of language teaching*[J]. System, 1983, 13（3）: 291–294.

[249] Stevick E W. *Research on What? Some Terminology*[J]. Modern Language Journal, 1990, 74（2）: 143–153.

[250] Tarek Amer, Karen L. Campbell, Lynn Hasher. *Cognitive Control As a Double–Edged Sword*[J]. Trends in Cognitive Sciences, 2016, 20（12）.

[251] Thompson R A. *Emotion regulation and emotional development*[J]. Education Psychology Revview, 1991: 269–307.

[252] Todd S. Braver, Deanna M. Barch. *Extracting core components of cognitive control*[J]. Trends in Cognitive Sciences, 2006, 10（12）.

[253] Ueno T, Mate J, Allen R J, et al. *What goes through the gate? Exploring interference with visual feature binding*[J]. Neuropsychologia, 2011, 49（6）: 1597–1604.

[254] Vanniarajan S. *Language Learning Strategies: What Every Teacher Should Know by Rebecca L*. Oxford[J]. Modern Language Journal, 1990, 75（1）: 130.

[255] Wang L, Shi Z, Li H. *Neuroticism, extraversion, emotion regulation, negative affect and positive affect: The mediating roles of reappraisal and suppression*[J]. Social Behavior & Personality An International Journal, 2009, 37（2）: 193–194.

[256] Watanabe M, Nakanishi K, Aihara K. *Solving the binding problem of the brain with bi-directional functional connectivity*[J]. Neural Networks, 2001, 14（4–5）: 395–406.

[257] Weinberg Anna, Luhmann Christian C, Bress Jennifer N, et al. *Better late than never? The effect of feedback delay on ERP indices of reward processing*[J]. Cognitive, affective & behavioral neuroscience, 2012, 12（4）.

[258] Anita L. Wenden. *Metacognitive Knowledge and Language Learning*[J]. Applied Linguistics, 1998（4）: 515–537.

[259] Weng G X. *Adaptive influence of long term high altitude residence on spatial working memory: An fMRI study*[J]. Brain and Cognition, 2011, 77（1）.

[260] Wheeler M E, Treisman A. M. *Binding in short-term visual memory*[J]. Journal of Experimental Psychology General, 2002, 131（1）: 48–64.

[261] Xu Y. *Encoding color and shape from different parts of an object in visual short-term memory*[J]. Perception & Psychophysics, 2002, 64（8）: 1260–1280.

[262] Xu Yaoda. *Limitations of object-based feature encoding in visual short-term memory*[J]. Journal of Experimental Psychology Human Perception & Performance, 2002, 28（2）: 458–468.

# 后 记

"不积跬步，无以至千里；不积小流，无以成江海"。在点点滴滴的积累中，我终于完成了这本研究。不知不觉中，我也学到了很多知识，积累了很多经验。从开始学习心理学到现在已经30余载；从初学脑电到至今也有16年的时光了。虽然辛苦，但是看着一张张脑电图，分析着一个个数据，心中的喜悦无以言表。我知道这就是我喜欢做的事情。

果真，我们学校有了自己的脑电设备，记得设备刚来时，我领着我的四个姑娘：赵萱婷、李亚楠、牛颖和王彩霞起早贪黑地学习。在周末的大雪天里，没有通往新校区的车，连个滴滴也打不上，多么想放弃，但是，约好的被试在等着我们，信誉第一，无论如何我们也要赶到。

我们每次实验到门卫大叔来催，披星戴月，在新校区的夜色中，我们看到了别样的风景。待赶到老校区时，我的四个姑娘已经进不了宿舍的门。因为，早已超时，她们总要央求宿管阿姨，求她放行。最重要的是还空着肚子，我问大家："吃什么？"，我的四个姑娘说："吃泡面"。这就是一种精神，坚韧不拔的精神。看着我的四个姑娘处理数据的样子，那么娇小的身体，能在一个学期内掌握那么难的数据分析方法，真心为她们感到高兴。学习终归是有回报的，其中的一个姑娘已经应聘到了北京的一家脑电公司，高高兴兴地去上班了。师姐的成功，大大激励着小师妹门，大家更加努力地学习。

高原医学将1500米—3500米范围内的地区界定为高海拔，高原的孩子们这么努力，是需要更高的认知控制能力的。因此，我们选择了认知控制的课题，学习了最新的研究范式，准备把这个课题做精做好，每一届的学生选择的内容都有突破。现在，我又招了刘娟、孙艺和张凯慧3个姑娘，我们的团队越来越大，

希望在以后的日子里，我和我的孩子们一起成长，一起进步，我们一起加油。

参加本研究编写工作的人员有：刘凯明、李利洲、孟亚男、张博瑢、赵萱婷、李亚楠、王彩霞、牛颖、刘娟、孙艺和张凯慧，在此表示深深的感谢。

祁乐瑛

2022年3月15日